国家自然科学基金项目(42172101)

湖北省自然科学基金创新发展联合基金项目(2023AFD213) 联合资助

湖北省地质局科技项目(DKWL-23-01-F069)

鄂东矿集区磷灰石-锆石-黄铁矿矿物学特征对成矿作用和找矿勘查的指示

E DONG KUANGJIQU LINHUISHI-GAOSHI-HUANGTIEKUANG
KUANGWUXUE TEZHENG DUI CHENGKUANG ZUOYONG
HE ZHAOKUANG KANCHA DE ZHISHI

文 广 周润杰 代许可 孙 悦 周 豹
尚世超 赵新福 廖 旺 邱 珺 钱 前　著

中国地质大学出版社
ZHONGGUO DIZHI DAXUE CHUBANSHE

图书在版编目(CIP)数据

鄂东矿集区磷灰石-锆石-黄铁矿矿物学特征对成矿作用和找矿勘查的指示/文广等著. —武汉:中国地质大学出版社,2024.11. —ISBN 978-7-5625-5971-9

Ⅰ.P611;P624

中国国家版本馆 CIP 数据核字第 202426E12M 号

| 鄂东矿集区磷灰石-锆石-黄铁矿矿物学特征对成矿作用和找矿勘查的指示 | 文 广 周润杰 代许可 孙 悦 周 豹 尚世超 赵新福 廖 旺 邱 珺 钱 前 | 著 |

责任编辑:书有福　　　　　　　选题策划:书有福　　　　　　　责任校对:徐蕾蕾

出版发行:中国地质大学出版社(武汉市洪山区鲁磨路 388 号)　　　　　　邮编:430074
电　　话:(027)67883511　　　传　　真:(027)67883580　　E-mail:cbb@cug.edu.cn
经　　销:全国新华书店　　　　　　　　　　　　　　　　　　　http://cugp.cug.edu.cn

开本:787mm×1092mm　1/16　　　　　　　字数:237 千字　　印张:9.25
版次:2024 年 11 月第 1 版　　　　　　　　印次:2024 年 11 月第 1 次印刷
印刷:广东虎彩云印刷有限公司

ISBN 978-7-5625-5971-9　　　　　　　　　　　　　　　　　定价:88.00 元

如有印装质量问题请与印刷厂联系调换

 前 言　PREFACE

　　鄂东矿集区位于长江中下游成矿带的最西段,是我国重要的矽卡岩型铁铜矿集区之一。已查明的矿产以铁、铜为主,伴生的有益金属元素有金、银、钨、铅、钼等,成矿主要与早白垩世中酸性侵入岩有关。磷灰石、锆石、黄铁矿在鄂东矿集区各类岩浆岩和矿床中广泛发育,开展磷灰石、锆石、黄铁矿的矿物学和地球化学研究,有助于评价区域内岩体的成矿潜力、揭示成矿作用过程,并为找矿勘查提供科学指导。

　　依托国家自然科学基金项目"矽卡岩型铁矿床挥发组分(Cl-S-H_2O)的来源:流体包裹体和磷灰石微区地球化学研究的制约"(42172101)、湖北省自然科学基金创新发展联合基金项目"鄂东南地区岩浆岩矿物学找矿勘查标志的建立及应用"(2023AFD213)和湖北省地质局科技项目"大冶—阳新地区钨铜金铁成矿作用与找矿预测研究"(DKWL-23-01-F069),以中国地质大学(武汉)李建威教授和文广副研究员共同指导完成的周润杰博士学位论文《鄂东矿集区岩浆岩成矿差异性研究及其找矿勘查意义》和代许可硕士学位论文《鄂东南地区典型矽卡岩型矿床的黄铁矿微量元素组成及其找矿勘查意义》为基础,笔者集课题组近年相关科研成果,编著成此书。

　　本书第一章由文广、周润杰、赵新福撰写,第二章由周润杰、孙悦、周豹撰写,第三章由周润杰、尚世超、廖旺、邱珺、钱前撰写,第四章由周润杰撰写,第五章由代许可撰写,第六章由文广、周润杰、代许可撰写,全书由文广统稿。

　　由于笔者水平和精力有限,书中可能存在不妥或不完善之处,敬请批评指正。

笔　者
2024 年 7 月

· I ·

目 录 CONTENTS

第一章　绪　论 ……………………………………………………（1）

　　第一节　磷灰石-锆石-黄铁矿矿物学和地球化学 ………………（1）

　　第二节　鄂东地区成岩成矿研究现状 ……………………………（6）

第二章　区域地质背景 …………………………………………（8）

　　第一节　大地构造背景 ……………………………………………（8）

　　第二节　区域地层 …………………………………………………（9）

　　第三节　区域构造 …………………………………………………（18）

　　第四节　区域岩浆岩 ………………………………………………（22）

　　第五节　区域矿产 …………………………………………………（24）

第三章　典型矿床地质特征 ……………………………………（28）

　　第一节　矽卡岩型铜多金属矿床 …………………………………（28）

　　第二节　矽卡岩型铁矿床 …………………………………………（38）

第四章　岩浆岩和磷灰石-锆石地球化学特征 ……………（51）

　　第一节　岩相学特征 ………………………………………………（51）

　　第二节　磷灰石和锆石的矿物学特征 ……………………………（57）

　　第三节　对岩浆岩成矿差异性的指示 ……………………………（68）

第五章　黄铁矿矿物学特征及其勘查意义 …………………（89）

　　第一节　黄铁矿矿相学特征 ………………………………………（89）

　　第二节　黄铁矿微量元素地球化学组成 …………………………（100）

　　第三节　黄铁矿微量元素组成变化规律 …………………………（111）

　　第四节　黄铁矿对找矿勘查的指导意义 …………………………（124）

第六章　结　论 ……………………………………………………（127）

　　第一节　主要认识和结论 …………………………………………（127）

　　第二节　研究展望 …………………………………………………（128）

主要参考文献 ……………………………………………………（129）

·Ⅲ·

第一章 绪 论

第一节 磷灰石-锆石-黄铁矿矿物学和地球化学

磷灰石和锆石是岩浆岩中常见的副矿物,在中酸性岩中广泛发育。黄铁矿是斑岩-矽卡岩型矿床中主要的硫化物之一。近年来,随着显微观察和微区分析技术的迅猛发展,研究者对以磷灰石、锆石和黄铁矿为代表的矿物开展了大量的结构、成分、同位素组成的分析,积累了丰富的研究成果。已有的研究表明,磷灰石、锆石、黄铁矿等矿物的矿物学和地球化学特征可以用来示踪成岩成矿过程,分析岩浆-热液系统的物理化学条件。结合地质观察和大数据分析,这些矿物的微量元素在找矿勘查方面也有十分重要的应用。

一、磷灰石地球化学组成对成岩成矿的指示

磷灰石的理想分子式为 $Ca_5(PO_4)_3(F,Cl,OH)$,它的分子结构存在化学置换,不同元素进入磷灰石中,其晶格结构各有不同,其中 Ca^{2+} 通常可以被 Rb^+、K^+、Na^+、Li^+、Mg^{2+}、Sr^{2+}、Ba^{2+} 离子和一些变价离子,例如 Eu^{2+}、Fe^{2+}、Mn^{2+},以及 Y^{3+} 和 REE^{3+} 离子替代。另外一些高价离子,例如 S^{6+}、As^{5+}、V^{5+}、Si^{4+}、C^{4+} 通常可以与 P^{5+} 离子进行替代。磷灰石同时含有大量对结晶环境敏感的组分(F、Cl、S、Eu、Sr、Y 等),可以反映岩石形成过程中的硫逸度(Peng et al.,1997;Parat et al.,2011)、氧逸度(Cao et al.,2012;Miles et al.,2014)、挥发分含量(Wang et al.,2018;Li et al.,2020)、温度、压力(Harrison et al.,1984;Piccoli et al.,1994)。磷灰石的元素组成和结构特征也能够用来区分不同矿床类型,指导矿床勘查评价(Belousova et al.,2002;Cao et al.,2012;Bouzari et al.,2016;Mao et al.,2016)。

Pan 等(2021)针对铜陵地区早白垩世花岗闪长岩中磷灰石的研究发现,其微量元素特征(Mn、V、Ce、S、F、Cl)等组分可以示踪母岩浆的氧化还原状态、挥发分组成以及成矿潜力等,以及与金矿化相关的岩浆岩比与铜矿化相关的岩浆岩具有相对低氧逸度特征及高 S-Cl 含量特征,磷灰石 Sr-Nd 同位素组成显示与金矿化相关的岩体具有更多的地幔来源熔体贡献。此外,他还发现富铜岩浆并非是形成热液铜矿床的关键因素。他认为磷灰石可以作为成岩成矿的指示矿物,尤其是在斑岩-矽卡岩型矿床的成矿系统中。磷灰石作为岩浆岩中常见的副矿物可以赋存大量的稀土元素,这些稀土元素和配分模式在热液交代过程中可能发生改变,使热液改造的磷灰石经常与独居石和磷亿矿相伴生。岩浆中挥发分组成对矿床的形成也具有重要作用。为了更好地了解后碰撞环境下地壳/地幔来源的金以及铜的运输机制,Xu 等(2021)对伊朗和中国西南部(西藏和云南)斑岩铜矿床成矿岩体及同期贫矿岩体中的磷灰石

组成(包含挥发分组成 Cl 和 S)进行了系统的对比分析,发现相对于同期贫矿岩体中的磷灰石,成铜岩体中的磷灰石具有更高的 Cl、S 含量,反映相对富水的结晶条件。磷灰石 Sr 同位素证据表明这些成矿岩浆富集挥发分特征来源于早期富集次大陆岩石圈地幔,这些地幔来源于早期交代的大洋俯冲作用。

岩浆演化过程中出溶的流体可能对磷灰石进行交代(Cao et al.,2021),在此过程中磷灰石的 Sr-Nd 同位素体系是否会发生不同程度的改变还存在争议。Cao 等(2021)对中国西部包古图斑岩铜矿床相关的花岗岩类和低温热液脉中磷灰石 Sr-Nd 同位素进行研究,发现磷灰石 Sr 同位素在低温(<300℃)富水条件下可能会发生活化,而 Nd 同位素未发生明显变化,认为矿区中的热液蚀变磷灰石可以保存并解释改造的热液流体。因此在热液蚀变过程中,磷灰石微量元素和同位素组分发生改变,磷灰石组分变化能够指示岩浆演化及后期岩浆热液转换过程。Cao 等(2021)还根据菲律宾 Black Mountain 斑岩铜矿床成矿前和成矿期花岗闪长斑岩中磷灰石的结构、主微量元素和 Sr-Nd-O 同位素组成,讨论了岩浆-热液转化过程中成矿系统属性的变化,发现磷灰石微量元素组分(例如 Cl、Mn、Mg、Fe、Sr 和 Pb 元素)和 Sr-O 同位素特征组成在热液蚀变过程中发生改造,而另外一些元素(REE、Y、U、Th、Zr)和 Nd 同位素特征则保存较好。

磷灰石的微量元素特征被广泛应用于找矿勘探中。Williams 和 Cesbron(1977)对全球斑岩型铜矿中磷灰石微量元素统计分析,发现利用磷灰石微量元素组合可以将不同类型斑岩型矿床进行区分,从而为斑岩型矿床的找矿勘探提供指导。昆士兰 Mount Isa 发育不同成矿类型及不同成矿的花岗岩,Belousova 等(2002)对这些花岗岩中磷灰石进行系统分析发现,其微量元素组成与全岩 SiO_2 含量、铝饱和指数(aluminum saturation index,ASI)、钙碱性特征和氧逸度具有明显的相关性。Cao 等(2012)对哈萨克斯坦中部不同矿床类型中磷灰石进行主微量元素分析,讨论不同成矿类型岩浆岩中磷灰石在主微量元素上的差异。他指出了不同的成矿类型磷灰石具有明显的差异,磷灰石的元素特征指示了岩浆演化、成岩成矿过程。Mao 等(2016)对不同的岩浆热液矿床、碳酸岩和不成矿岩浆岩中的磷灰石进行主微量分析,并通过判别分析方法,统计了不同类型岩浆岩中磷灰石的差异。经研究发现成矿岩浆岩中的磷灰石在 Mg、V、Mn、Sr、Y、La、Ce、Eu、Dy、Yb、Pb、Th 和 U 元素方面与碳酸岩和不成矿岩浆岩中的磷灰石具有明显差异。成矿岩浆岩中磷灰石具有高 Ca 含量和相对低微量元素含量。不同类型的磷灰石在微量元素方面也存在明显差异。碱性斑岩铜-金矿床成矿岩浆岩中磷灰石具有高 V 含量($2.5×10^{-6}$～$337×10^{-6}$),而钙-碱性斑岩铜-金矿床和铜-钼矿床成矿岩浆岩中磷灰石具有高 Mn 含量($334×10^{-6}$～$10\ 934×10^{-6}$)和变化较大的负 Eu 异常($Eu/Eu^* = 0.2$～1.1)。笔者认为对沉积碎屑中磷灰石进行分析可以确定区域是否具有成矿潜力以及可能存在哪种矿床类型。

二、锆石地球化学组成及对成岩成矿的指示

锆石中 Zr^{4+} 通常与稀土元素,Ti、Th、U 和 Hf 等元素发生替代,这些微量元素组分随着共存熔体/流体相体系的氧逸度、温度和压力等条件的变化而变化。因此,锆石微量元素常用于评价其所结晶熔体的源区、时代、氧逸度、温度和岩浆演化过程等(Hoskin et al.,2000;

Ballard et al.,2002;吴元保等,2004;Lee et al.,2017,2021)。另外,锆石中低 Lu 含量便可获得锆石形成时准确的 Hf 同位素组成,锆石的稳定性使其 Hf 同位素值受到后期热液蚀变作用的影响较小,因此锆石成为目前探讨地壳演化和示踪岩石源区的重要物质(Griffin et al.,2006;吴福元等,2007)。

锆石微量元素与赋存熔体/流体相间的分配系数遵循能斯特定律,因此通过锆石微量元素组成可以估算锆石结晶时的理化条件。实验岩石学研究表明,锆石中 Ti 含量与锆石结晶时熔体/流体的温度存在线性相关关系(Watson et al.,2006)。后续研究认为锆石中 Ti 含量随着岩体 SiO_2 增加而降低,同时 Ti 可以在锆石晶格中与 Si 发生替代作用:$ZrSO_4+TiO_2=ZrTiO_4+SiO_2$ 或 $TiO_2+SiO_2=TiSiO_4$。因此,锆石 Ti 温度受到体系中 SiO_2 和 TiO_2 活度影响,在硅酸盐熔体中 TiO_2 活度通常分布在 0.6~0.9 之间(Ferry and Watson,2007;Fu et al.,2008)。锆石中 Th、U 元素含量受控于结晶熔体的温度条件,当熔体温度降低时,结晶锆石 Th、U 含量增加,但 U 含量变化速度高于 Th 含量,因此在不同的温度条件下结晶的锆石具有不同 Th/U 值(Clairborne et al.,2006;Lee et al.,2017)。锆石 Hf 元素含量反映了岩浆演化程度,熔体的温度逐渐降低,锆石中 Hf 含量增大(Pupin,2000;Watson et al.,2006)。熔体中不同矿物分异作用会导致残余熔体中重稀土相对于中稀土和轻稀土比值发生变化,从而使残余熔体中结晶锆石的重稀土相对中稀土和轻稀土比值发生变化,因此锆石中这些元素比值差异反映了不同矿物分离结晶作用(Clairborne et al.,2006;Lee et al.,2017,2020)。锆石 Th/U-Zr/Hf 和 Th/U-Yb/Gd 图解可以指示岩浆分离结晶时间或温度范围,以及判断岩浆在演化过程中受矿物分离结晶或者是混染作用的控制程序(Lee et al.,2017)。

锆石中变价元素的特征可以评估结晶熔体中的氧逸度特征。锆石中 Zr 离子半径与四价微量元素 Th、U、Hf 相近,与三价稀土元素差别较大,因此四价 Th、U、Hf 离子容易与 Zr 发生替代进入锆石晶格。Eu^{3+} 和 Ce^{4+} 的离子半径与 Zr^{4+} 更为接近,在锆石中表现出相容的属性特征,通常具有 Eu 负异常和 Ce 正异常特征,这种异常值的大小可以反映岩浆氧化还原程度。利用锆石 Ce 异常估算岩浆氧逸度的方法有很多。Ballard 等(2002)认为获取锆石中 Ce^{4+}/Ce^{3+} 比值可以指示锆石结晶时熔体/流体相的氧逸度,并利用矿物-熔体间分配系数和晶体化学热力学公式获取它们的分配系数,进而近似估算岩浆氧逸度值。考虑到岩浆结晶时的温度和水含量的影响,Smythe 和 Brenan(2016)提出了两个新公式可以用来估算岩浆氧逸度:

$$\ln\left(x_{Ce^{4+}}^{熔体}/x_{Ce^{3+}}^{熔体}\right)=1/4\ln f_{O_2}+13\,136(\pm591)/T-2.064(\pm0.011)NBO/T-8.878(\pm0.112)\times x_{H_2O}-8.955(\pm0.091)$$

$$\ln\left(\frac{熔体}{Ce^{4+}}/\frac{熔体}{Ce^{3+}}\right)=\left[\Sigma Ce_{锆石}-(\Sigma Ce_{熔体}\times D_{Ce^{3+}}^{锆石/熔体})/(Ce_{熔体}\times D_{Ce^{4+}}^{锆石/熔体})-\Sigma Ce_{锆石}\right]\times1.048\,77$$

式中:$Ce_{锆石}$ 和 $Ce_{熔体}$ 分别为锆石和熔体中 Ce 含量;D 为在锆石和熔体间 Ce^{4+} 或者 Ce^{3+} 的分配系数;f_{O_2} 为氧逸度;T 为开尔文温度,可以通过锆石 Ti 温度获取;x_{H_2O} 为熔体中水的摩尔含量。Loucks 等(2020)提供了另外一种计算氧逸度的方法,该方法不需要确定锆石结晶的温度、水含量以及熔体组分,只需要锆石中的微量元素组成就可以获取氧逸度值,计算公式为

$\log f_{O_2}$（样品）$-\log f_{O_2}$（FMQ）$=3.998(\pm0.124)\times\log[Ce/sqrt(U_i\times Ti)]+2.284(\pm0.101)$

式中：Ce、Ti 和 U_i 分别为锆石中 Ce、Ti 和原始 U 的含量。

锆石微量元素组成能够指示岩浆的氧逸度、温度和岩浆演化，进而被广泛应用于找矿勘探中。我国西南部三江成矿带是一条重要的斑岩型铜矿床成矿带，Meng 等(2018)通过对该成矿带上普朗铜矿床和北衙金-铜矿床成矿岩浆岩中锆石元素分析，限定了这些成矿斑岩岩浆演化和氧逸度特征。锆石微量元素结果表明，与北衙金-铜矿床相关的斑岩岩浆早期具有氧化性特征，后期氧逸度降低，岩浆演化程度更高，而普朗斑岩型铜矿床则为正常斑岩铜矿床岩浆演化趋势。结合成矿带上其他富铜和金成矿斑岩及前人实验岩石学研究，笔者认为岩浆中氧逸度增高使岩浆中铜和金溶解度升高，通过对成矿和贫矿中岩浆锆石统计分析，认为锆石中 $Ce^{4+}/Ce^{3+}-T$(Ti 温度)以及 Eu/Eu^* 比值可以对岩浆热液铜-金矿床的成矿岩浆岩有很好的指示意义。Shen 等(2015)对中亚造山带中不同规模的斑岩铜矿床成矿岩浆岩中的锆石进行分析，发现大中规模的斑岩型铜矿床成矿岩浆岩中锆石 Ce^{4+}/Ce^{3+} 比值通常高于 120，矿床规模和成矿岩浆氧逸度具有线性关系特征，氧逸度 $\Delta NNO+2$ 可以对该成矿带上大中型斑岩铜矿床与小型矿床进行区分。成矿岩浆岩中锆石 Ce^{4+}/Ce^{3+} 和氧逸度值能够有效指示斑岩型铜矿床的成矿规模。

利用锆石元素组成建立的矿物学标志，能够有效在找矿远景区中判断成矿岩体。三江成矿带义敦岛弧南缘发育大量的斑岩型铜矿床，然而在北缘有大量同时期的花岗闪长岩类岩石却少有该矿床分布，Cao 等(2022)对这些成矿斑岩和贫矿斑岩中的锆石进行分析，并利用瑞利分馏模型，研究表明锆石组分[例如 Hf、Ti、$(Yb/Dy)_N$、Eu/Eu^*、Ce/Nd]受控于结晶熔体组分、水含量以及氧逸度特征，但早期或者共存矿物的分异作用(例如斜长石、角闪石、磷灰石、榍石)会对结晶锆石元素造成影响。研究发现成矿系列的锆石具有高 Eu/Eu^* 和 ΔFMQ 值，结合成矿岩浆岩中矿物组合、全岩地球化学特征及磷灰石挥发分组成，表明成矿岩浆具有高氧逸度、富水、富硫特征，而贫矿岩浆则表现出富水但相对还原和贫硫特征。笔者认为利用全岩 Sr/Y(>20)，V/S，Eu/Eu^*(约为 1)和 $10\,000\times(Eu/Eu^*)/Y$(>400)比值，锆石 Eu/Eu^*(>0.4)和 ΔFMQ(>1)以及磷灰石 SO_3 含量(>0.1%)，可以在三江成矿带中很好地区分成矿与贫矿岩浆岩，结合野外地质构造、地球物理信息解译以及蚀变矿物填图能够更好地从潜在成矿区域内寻找斑岩铜矿床。

三、黄铁矿矿物学特征及对成岩成矿的指示

黄铁矿是地壳中最丰富的金属硫化物之一，同时也是大多数成矿体系中重要的热液矿物组成部分，包括斑岩型矿床、矽卡岩型矿床、热液硫化物矿床、铁氧化物铜金矿床、赋存在沉积岩中的铜-铀矿床、太古宙到中生代的脉状矿床、浅成低温热液型矿床以及卡林型金矿床等。热液黄铁矿通常会富集多种微量元素，如 Au、Ag、Cu、Pb、Zn、Co、Ni、As、Se、Te、Hg、Tl 和 Bi 等(Cook and Chryssoulis，1990；Fleet et al.，1993；Ulrich et al.，2011)。前人对黄铁矿微量元素的研究，主要是针对各种成因的金矿床，黄铁矿常作为晶格金和纳米级自然金的重要载金矿物，比较典型的是美国内华达州卡林型金矿床。内华达卡林型金矿是全球第二大金矿，砷黄铁矿是最重要的载金矿物，金在其中的含量可以达到 $10\,000\times10^{-6}$(Cline et al.，2005；

Muntean et al.，2011）。另外，近年来通过对卡林型金矿和浅成低温热液型金矿中黄铁矿的研究发现，作为载金矿物的黄铁矿中的微量元素相当丰富，包括 Cu、Co、Pb、Sb、As、Ag、Ni、Zn、Se、Te、Hg 等，它们可以以固溶体、纳米粒子或纳米级包裹物（<100nm）的形式存在（Deditius et al.，2011）。

斑岩型铜矿床是世界上最重要的铜矿床类型，以铜的规模大、品位低为特征，通常伴生有 Au 和 Mo 的富集，矿化主要发育在斑岩侵入体内及其周缘，蚀变分带明显（Sillitoe，2000，2010；Richards，2003）。斑岩型矿床中热液蚀变矿物组合反映了斑岩体侵位之后水-岩反应过程中围岩的变化，从高温富钾、富硅的内带，到以石英、绢云母矿物组合为特征的绢英岩化带，再到泥化蚀变（Lowell and Guilbert，1970；Gustafson and Hunt，1975；Seedorff et al.，2005）。Reich 等（2013）对德兴斑岩型铜矿中热液黄铁矿进行了电子探针分析和二次离子质谱分析，发现黄铁矿中的微量元素十分丰富，包括贵金属 Au、Ag，准金属 As、Sb、Se、Te，以及重金属 Cu、Co、Ni、Zn、Hg 等，其中 Cu、As、Au、Ni 的含量最为丰富。通过 EMPA-WDS 元素面扫和 SIMS 断面图发现，这些元素中，部分是专门以固溶体形式存在于黄铁矿的结构中（如 Ag、As 等），或者以固溶体和（或）微米—纳米级的黄铜矿、自然金包裹物的形式赋存。同时，这些矿物学现象与黄铁矿复杂的结构和化学组成特征具有良好的对应关系，如黄铁矿表面具有振荡生长环带以及多孔扇形区域，富 Cu 贫 As 和富 As 贫 Cu 的环带交替生长，指示了斑岩成矿体系中 Cu 和 As 的解耦行为，暗示成矿流体组分的变化导致黄铁矿沉淀过程中选择性沉淀部分金属元素的行为，这一现象可能是流体混合作用和重复间歇性的富 Cu 和富 As 的岩浆热液流体的混入造成的（Heinrich et al.，1999，2004）。

王继华（1981）对江西铜厂、江西富家坞、黑龙江多宝山、安徽沙溪等斑岩型铜（钼）矿床进行了研究，与这些矿床成矿有关的岩体除安徽沙溪为石英-闪长斑岩外，其他均为花岗闪长岩。从地质特征来看，这些矿床均具有完整的蚀变分带，包括钾化带、绢英岩化带、青磐岩化带，空间上以侵入岩体为中心，呈带状分布。笔者挑选矿床中各蚀变带中的热液黄铁矿进行微量元素分析，发现黄铁矿中的微量元素与蚀变分带中的存在一定的对应关系。钾长石化带中，微量元素以 Cu、Pb、Co、Ba、Ag、Tl、As 为主，其中 Cu、Co、Ba 的含量较高，其他元素含量较低；绢英岩化带中，微量元素除了包含钾化带中黄铁矿的微量元素外，还含有 Mo、Zn、Ni 等元素，其中 Cu、Pb 的含量明显高于钾化带中黄铁矿的微量元素，这与绢英岩化带是主要矿化集中带有关，而 Ba 元素则明显降低；青磐岩化带（以绿泥石化为主）中，黄铁矿微量元素包括 Ba 元素在内，含量明显降低。各岩体内黄铁矿中微量元素分配受岩体的岩性、蚀变、矿物组合等因素控制，其分配特征也略有差异。总体来看，含矿斑岩体黄铁矿中微量元素变化存在一定规律性。在矿带内，黄铁矿中的 Cu、Mo、Co、Pb、Zn、Ag、As 含量都很高，Pb、Zn、Ag、As 在矿体边部和顶部含量更高，在同一矿体中，Pb、Zn、Ag、As 在矿体的前缘和边部含量高于底部，Ba 主要出现在钾长石化带。利用 Cu、Mo、Pb、Zn、Co、Ba、Ag、As 的空间分布特征，可作为斑岩岩体含矿性的标志，Ba 可作为钾长石化带的标志。黄铁矿中的 Pb、Zn、Ag、As 之所以形成上述变化特征，是因为它们在成矿作用过程中有较强的迁移能力，尤其是 As，在晚期随着成矿流体迁移浓度的升高而不断升高，并在较低温的条件下沉淀，如侵入岩外围或远端部位等。

前人对矽卡岩型矿床热液黄铁矿微量元素研究较少。Zhang等(2017)结合黄铁矿的矿化时代和产状特征对新桥矽卡岩型铜-硫-铁矿床进行研究,将热液黄铁矿划分为胶状结构黄铁矿(Py1)、石英硫化物阶段的细粒黄铁矿(Py2)和粗粒黄铁矿(Py3)。笔者对3种产状的硫化物进行LA-ICP-MS分析,结果显示,石英硫化物阶段的黄铁矿中的微量元素组成种类十分丰富,而胶状结构黄铁矿中微量元素组成则相对单一,包括Co、Ni、Pb、Bi、Cu、As、Ag、Sb、Tl、Te和Se等,其中Pb、Bi、Ag的含量较高,而Co、Ni、Se、Cd、Te和Au的含量较低。3种黄铁矿中的Mn、Cu、As含量要明显高于其他微量元素含量,Co和Ni是黄铁矿中重要而且常见的元素,Py2和Py3具有相似的Co、Ni含量,且明显高于Py1。前人总结了我国不同矿床类型黄铁矿中微量元素特征,并且指出沉积型黄铁矿Se/Te比值范围为0.2~4,矽卡岩型矿床中黄铁矿Se/Te比值范围为0.4~75,新桥矿床中胶状结构黄铁矿Se/Te比值范围为2.39~14.50(平均7.98),与矽卡岩型热液黄铁矿相似。黄铁矿中Co和Ni的含量及其Co/Ni比值对黄铁矿形成时的物理化学条件有重要的指示意义(Hawley and Nichol,1961;Bralia et al.,1979;Clark et al.,2004),通常情况下,沉积成因黄铁矿Co/Ni比值低于1(平均0.63)(Loftus-Hills and Solomon,1967),热液成因黄铁矿Co/Ni比值范围为1~5,与海底喷流有关的黄铁矿Co/Ni比值范围为5~50(平均8.7)(Bralia et al.,1979)。新桥矽卡岩型矿床中胶状结构黄铁矿(Py1)Co/Ni比值范围为0.67~2.94(平均1.66),13个数据中有两个值低于1,与典型的热液黄铁矿相似。石英硫化物阶段的黄铁矿(Py2和Py3)的Co/Ni比值范围分别为1.05~3.24(平均1.62)、1.03~4.67(平均1.66),代表了典型的热液成因。Se/Te比值和Co/Ni比值共同指示了胶状结构黄铁矿与热液活动在成因上有密切联系,暗示了其形成与该区域中侏罗纪至白垩纪的岩浆热液流体活动有关。上述研究表明,黄铁矿可以作为岩浆热液系统中流体组成和条件变化的重要指示矿物。

第二节　鄂东地区成岩成矿研究现状

长江中下游成矿带的鄂东地区是我国最有代表性的矽卡岩型多金属矿床集中区,自西向东依次发育铁矿床、铁铜矿床、铜金矿床、铜钼矿床和钨铜钼矿床。鄂东地区以铁、铜矿产为主,伴生有金、钨、钼、银、铅、锌等有益金属元素,成矿类型以矽卡岩型矿床为主,发育少量斑岩型铜-钼矿床。总体上,鄂东地区的矽卡岩型矿化具有一定的空间分带:该区西部发育矽卡岩型铁矿床,东部以矽卡岩型铜多金属矿床为主(舒全安等,1992)。这些矿床的形成与该区晚侏罗世—早白垩世(150~120Ma)多期中基性—中酸性岩浆活动有关(Li et al.,2010,2014;Xie et al.,2011),成矿岩体的岩性主要为闪长岩-石英闪长岩-花岗岩系列,各岩体的元素和同位素地球化学组成大体相似,但成矿差异性明显,有的岩体形成了矽卡岩型铁矿床(成铁岩体),有的岩体形成了矽卡岩型铜多金属矿床(成铜岩体)(舒全安等,1992;Li et al.,2009)。

笔者对鄂东矿集区岩浆岩和矿床年代学数据分析表明,该区岩浆活动持续了大约30Ma,从晚侏罗世一直持续到早白垩世(150~120Ma),具有多期次岩浆活动特征。该区大部分岩体都为复式岩体,主要形成于143~135Ma,在岩体的周缘,也发育一些小岩株,与这些复式岩体成岩年龄相近。伴随着这个时间段内的岩浆活动,该区主要形成了斑岩型和矽卡岩型铜-金-钼-钨矿床(铜绿山、铜山口和阮家湾矿床)。在早白垩世中晚期(135～120Ma),该区岩浆侵入活动逐渐减弱,主要形成了矽卡岩型铁矿床(程潮和金山店矿床),但基本上不发育铜-金矿化。

系统的元素和同位素地球化学研究表明,鄂东地区中酸性岩浆岩表现出富集不相容元素和亏损高场强元素特征,放射性同位素 Sr-Nd 数据与同时代起源于地幔的钾质—超钾质玄武岩及基性岩 Sr-Nd 同位素数据类似。该区闪长质岩和石英闪长质岩的母岩浆均起源于受板片交代作用形成的岩石圈富集地幔,受岩石圈伸展的地球动力学背景控制(Li et al.,2009,2013;Xie et al.,2011)。

鄂东地区石英闪长岩类组合显著特征,说明其具有与埃达克质岩相似的地球化学性质,例如高 Sr、Al_2O_3、Na_2O/K_2O,低 Y、Yb、Sc,以及高 Sr/Y、La/Yb 比值(Li et al.,2009,2013)。石英闪长质岩由基性岩浆经历角闪石、斜长石、钾长石、磷灰石、磁铁矿及钛铁矿分离结晶作用形成(Li et al.,2009,2013),地球化学上表现出埃达克质岩特征。笔者对鄂东地区闪长岩类进行地球化学模拟研究,证明闪长质岩类主要由橄榄岩地幔部分熔融后又发生橄榄石的分离结晶作用形成(Li et al.,2009),表现出非埃达克质岩特征。鄂东地区埃达克质石英闪长岩及非埃达克质辉长岩及闪长岩同时共存,其侵入岩的成因主要有以下 4 个阶段:首先板片熔体的交代深部幔源岩形成交代地幔,其次发生 15%～40% 的部分熔融作用形成基性岩浆,随后经过 40%～70% 的橄榄石分离结晶作用形成了鄂东地区的闪长岩,最后闪长质岩浆发生低压角闪石-斜长石-钾长石-磷灰石-磁铁矿-锆石等矿物的分离结晶作用,形成石英闪长岩(Li et al.,2009)。

区域地质特征、年代学和岩石地球化学数据表明,鄂东地区大规模岩浆作用是由岩石圈伸展驱动所致,反映了晚中生代鄂东矿集区岩石圈大规模伸展活动的地球动力学背景。对该区矽卡岩型铁铜矿床开展系统的矿物学研究,不仅能够为矽卡岩型矿床成矿理论的完善提供重要资料,同时有利于该区矿物学找矿标志的建立,对该区矿产勘查和找矿工作具有重要的指导作用。

第二章 区域地质背景

第一节 大地构造背景

长江中下游铜-金-铁-(钼-钨-铅-锌)成矿带是我国重要的铁-铜-金成矿带之一。该成矿带位于扬子板块东北缘,南邻华夏板块,北接大别秦岭-大别-苏鲁造山带(图 2.1),其形成与我国东部长期、复杂的构造演化作用密切相关。华夏板块和扬子板块在晋宁期拼合形成华南陆块,之后在古生代经过长期稳定的海相沉积作用,形成了碎屑岩和碳酸盐岩。随后印支期扬子板块与华北板块碰撞挤压形成了我国中部的秦岭-大别-苏鲁造山带(Li et al.,1994)。燕山期受古太平洋构造域、特提斯构造域和深部壳幔作用等的共同影响,该区爆发了大规模岩浆活动,伴随着广泛的岩浆侵入和火山喷发活动,在该成矿带上形成了一系列热液矿床(图 2.1;常印佛等,1991;翟裕生等,1992;Mao et al.,2011)。

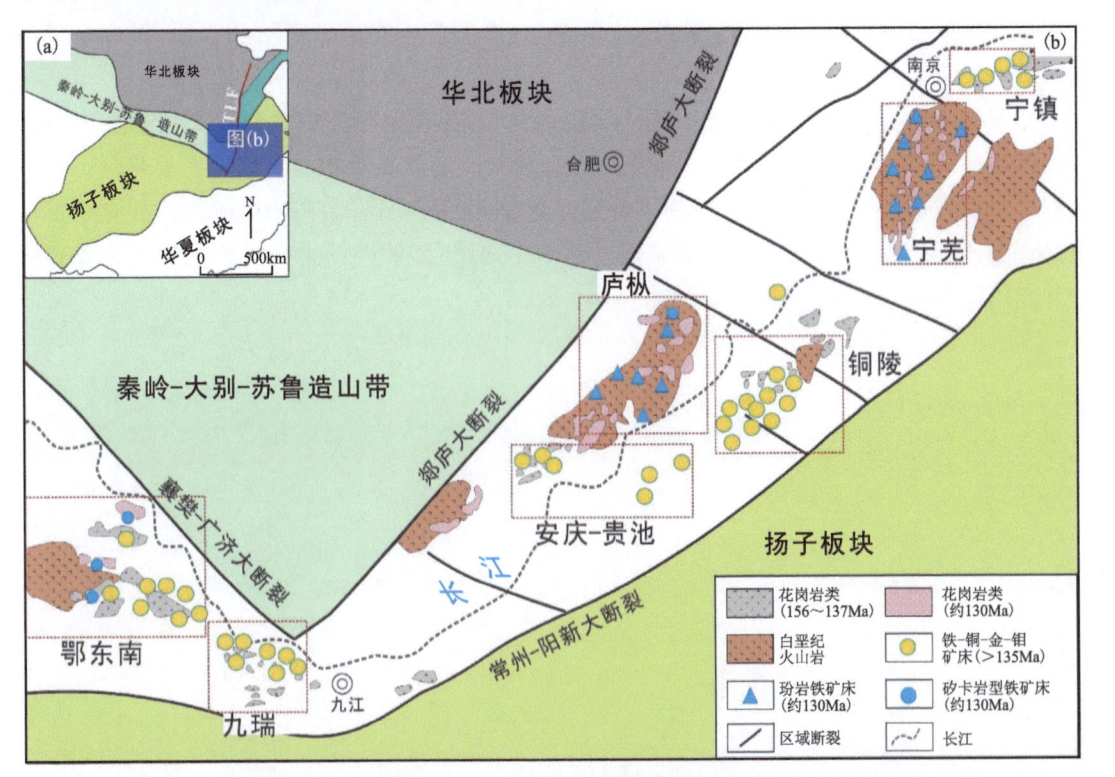

图 2.1 中国东部构造划分简图(a)和长江中下游成矿带地质简图和主要矿床分布(b)

(据 Mao et al.,2011 有修改)

第二章　区域地质背景

长江中下游成矿带由7个矿集区组成,从西向东依次为鄂东南、九瑞、安庆-贵池、庐枞、铜陵、宁芜和宁镇矿集区(图2.1)。由图可知,该成矿带大致沿长江沿岸分布,常州-阳新、郯庐和襄樊-广济3条深大断裂控制了成矿带的范围。该成矿带成矿作用与晚中生代岩浆热液活动密切相关,九瑞、安庆-贵池、铜陵和宁镇矿集区发育大量斑岩-矽卡岩型铜-金-钼多金属矿床,庐枞和宁芜矿集区以玢岩型铁矿和矽卡岩型铁矿为主。鄂东矿集区则包含斑岩-矽卡岩型铜-金-钼多金属矿床和矽卡岩型铁矿床。该成矿带上斑岩-矽卡岩铜-金-钼多金属矿床主要与钙碱性石英闪长岩有关,而玢岩型铁矿和矽卡岩型铁矿床则主要与钙碱性(次)火山岩和闪长岩有关(常印佛等,1991;翟裕生等,1992;Li et al.,2009)。

鄂东矿集区位于长江中下游前陆带的西段,扬子板块北缘,夹持于北部秦岭-大别-苏鲁造山带和南部江南造山带之间。南界为江南隆起北部的九岭-幕阜隆起,北部边界为襄樊-广济断裂,与桐柏-大别造山带毗邻。矿集区总体呈现内三角形,受限于麻城-团风、襄樊-广济(武穴)和毛铺-两剑桥3条断裂带(图2.2)。区内构造受长江中下游前陆带的总体控制。鄂东矿集区在燕山期出现爆发性成矿作用,形成了鄂州-阳新铁铜金多金属矿集区。该矿集区位于扬子板块东北缘,北接大别造山带,与襄樊-广济断裂、桐柏-大别中间隆起相邻,南邻华夏板块,与江南断裂带、江南北缘幕阜台坳陷相接,是长江中下游成矿带的重要组成部分。

区内矿化具有明显的分带性,自西向东大致分为3个矿带:铁矿带分布于鄂城大幕山隆起带西部,走向北北东,主要为接触交代型铁矿;铜铁金矿带位于隆起带中部,走向近南北,主要为接触交代型铜铁矿床;铜金铅锌矿带位于隆起与坳陷过渡带,走向北西西(图2.2)。

第二节　区域地层

鄂东矿集区出露地层从古生界到新生界基本齐全,地层总体延伸呈近东西向或北西西向,构成一系列复式褶皱。该区基底岩石主要由TTG岩石(英云闪长岩、奥长花岗岩及花岗闪长岩)和白云母石英片岩夹角闪岩组成,其上部沉积盖层以寒武纪碎屑岩、硅质岩、白云岩至三叠纪海相碳酸盐岩为主(图2.2)。晋宁运动后,区内处于相对稳定时期,以垂直振荡运动为主,在浅海-滨海环境下形成了震旦纪—志留纪、泥盆纪—二叠纪、三叠纪3套海相碳酸盐岩夹碎屑岩的沉积地层组合。灵乡-大冶-黄石东南部隆起地区主要分布寒武纪至三叠纪海相地层,而灵乡-大冶-黄石西北部盆地区域广泛发育陆相碎屑岩和火山岩,与下伏岩石基底呈角度不整合接触(常印佛等,1991;舒全安等,1992)。侏罗纪至第四纪为盖层的活化期,三叠纪末期,海水由东南向西北退出,结束海侵历史,侏罗纪开始,区内进入陆相地层的发育阶段,断裂活动强烈,形成了梁子湖、大冶、阳新3个断陷盆地和金牛、花家湖两个火山岩盆地,沉积了一套陆相碎屑岩,局部夹火山角砾岩。该区铜多金属矿床和矽卡岩型铁矿床关系最密切的围岩为中三叠世碳酸盐岩地层。花湖火山盆地和太和火山盆地主要由白垩纪火山岩组成,分布于该区西部,在近代湖盆和沿江河地区出露有新生界第四系(图2.2)。该区地层层序见表2.1。

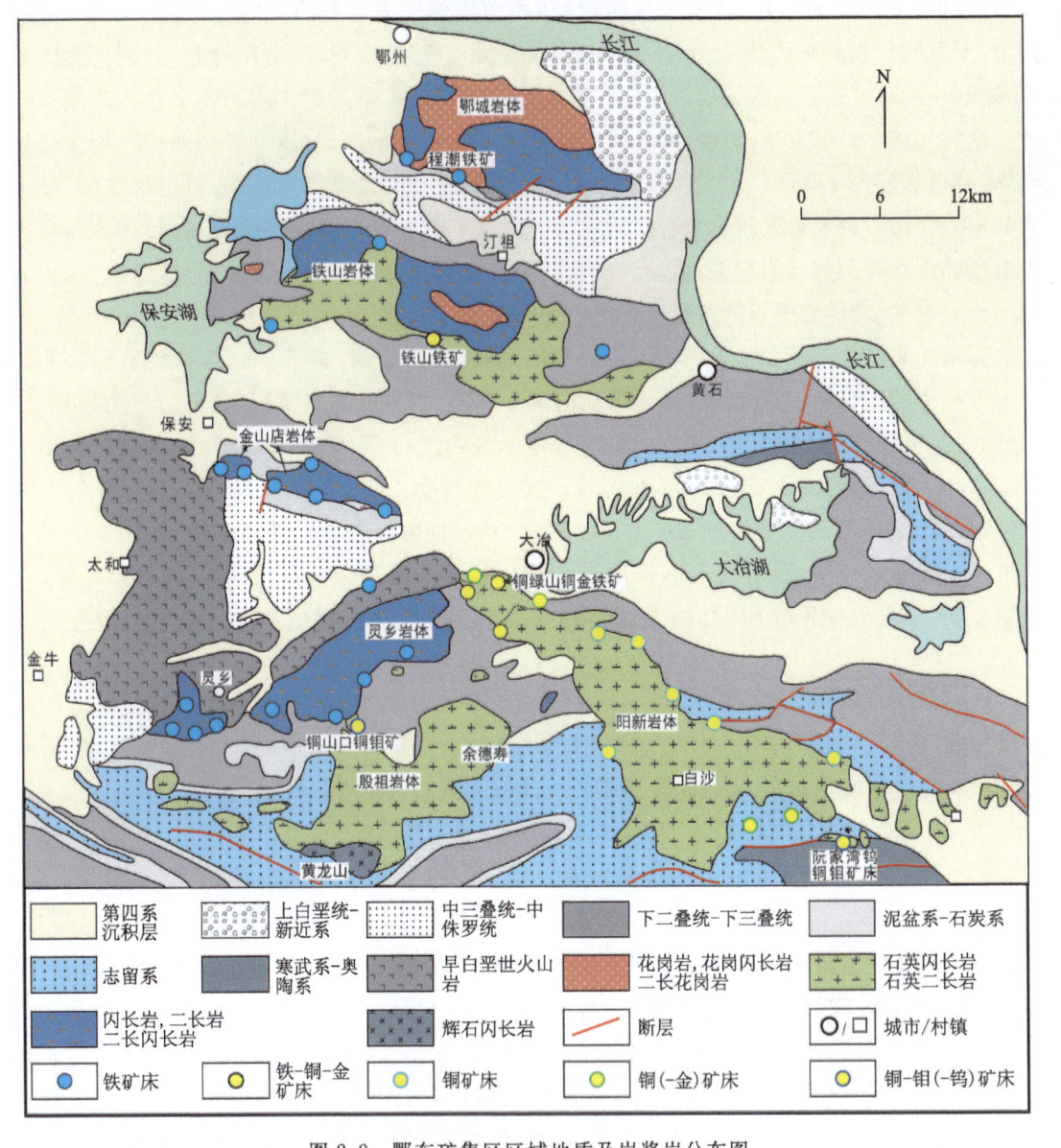

图 2.2　鄂东矿集区区域地质及岩浆岩分布图

[据舒全安等,1992 有修改;年龄数据引自 Li et al.(2008,2010)和 Xie et al.(2011)]

表 2.1　鄂东矿集区地层简表(据湖北省地质调查院,2021)

界	系	统	地层名称	代号	岩性特征及分布概况
新生界	第四系			Q	冲积、洪积物,岩性为淤泥、黏土、砂土及红色砾岩等
	新近系		公安寨组	K_1E_1g	俗称"红层",为一套紫红色砾岩、泥质粉砂岩。主要分布于长江沿岸及阳新、大冶等几个断陷盆地内

第二章 区域地质背景

续表 2.1

界	系	统	地层名称		代号	岩性特征及分布概况
中生界	白垩系	下统	大寺组		K_1d	由火山喷发旋回及火山沉积岩组成。岩性为斜长流纹岩、珍珠岩、安玄岩、安山岩、英安岩、钾质粗面岩、熔结凝灰岩夹少量橄榄玄武岩
			灵乡组		K_1l	页岩、粉砂岩、砂岩夹安山岩、粗砂岩、凝灰质含砾砂岩、砾岩
			马架山组		K_1m	流纹岩、流纹质凝灰角砾岩、流纹质熔结角砾岩、角砾集块岩、砾岩
	侏罗系	中统	花家湖组		J_2h	含砾长石石英砂岩、粉砂岩、粉砂质泥岩夹细砂岩透镜体
		下统	香溪群	桐竹园组	J_1t	黄色粉砂质页岩、粉砂岩夹煤层
				王龙滩组	T_3J_1w	石英砂岩、黄绿色粉砂岩夹碳质页岩、薄煤层
	三叠系	上统	九里岗组		T_3j	黏土岩、泥质粉砂岩、粉砂质泥岩夹细砂岩,含菱铁矿结核,局部含煤层
		中统	蒲圻组		T_2p	钙质粉砂岩、泥质粉砂岩、砂质黏土页岩、细砂岩,局部夹灰岩透镜体
		中下统	嘉陵江组		$T_{1-2}j$	砂泥岩夹灰岩透镜体,含砂砾屑灰岩、去膏化泥晶云岩、去膏化云化层纹石灰岩,局部含岩盐矿物、硬石膏、石膏等沉积石膏层
		下统	大冶组		T_1d	砂砾屑灰岩、鲕粒灰岩、鲕粒核形石灰岩、晶洞灰岩、薄层状泥晶灰岩、粉晶灰岩、砾屑灰岩与泥晶灰岩、页岩、硅质黏土岩
上古生界	二叠系	上统	大隆组		P_3d	以硅质灰岩为主,夹钙质页岩、薄层硅质岩、黏土页岩,局部夹灰岩透镜体
			下窑组		P_3x	以含燧石结核生物屑灰岩、燧石有时呈薄层硅质岩
			龙潭组		P_3l	灰色含碳质页岩、粉砂岩、细砂岩、硅质岩,含1~3层煤
		中统	阳新群	茅口组	P_2m	生物屑灰岩夹硅质条带钙质、碳页岩、硅质岩
				栖霞组	P_2q	含碳质瘤状灰岩、含碳质生物屑灰岩,局部含燧石结核或条带,碳质页岩、黑色碳质灰岩局部夹煤层
		下统	船山组		P_1c	灰—深灰色厚层生物屑核形石灰岩、含碳质生物屑核形石灰岩
	石炭系	中统	黄龙组		C_2h	灰—灰白色厚层灰岩、生物屑灰岩
			大埔组		C_2d	灰白—浅黄色微粒云岩、砾状云岩,局部含燧石结核
	泥盆系	中上统	云台观组		$D_{2-3}y$	石英砂岩含砾岩,底部为石英砾岩

11

续表 2.1

界	系	统	地层 名称	代号	岩性特征及分布概况
下古生界	志留系	上统	茅山组	S_3m	灰绿色中—厚层状粉—细粒石英砂岩夹粉砂质黏土岩,局部含磷质
		中统	坟头组	S_2f	黄绿色、灰绿色粉砂岩、粉砂质页岩,以及石英细—粉砂岩、粉砂质泥岩,局部夹透镜状磷块岩
		下统	新滩组	S_1x	黄色粉砂质泥岩、页岩夹石英砂岩、石英粉砂岩
	奥陶系		龙马溪组	O_3S_1l	黑色含碳质页岩、粉砂质页岩、硅质岩夹含碳质页岩
		中上统	宝塔组	$O_{2-3}b$	灰绿色中层状泥质瘤状灰岩、泥岩或页岩紫红色龟裂纹灰岩、瘤状灰岩、灰色中厚层龟裂纹灰岩、生物屑灰岩
		下统	牯牛潭组	O_1g	龟裂纹灰岩、生物屑灰岩,局部夹页岩
			大湾组	O_1d	薄层瘤状灰岩、生物屑灰岩,局部夹页岩
			红花园组	O_1h	生物屑灰岩、结晶灰岩,含燧石结核或硅质条带
			南津关组	O_1n	似瘤状灰岩、结晶灰岩、云岩等夹燧石条带
	寒武系	芙蓉统	娄山关组	ϵ_4O_1l	中—厚层云岩、鲕状云岩、砾状云岩,局部含燧石,顶部为灰岩夹云岩
		第三统	高台组	$\epsilon_{2-3}g$	灰白—深灰色块状云岩、砾状云岩、鲕状云岩,夹含砾砂岩、石英砂岩
		第二统	石龙洞组	ϵ_3Sl	深灰色厚—块状云岩、云质灰岩,下部具瘤状构造
			天河板组	ϵ_2t	深灰色似虎皮状薄层鲕粒灰岩,下部夹薄层粉砂岩
			石牌组	ϵ_2s	灰绿—灰黑色页岩、粉砂质页岩、粉砂岩、钙质页岩、粉砂岩夹透镜体
		纽芬兰统	牛蹄塘组	$\epsilon_{1-2}n$	灰岩,含碳质、泥质灰岩、灰岩夹黏土页岩或粉砂岩,碳质页岩,粉砂岩,局部夹石煤
新元古界	震旦系	中统	灯影组	$Z_2\epsilon_1dn$	泥质云岩、灰质云岩夹碳质页岩
		中统	陡山沱组	Z_2d	灰—浅灰色薄—中层条带状云岩,泥质云岩夹页岩
	南华系	下统	南沱组	Nh_1n	冰碛含泥岩、砂岩粉砂岩、粉砂岩、细砂岩、页岩、冰碛含砾砂岩、砂页岩

除局部地区出现寒武系—奥陶系外,区内大部分地区自志留系至第四系均有出露,主要为碳酸盐岩夹碎屑岩的沉积地层组合,其中石炭系—二叠系—三叠系为矿集区大部分铜金多金属矿床的赋矿地层。首先,在石炭系—二叠系—三叠系中 Cu、Au 等成矿元素的相对浓集系数(K^+)均大于 1.5(薛迪康等,1997),为矿床提供了部分矿源层;石炭系—二叠系—三叠系中的多个钙-硅界面为能干性差异面,易构成滑脱面,为岩浆及矿液提供空间;顶部蒲圻组为砂页岩,可起挡板作用,石炭系—二叠系富含有机质,构成矿体底板,致使下三叠统大冶组及中下三叠统嘉陵江组与成矿关系最密切。下三叠统大冶组及中下三叠统嘉陵江组的灰质白

第二章 区域地质背景

云岩是接触交代型或接触交代-斑岩复合亚型铜、铜金、铜铁矿以及热液型铅锌矿最重要的容矿层位，铁山铁铜矿，铜绿山铜铁矿，鸡冠嘴、鸡笼山铜金矿，铜山口、丰山洞铜矿，狮子立山铅锌锶矿，阳城铅锌矿等大中型矿床均赋存于该层位。中二叠统茅口组、栖霞组不仅为本区硅灰石矿重要的容矿层位，而且是仅次于三叠系的主要金属矿产赋矿围岩，是冯家山、牛头山铜铁矿床，赤马山、叶花香等铜矿床的赋矿层位。中晚奥陶世碳酸盐岩在阮家湾、李家山形成接触交代型铜钨钼矿床。下志留统新滩组是本区白云山斑岩铜矿的主要围岩，也是美人尖式破碎蚀变岩型金矿主要含矿层位。坟头组则为银山铅锌银矿的主要围岩之一。上侏罗统灵乡组则为火山—次火山气液型王豹山铁矿的围岩。膨润土则产在该火山盆地岩系中。

根据已有矿产类型分布和地层层位关系，鄂东矿集区从寒武系到白垩系各地层均有不同矿床产出，但不同时代地层赋矿特征有显著差别。古生界为赋矿围岩的矿产类型主要有钨、钼、铅、锌和银等，其次为铜和金；三叠系则主要以铁和硫为主，铜和金次之。斑岩-矽卡岩型铜多金属矿床通常形成于岩浆岩与奥陶纪到三叠纪碳酸盐岩地层的接触带上；矽卡岩型铁矿床则赋存在岩浆岩与含膏盐层的三叠纪碳酸盐岩接触带上(图2.2)。在志留纪与石炭纪灰岩不整合面上发育低温热液型金、铅、锌、银等金属矿床。

区内地层岩石的物理、化学性质与成矿均有一定关系。本区地层中差异最大的为钙-硅界面，其次为钙-镁界面，这些界面容易形成层间破碎，在热液作用下发生物质交换而形成蚀变，如硅化、白云石化等改变岩石的孔隙度，从而为成矿提供条件。巨大的物性差异界面也是成矿的有利部位，如奥陶系与志留系界面、中二叠统茅口组与栖霞组之间、下三叠统大冶组与中下三叠统嘉陵江组之间等；对于碳酸盐岩地层，较高的有效孔隙率有利于矿化富集，如下三叠统和中上奥陶统等(湖北省地质调查院，2021)。

本节将对矽卡岩型铜多金属矿床和矽卡岩型铁矿床赋矿地层(奥陶系和三叠系)进行详细描述，并结合湖北省地质调查院2021年编写的《中国区域地质志·湖北志》，选取这些地层的典型剖面及地层进行简要介绍。

寒武系为浅海或滨海相沉积，本区仅在南部章山和黄姑山两地出露中上寒武统。除寒武系下部有部分含砂质碎屑岩、泥岩夹层外，其他均为富镁质碳酸盐岩沉积，岩性相对单一，无明显差别。

奥陶系主要出露于东南部隆起区，是斑岩-矽卡岩型钨-铜-钼矿床的主要围岩，与寒武系一起构成黄姑山-犀牛山倒转背斜的翼部地层。奥陶系在该区发育齐全，层序清晰，自下而上分别由下统、中统和上统构成。下奥陶统与寒武系整合接触，由南津关组、红花园组、大湾组和牯牛潭组组成，岩性主要为含燧石结核或硅质条带、似瘤状灰岩、龟裂纹灰岩、薄层瘤状灰岩、生物碎屑灰岩，部分地层局部夹页岩等(表2.1)。中上奥陶统由宝塔组和龙马溪组组成，岩性主要为生物碎屑灰岩、泥岩、页岩、泥质瘤状灰岩、紫红色龟裂纹灰岩、硅质岩夹含碳质页岩(表2.1)。

该区志留系分布广泛，呈不连续出露，地层厚度变化较大，主要由浅海相碎屑岩组成，与奥陶系和上覆地层呈平行不整合接触。该区地层自下而上分别为下奥陶统新滩组、中奥陶统坟头组和上奥陶统茅山组。坟头组岩性主要为黄绿色、灰绿色粉砂岩、粉砂质页岩以及石英细—粉砂岩、粉砂质泥岩，局部夹透镜状磷块岩。茅山组主要由灰绿色中—厚层状粉—细粒

13

石英砂岩夹粉砂质黏土岩组成(表2.1)。

泥盆系在该区只出露中上泥盆统云台观组,下泥盆统地层缺失,与下伏志留系茅山组和上覆石炭系大埔组呈平行不整合接触。云台观组主体为石英砂岩含砾岩,底部为石英砾岩,为一套滨海相粗碎屑沉积(表2.1)。

该区石炭系缺失下统地层,主要出露中上石炭统大埔组、黄龙组和船山组,地层总厚度为34～117m。大埔组岩性以灰白—浅黄色微粒云岩为主,局部含燧石结核。黄龙组以灰—灰白色厚层灰岩、生物屑灰岩为主。船山组为含碳质生物屑核形石灰岩(表2.1)。

下二叠统栖霞组、茅口组,上二叠统龙潭组、下窑组、大隆组在该区均有出露。栖霞组主要有两个岩性段:上部为含碳质生物屑灰岩,局部含燧石结核或条带,下部为黑色碳质灰岩局部夹煤层。茅口组为生物屑灰岩夹硅质条带钙质、碳质页岩、硅质岩等。龙潭组岩性均一,含1～3层煤,主要为灰色含碳质页岩、砂岩、硅质岩等。下窑组为灰色中—厚层含燧石结核生物屑灰岩,燧石有时呈薄层硅质岩。大隆组以硅质灰岩为主,夹钙质页岩,局部夹灰岩透镜体(表2.1)。

三叠系在全区广泛出露,是矽卡岩型铁矿床和斑岩-矽卡岩型铜多金属矿床的主要围岩。该区三叠系自下而上分别为下三叠统大冶组、中下三叠统嘉陵江组、中三叠统蒲圻组和上三叠统九里岗组。大冶组主要分布在该区西北部,上段为灰岩、泥晶灰岩、粉晶灰岩夹钙质页岩,局部地层含有石膏层,富石膏假晶,厚度变化大。这些含石膏碳酸盐岩地层是该区矽卡岩铁矿的主要赋矿层位,该组在大冶—金山店一带和黄石—鄂城程潮一带厚度较大,有程潮和金山店石膏分布中心(舒全安等,1992)。大冶组中下段由微晶灰岩、砾屑灰岩与泥晶灰岩、角砾状白云岩、鲕状白云岩页岩互夹或互层组成。嘉陵江组在该区出露较少,底部常见不连续灰岩层,在砂泥岩中常见灰岩透镜体。岩性主要为生物碎屑灰岩,含砂砾屑灰岩、去膏化泥晶云岩,去膏化云化层纹石灰岩,局部含岩盐矿物、硬石膏、石膏等沉积石膏层。中三叠统蒲圻组与下伏嘉陵江组呈平行不整合接触,岩性主要为钙质粉砂岩、泥质粉砂岩、砂质黏土页岩、细砂岩,厚度变化较大(20～1000m之间)。上三叠统九里岗组分布范围小,厚度变化大,岩性主要为泥质粉砂岩、粉砂质泥岩夹细砂岩,局部含煤层(表2.1)。下三叠统大冶组和嘉陵江组的碳酸盐岩与本区成矿关系最密切,碳酸盐岩地层由于钙、镁及泥质含量的差异,造成岩性的不均一性,并且岩层多为厚薄互层,缝合线发育,因而在构造应力的作用下,容易发生破碎分离,为矽卡岩的形成和矿液的充填交代创造了良好的物理条件。灰质白云岩是矽卡岩接触交代型或接触交代-斑岩复合亚型铜、铜金、铜铁矿和矿浆型铁矿以及沉积改造型铅锌矿最重要的容矿层位。铁山铁铜矿,铜绿山铜铁矿,鸡冠嘴、鸡笼山铜金矿,铜山口、丰山洞铜矿和狮子立山铅锌锶矿等大中型矿床均是赋存于该层位的矿床,各金属矿种探明储量占全区探明储量的比例分别为铁48.98%,铜88.87%,金93.60%,铅锌37.32%,银66.53%。中三叠统蒲圻组为岩浆期后热液型铁矿的主要围岩之一,赋存在该层位矿床的铁矿储量占全区总储量的48.69%,有少量的金矿赋存于该层位,如摇篮山金矿等。除铁矿外,蒲圻组还为风化淋滤型金矿和沉积改造型铅锌矿的容矿层位,主要矿床有程潮、张福山铁矿,肖家铺金矿,凤梨山铅锌矿等(湖北省地质调查院,2021)。

该区侏罗系出露较少,主要位于北部盆地的大冶向斜和碧石渡向斜,划分为下侏罗统桐竹园组、中侏罗统花家湖组和下侏罗统马架山组。下侏罗统桐竹园组岩性为黄色粉砂质页岩

第二章 区域地质背景

粉砂岩夹煤层。中侏罗统花家湖组岩性为含砾长石石英砂岩、粉砂岩。下侏罗统马架山组岩性较为复杂,主要由流纹岩、流纹质凝灰角砾岩、砾岩等组成(表 2.1)。

白垩系主要分布于该区西部灵乡-太和-保安火山盆地和花湖火山岩盆地,为陆相火山岩系地层。白垩系主要由下白垩统灵乡组和大寺组组成,灵乡组页岩、泥灰岩、凝灰质含砾砂岩、含砾粉砂岩夹钙质粉砂岩、砂岩夹安山岩等。大寺组岩性主要为安玄岩、安山岩、英安岩、熔结凝灰岩夹少量橄榄玄武岩等。

上白垩统至新近系为山间盆地相砂砾岩堆积,通常以断层接触或角度不整合覆于不同时代地层之上,主要分布于断陷盆地内,该区分布的地层主要为公安寨组,岩性为一套紫红色砾岩、泥质粉砂岩,俗称"红层"。

第四系岩性主要由冲积、洪积物组成,为淤泥、黏土、砂土、红色砾岩、泥质粉砂岩等,在该区分布广泛(表 2.1)。

鄂东矿集区典型地层剖面介绍。

(1)湖北省大冶市沙田下三叠统大冶组剖面(剖面起点:E114°45′58″,N30°10′50″)。

上覆地层:嘉陵江组($T_{1-2}j$)灰白色、浅肉红色巨厚层状鲕状白云岩、细晶白云岩、角砾状白云岩

——————— 整合接触 ———————

大冶组(T_1d)	总厚 557.63m
四段(T_1d^4)	厚 167.91m
31. 灰白色、白色厚层状白云石化灰岩,含少量生物碎屑	13.60m
30. 青灰色巨厚层状带状灰岩	17.37m
29. 青灰色巨厚层状角砾状白云石化灰岩	24.48m
26~28. 青灰色巨厚层状条带状灰岩,缝合线构造发育	85.49m
22~25. 浅灰色、灰色中厚层至厚层状灰岩,具缝合线构造,夹薄层状灰岩、似瘤状含生物碎屑灰岩。含保存不全的菊石、箭石、腕足类等化石碎片	26.97m
三段(T_1d^3)	厚 217.33m
21. 浅灰色薄层状灰岩,夹中厚层状灰岩及薄层状泥质白云岩	69.13m
19~20. 浅灰色、灰色薄层状灰岩,含泥质。具蠕虫状构造	55.16m
16~18. 灰色、浅灰色薄层状至微薄层蠕虫状灰岩,夹钙质页岩。含菊石、腕足类等化石碎片	39.20m
13~15. 灰色薄—微薄层状泥质灰岩、泥灰岩,具蠕虫状构造,夹钙质页岩及紫红色泥质灰岩。含双壳类 *Posidonia* sp.、*circularis* 和菊石等化石	33.71m
12. 浅灰色薄层状生物碎屑灰岩	20.13m
二段(T_1d^2)	厚 87.59m
10、11. 浅灰色薄层状灰岩夹中厚层状灰岩	68.05m
9. 浅灰色中厚层状灰岩夹薄层状灰岩	12.06m
8. 浅灰色薄—中层状灰岩夹钙质页岩	7.48m

一段(T_1d^1)　　　　　　　　　　　　　　　　　　　　　　　　厚84.8m

4～7.黄绿色黏土质页岩夹灰黑色黏土质页岩、瘤状含泥质灰岩。产双壳类 *Claraia hubeiensis*　　　　　　　　　　　　　　　　　　　　　　　　　　　　53.62m

3.浅灰色薄层状灰岩夹紫红色瘤状灰岩　　　　　　　　　　　　　　4.10m

2.紫红色薄层状瘤状泥灰岩夹黄绿色页岩　　　　　　　　　　　　10.97m

1.黄绿色黏土质页岩夹薄层状瘤状泥质灰岩,底部有厚4cm的白色黏土。

页岩中产双壳类 *Claraia griesbachi*,*Cl. wangi*,*Cl.* cf. *hubeiensis*;菊石 *Ophiceratidae*,*Gyronitidae* 等　　　　　　　　　　　　　　　　　　　　　16.11m

——————整合接触——————

下伏地层:大隆组(P_3d)黑色硅质页岩、硅质岩。含腕足类及菊石等

(2)湖北省建始县马扎坪乡三叠系大冶组—嘉陵组剖面(剖面起点:E110°03′32″,N30°38′27″;湖北省地质调查院,2005)。

上覆地层:巴东组(T_2b)

一段

紫红色中层状粉砂岩夹钙质黏土岩

～～～～～平行不整合～～～～～

嘉陵江组($T_{1-2}j$)　　　　　　　　　　　　　　　　　　　厚609.93m

三段　　　　　　　　　　　　　　　　　　　　　　　　　　208.34m

20.黄绿色中厚层块状泥岩,粉砂质黏土岩,页理不发育,属古暴露带之渣状层。含古植物 *Neocatamitia* sp.(新芦木),*Equseotites* sp.(拟木贼),*Myophoria*(*costatorid*)*goldfussii*;双壳类 *Eumorphotis*(*asoeiia*)*subillgrica*　　　　　　　　　　　42.18m

19.灰色中—薄层状黏土质粒泥灰岩、薄层状灰泥灰岩夹钙质泥岩,为潮上带沉积环境　　　　　　　　　　　　　　　　　　　　　　　　　　　40.42m

18.灰色厚层状粒泥灰岩夹白云质粒泥灰岩,局部见岩溶灰岩角砾岩　46.64m

17.浅灰色中—厚层状细—不等晶白云质灰岩,局部见灰岩角砾岩　32.46m

16.灰色夹肉红色厚层状粒泥灰岩夹白云质粒泥灰岩、蠕虫状白云质粒泥灰岩　31.06m

15.主要为灰色块状岩溶白云质角砾岩,底部为灰色厚层状含石膏假晶白云岩,顶部为厚层粒泥灰岩　　　　　　　　　　　　　　　　　　　　　　56.76m

——————整合接触——————

二段　　　　　　　　　　　　　　　　　　　　　　　　　　厚505.65m

14.灰色中—厚层状粒泥灰岩,夹含生物屑砂屑灰泥灰岩,顶部夹薄层灰泥灰岩,含遗迹化石　　　　　　　　　　　　　　　　　　　　　　　　　　　119.62m

13.上部为灰色中—薄层状粒泥灰岩与泥粒灰岩互层,具缝合线构造;下部灰色厚—中厚层状颗粒灰岩夹肉红色粒泥灰岩　　　　　　　　　　　　　　201.97m

12.浅灰色厚层状灰质白云岩,中层状白云岩,顶部为厚约20cm岩溶白云岩角砾岩　　　　　　　　　　　　　　　　　　　　　　　　　　　　82.74m

11.灰—浅灰色中—厚层状粒泥灰岩,上部夹中层状白云质粒泥灰岩　101.32m

第二章 区域地质背景

———————整合接触———————

一段   厚 34.09m

10. 灰色、肉红色厚层状喀斯特化白云岩角砾岩、灰岩角砾岩,下部灰色、深灰色粉屑白云岩,局部含石膏假晶,表面刀坎纹发育   34.09m

∿∿∿∿∿平行不整合∿∿∿∿∿

大冶组(T_1d)   总厚 960.78m

四段   厚 96.06m

9. 上部为灰色厚层状颗粒(砂屑、鲕粒、生物屑、藻粒)灰岩,下部为粒泥灰岩,底部见砾屑灰岩,顶部见团粒灰岩,含双壳类 *Entolium* sp.,*Arcavicula* sp.,*Lepidotrochus* sp. 等化石   44.14m

8. 灰色薄层夹中层状灰泥灰岩、含砾灰泥灰岩,底部见 3.23m 鲕粒灰岩,含 *Cypridodella conflex*,*Neohideodella nevadensis*,*Pachyclodiua* sp.,*P. longispinosa*   51.72m

三段   厚 579.01m

7. 灰色薄层夹中层状灰泥灰岩,蠕虫状灰泥灰岩,缝合线构造发育,含 *Pachyclodiua* sp.(厚齿耙刺)等化石   343.29m

6. 灰色薄层状灰泥灰岩,层间夹泥质条带,并组成韵律层对,偶夹条纹状黏土质灰泥灰岩,中部见深水软泥滑动沉积构造   94.18m

5. 灰色薄层—薄板状灰泥灰岩,灰岩与泥质条带组成密集韵律层对,下部夹黄绿色页岩   131.54m

二段   厚 233.38m

4. 灰色中厚层状粒泥灰岩,夹黄绿色页岩,中下部夹厚层砾屑灰岩,含克氏蛤 *Clarai* sp. 等双壳类化石   139.02m

3. 灰色中—厚层状粒泥灰岩,夹薄层状灰泥灰岩及黄绿色页岩,水平层理,含 *Clarai* sp.,*Ophiceratidae* Or.,*Gyronitidoe*   94.16m

一段   厚 52.33m

2. 黄绿色页岩,中部夹黏土质灰泥灰岩,上部夹灰泥灰岩,向上灰质成分增多,水平层理,底界见白色黏土层,含双壳类 *Ophiceras demissum*,*Prionolobus* sp.,*Lytophicaras* cf. *chamunda*,*Claria Wangi*,*C. griesbachi* 等化石   52.33m

———————整合接触———————

下伏地层:大隆组(P_3d)黑色硅质岩夹碳质页岩及白色黏土层,含 *Changhsingoceras* sp. 等化石

(3)湖北省蒲圻县陆水河边中三叠统蒲圻组剖面(剖面起点:E113°52′55″,N29°42′40″;湖北省队,1976)。

上覆地层:九里岗组灰绿色细砂岩,铝土质页岩含铁质砂质结核

∿∿∿∿∿平行不整合∿∿∿∿∿

蒲圻组(T_2p)   厚 423.11m

14.黄绿色粉砂质泥岩,含紫红色斑块　　　　　　　　　　　　　　　2.06m

13.紫红色粉砂质泥岩,夹薄层状钙质细砾岩及黄绿色粉砂岩,含绿色粉砂岩团块　7.60m

12.紫红色粉砂质泥岩　　　　　　　　　　　　　　　　　　　　　63.83m

11.紫红色粉砂质页岩,含大量钙质结核,夹粉砂岩、细砂岩,底部夹薄层状细砂岩

　　　　　　　　　　　　　　　　　　　　　　　　　　　　　　97.00m

10.紫红色泥质粉砂岩夹细砂岩,下部含钙质结核　　　　　　　　　　14.93m

9.紫红色中厚层状泥质粉砂岩,下部含植物化石碎片　　　　　　　　　8.63m

8.紫红色泥质粉砂岩、灰绿色细砂岩、石英砂岩夹砾岩　　　　　　　64.94m

7.紫红色中厚层状粉砂岩、泥质粉砂岩　　　　　　　　　　　　　　30.06m

6.紫红色粉砂岩、泥质粉砂岩　　　　　　　　　　　　　　　　　72.88m

5.掩盖　　　　　　　　　　　　　　　　　　　　　　　　　　　2.78m

4.灰紫色中厚层状细砂岩夹紫红色泥质粉砂岩　　　　　　　　　　　13.90m

3.紫红色砂质页岩夹灰色细砂岩,含双壳类、腕足类、鲎类、古植物化石　14.80m

2.灰绿色砂质页岩夹灰绿色粉砂岩,含双壳类、腕足类、鲎类、古植物化石　1.86m

1.掩盖　　　　　　　　　　　　　　　　　　　　　　　　　　　27.30m

〰〰〰〰〰〰〰关系不明〰〰〰〰〰〰〰

下伏地层:嘉陵江组灰色中厚层状灰岩夹薄层状泥质灰岩

第三节　区域构造

鄂东矿集区构造体系发育,在地质历史时期经历了漫长多期次的构造演化。区内构造发展演化划分为3个阶段:中元古代—新元古代青白口纪陆块拼合、统一扬子克拉通基底形成发展阶段;南华纪—三叠纪大陆裂解—增生—重组阶段;三叠纪—全新世陆内盆山演化阶段。舒全安等(1992)根据古生代以来地层接触关系、沉积建造、沉积旋回、构造运动、岩浆活动以及成矿作用特点,将该区划分为加里东、海西、印支、燕山和喜马拉雅5个构造旋回。

该区结晶基底形成于晋宁构造运动,后期又受到印支构造运动、燕山构造运动和喜马拉雅构造运动的影响。该区主要有北东—北北东向和北西—北西西两组大型区域断裂(图2.3),为印支构造运动和燕山构造运动的产物(舒全安等,1992)。另外,北东向、南北向和北西向构造叠加在这些主构造之上,形成了复杂的构造体系。总体而言,印支期构造运动形成了矿集区内的构造格局,而随后的燕山期构造运动形成了一系列控矿构造(舒全安等,1992)。

晋宁期是区内基底构造的形成期,矿集区北部扬子板块与南秦岭地块发生碰撞造山,南部江南弧盆系增生于扬子板块南缘,形成了区内基底构造层,发育有近东西向、北东向、北西向3个方向的断裂构造和紧闭线状褶皱。

印支期华北与扬子板块向南秦岭板块俯冲,碰撞造山形成了秦岭-大别-苏鲁造山带,扬子区发生广泛海退,统一大陆形成,产生东西—近东西向构造。由于古太平洋板块俯冲作用,在秦岭-大别造山带东端沿郯庐一带产生左旋平移运动,使鄂东矿集区原近东西向的构造形

第二章　区域地质背景

迹发生逆时针转动,或者被左行平移错开,或者被改造为北东—北北东向的构造格局,发育一系列北西西—近东西向的褶皱和断层,由鄂城复背斜、花家湖复向斜等一系列复式褶皱和走向断裂构造,形迹规模大,分布广泛,对后期成岩成矿具有重要的控制作用,为成矿前构造组合。

印支运动形成的一系列走向断裂构造和复式褶皱在该区呈北西西向广泛分布,这些构造在区域上有控岩、控矿作用。复式褶皱由南向北,依次为枫林倒转复背斜、鸡笼山倒转复向斜、富池口复背斜、犀牛山倒转复背斜、殷祖复背斜、大冶复向斜、保安倒转复背斜、碧石渡复向斜和鄂城复背斜等。该时期形成的复式褶皱在平面上多呈似平行线状延伸,核部以古元古界为主,翼部通常为三叠系,呈现紧密倒转特点。

印支运动导致大量盖层褶皱变形,形成一系列北西向和北西西向复式褶皱及断裂(谢桂青等,2016)。其中北西西向构造规模较大,褶皱和断裂通常相伴产出,主要位于翼部界面和背斜核部部位(图2.3)。印支运动形成的断裂主要有银山-衡山断裂、保安-陶港断裂、铁山断裂、金山店断裂和鄂城断裂,具有向南陡倾、南密北疏、东密西疏、向东收敛、向西发散的特点(图2.3),整体与倒转褶皱轴面倾向一致,与印支运动近南北向主应力特点一致,反映了该区由南向北逆冲推覆构造作用特点(舒全安等,1992)。

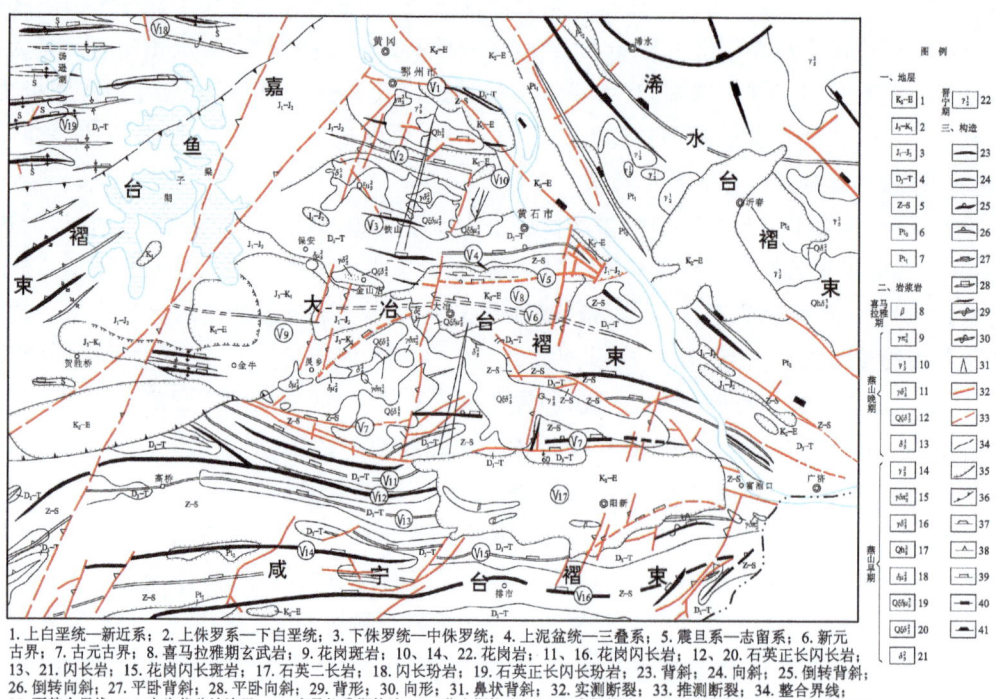

1. 上白垩统—新近系；2. 上侏罗系—下白垩统；3. 下侏罗统—中侏罗统；4. 上泥盆统—三叠系；5. 震旦系—志留系；6. 新元古界；7. 古元古界；8. 喜马拉雅期玄武岩；9. 花岗斑岩；10、14、22. 花岗岩；11、16. 花岗闪长岩；12、20. 石英正长闪长岩；13、21. 闪长岩；15. 花岗闪长斑岩；17. 石英二长岩；19. 石英正长斑岩；23. 倒转背斜；24. 复背斜；25. 倒转向斜；26. 倒转向斜；27. 平卧背斜；28. 平卧向斜；29. 鼻形；30. 向形；31. 鼻状背斜；32. 实测裂；33. 推测断裂；34. 整合界线；35. 不整合界线；36. 中生代盆地边界；37. 喜马拉雅构造；38. 燕山构造；39. 印支构造；40. 晋宁期构造；41. 大别期构造

图2.3　鄂东矿集区构造平面展布图(湖北省地质局第一地质大队内部资料)

燕山期构造运动包括晚侏罗世到早白垩世期间的地质事件,该时期鄂东矿集区受环太平洋大陆边缘构造活动的影响,成为环太平洋大陆边缘构造-岩浆活动带的组成部分。燕山期构造控制了该区主要的矽卡岩型铜铁金矿床的分布。这些构造通常叠加在印支期形成的构

造之上,使部分北西西向构造断裂由逆断层转变成正断层,发生性质上的变化(图2.3)。构造运动中产生的断裂裂隙和褶皱提供了岩浆侵入和流体沉淀储矿空间。

燕山期形成的褶皱大多分布于岩体边缘及姜桥-下陆断裂带两侧,褶皱规模较小,一般沿走向延伸不超过7km,宽度小于1km,轴部沿北东东向、北北东向展布,核部主要由古生界和中生界组成。北北东向褶皱通常横跨在北西西向褶皱之上,由马叫-铜绿山背斜、麻雀垴背斜、灵峰背斜和冯家山背斜等组成。北北东向褶皱对成矿具有重要的控制作用,呈"多"字形构造,主要有双港口倒转背斜和磨石山背斜等(舒全安等,1992)。

燕山期构造运动形成的断裂直接控制了矿区内不同级别的构造单元、岩浆活动和相关的成矿作用(舒全安等,1992)。燕山期断裂主要由4组断裂组成,分别为北西西向、北西向、北北东向和北东向(图2.3)。燕山期构造活动改造印支期形成的断裂,即形成了北西西向断裂,为燕山期岩浆侵入提供空间,比如该区铁山岩体、金山店岩体和阳新岩体等。北西向断裂形成于燕山晚期,另外燕山运动形成的新断裂通常位于岩体与地层接触带附近,部分断裂控制了矿体走向或者提供了储矿空间。

中生代区内构造活动频繁、强烈,区内板块在印支、燕山运动的影响下形成了强烈的改造叠加褶皱、断裂系统,成为区内盖层构造的主体格局,其特点主要是燕山期形成的北北东向褶皱、断裂系统与印支期形成的北西西—近东西向褶皱、断裂系统直交叠加形成的干涉图案;新生代构造变形往往受前期构造的影响和限制,其表现形式主要为断裂,形成阳新、大冶、太和、蕲春等断陷盆地。晚三叠世以来,受太平洋构造域近南北向挤压作用,区内开始进入板内变形阶段。印支运动是本阶段强烈构造变形的先导,主要形成一系列近东西向或北西西向褶皱、逆冲断裂,具有重要的控岩控矿意义。

晚侏罗世,古太平洋板块向西的挤压作用由东向西发展,扬子板块北缘强烈褶皱,形成一系列北西-南东向叠瓦状逆冲推覆构造。早白垩世,由于古太平洋板块俯冲后撤效应,扬子板块北缘、大别造山带南缘和东端开始由区域性的挤压构造转换为区域性的伸展构造,以多层次滑脱剥离构造为主要特征,产生成矿期构造组合。燕山期鄂东矿集区发生了断块差异升降、不同构造层次的拆离滑脱、逆冲推覆、伸展和重力滑覆,同时发生了广泛的岩浆侵入活动,进入盖层褶皱和断裂构造的改造期,经受近南北—北北西向挤压,形成了北北东向的隆凹褶皱和鼻状褶皱,部分新生断裂与基底断裂沟通,形成燕山期岩浆岩的侵入通道。晚侏罗世—早白垩世,太平洋构造域主应力方向由南北向转变为近东西向,受燕山期构造作用,区内形成了一系列北北东向、北东向断裂、褶皱。燕山期与印支期构造叠加,对岩体侵位、矿体形成具有重要意义:一是形成了一系列有利于岩浆侵位的褶皱虚脱部位、滑面、断裂、破碎带等,直接诱导岩浆侵位、喷发,区内众多的侵入体中,大部分是利用构造形成的空间,以岩墙扩张的方式被动侵位;二是燕山期断裂与印支期断裂形成交会断裂,断裂结点部位有利于大型矿床的产出;三是燕山期与印支期褶皱叠加形成叠加褶皱,为岩体、矿体就位提供空间,更易于形成导岩导矿断裂,有利于岩体侵位和热液的运移。区内主要顺层剪切面有变质基底顶面,志留系顶、底界面和中—下三叠统与中—上三叠统之间的硅钙界面或钙镁界面上形成的一系列刺激层间剪切面,这些不同级别、不同层次的剪切面,控制着岩体的侵位和矿化类型的变化。

区内由北向南,依次分布七大复式背向斜构造,即鄂城复背斜、花家湖复向斜、铁山复背斜、黄金山复向斜、保安-汪仁复背斜、大冶复向斜和殷祖复背斜。这些褶皱北部以北西西向为主，向南部逐渐过渡为近东西向，其规模大，背斜、向斜相间排列，向斜宽缓，组合成隔档式褶皱。燕山期区内应力场由近南北向挤压变为北西西向挤压，表现为北西西向褶皱轴面呈局部向北凸出的弧形，褶皱枢纽呈波状起伏，两翼地层向东收敛、向西撒开，两期褶皱的背斜叠加部位形成短轴背斜或鼻状背斜。区内共有 15 个大的断裂带，按方向分为 5 组，以形成较晚的北西西向（程潮断裂带、铁山-章山断裂带、保安-陶港断裂带）、北北东向（麻城-团风断裂带、鄂城-保安断裂带、姜桥-下陆断裂带、湖山-浮屠街断裂带、圻州-陶港断裂带）为主，次为北西向（襄樊-广济断裂带、谢华武-丰山洞断裂带、刘南塘-阳新断裂带）、北东向（鄂城-嘉鱼断裂带、黄石-灵乡断裂带、白沙铺断裂带）和近东西向（毛铺-两剑桥断裂带），这 3 个方向的断裂为基底断裂，形成时间较早，后期仍有活动。

　　该区中酸性岩浆侵入体均受层间剥离构造与深切割断裂构造的双重控制（图 2.4），但南北部控岩条件颇有差异。北部逆冲推覆带中，主要层间剥离构造发育在下三叠统与中上三叠统之间，与富含膏盐的下三叠统顶部及中三叠统底部润滑层有关，同时由北西西—近东西向断裂（鄂城岩体、铁山岩体、金山店岩体）和北东向断裂（灵乡岩体）控制岩体边界，岩体总体倾向南，在一定空间呈顺层板状体分布，深部有断裂连通岩浆房；中部滑脱折离与逆冲推覆转换带，盖层形成堆垛隆起，岩体显示以断裂构造控制为主，以北西向和北东向共轭断层控制最为明显，该处志留系顶、底面常控制岩体的顶界，其中受志留系与石炭系界面控制顶界的有殷祖岩体、阳新岩体的主体以及龙角山、铜鼓山、古家山等小岩体（薛迪康等，1997）。

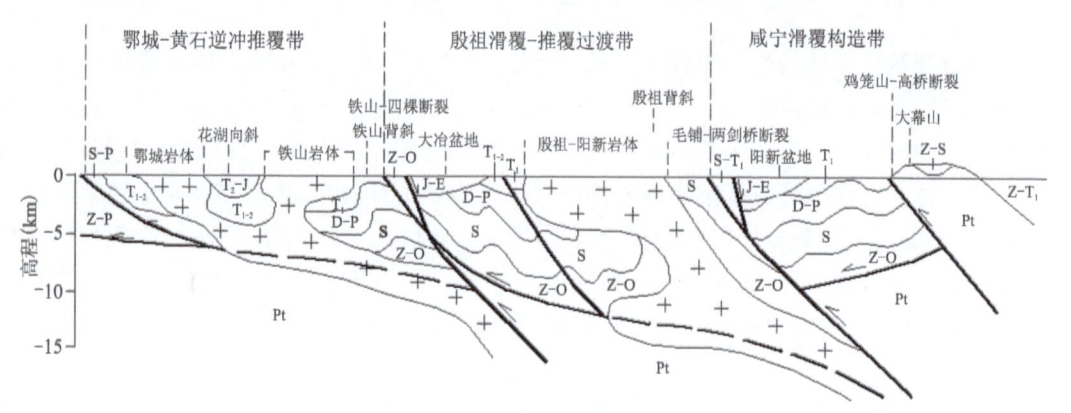

图 2.4　鄂东南推覆构造控岩特征剖面示意图（湖北省地质局第一地质大队内部资料）

　　控制本区内生金属矿床形成的构造因素比较复杂。区内内生金属矿床均随各大侵入体和一些小侵入体成群成带产出，在空间上主要赋存于燕山期中酸性侵入岩与下三叠统大冶组、中上三叠统嘉陵江组碳酸盐岩、中三叠统蒲圻组砂页岩的接触带上，其次是近接触带岩体中碳酸盐岩的残留体和捕虏体内及离接触带不远的碳酸盐岩层间破碎带，远离接触带更次之。大量勘探资料显示，矿体基本上均与大理岩体接触带构造系统有关，除了北西西向接触断裂带和北北东向横跨叠加背斜与北北东向断裂复合构造对成矿具有明显的控制作用外，还有北北东向和北东向、北西西向和北西向断裂以及大理岩层间破碎带对矿体的赋存都有重要的控制作用。

第四节　区域岩浆岩

鄂东矿集区中生代岩浆活动表现出多期次的特点(图2.5),形成的岩浆岩遍布全区,种类繁多,包括基性—中酸性侵入岩和火山岩,组成了规模不等的侵入体及陆相火山岩体(舒全安等,1992)。该区从北向南依次分布有鄂城、铁山、金山店、灵乡、殷祖、阳新六大燕山期的中酸性侵入岩以及铜绿山、铜山口、姜桥、铜鼓山、龙角山、瓦雪地、歇担桥、阮家湾、丰山洞等130多个小岩体(群),并有众多的中酸性岩脉伴随,总面积约659km²。在岩浆活动的晚期,喷发作用在中生代断陷盆地内侧形成金牛和花马湖两个火山盆地,总面积约265km²。

岩浆岩的产出和空间分布受区域构造格架的控制,总体上被围限于襄樊-广济、麻城-团风和毛铺-两剑桥3条断裂带所构成的三角形区域内。侵入岩体的产出主要受次一级北西西向、北西向、北东向3组构造控制(图2.2)。位于北部的鄂城、铁山、金山店3个岩体呈北西西向展布,位于南部的阳新岩体呈北西向展布,而灵乡岩体则呈北东向沿黄石-灵乡断裂带东缘展布。殷祖岩体位于灵乡岩体东南部,也呈北东向展布。此外,沿近东西向的毛铺-两剑桥断裂带,有瓦雪地、白云山、犀牛山等小岩体(群)产出。火山喷出岩主要分布于西边的陈贵—灵乡—太和一带,少部分出现在北部的花马湖附近,其中呈北东向展布于陈贵—灵乡一带的火山岩,明显受控于黄石-灵乡断裂带。

一、侵入岩

笔者对鄂东矿集区进行了年代学汇总,研究结果表明,该区主要侵入体为通过多期次岩浆活动形成的复式岩体(图2.5)。晚侏罗世殷祖石英闪长岩(约152Ma)记录了鄂东矿集区中生代岩浆活动的开始。灵乡闪长岩在殷祖岩体形成的过程中也开始侵位(146~141Ma)。在灵乡岩体侵位的过程中形成了阮家湾岩株(146~143Ma)(图2.5),随后伴随着更加剧烈的岩浆侵入活动,形成了阳新岩体(142~136Ma)和铁山岩体(143~136Ma)。同时这期岩浆活动,还形成了铜山口岩株(144~140Ma)和铜绿山岩株(140~136Ma)。大约经历了5Ma岩浆活动间隙后,该区发生了大规模的岩浆侵入事件,形成了鄂城岩体(131~127Ma)和金山店岩体(132~127Ma)。

该区岩体空间分布总体受岩石圈断裂及次一级断裂构造控制。尽管多数岩体都为复式岩体,但也存在单期次侵入体。主要侵入体由北至南依次为鄂城岩体、铁山岩体、金山店岩体、灵乡岩体、殷祖岩体和阳新岩体。这些岩体由闪长岩类、花岗岩类等一系列岩石组成,属于多期次形成的复式岩体,为中—中浅成相。这些岩体周边分布有铜山口、铜绿山、阮家湾等30多个小岩体(株、群)。这些岩株以中—中浅成侵入体为主,有少量浅—超浅成和中深成侵入体,地表形态多为圆形、纺锤形、椭圆形或其他不规则形状(舒全安等,1992)。该区侵入岩主要侵位于石炭系到侏罗系,少部分岩体在东南部侵位于奥陶系到志留系。该区侵入岩属基性—中性岩类,主要有辉长岩、辉石闪长(玢)岩、闪长(玢)岩等类型;中酸性岩类包括石英闪长(玢)岩、花岗闪长(玢)岩、石英二长闪长(玢)岩等类型;酸性岩类主要有二长花岗岩、花岗岩等类型。

第二章 区域地质背景

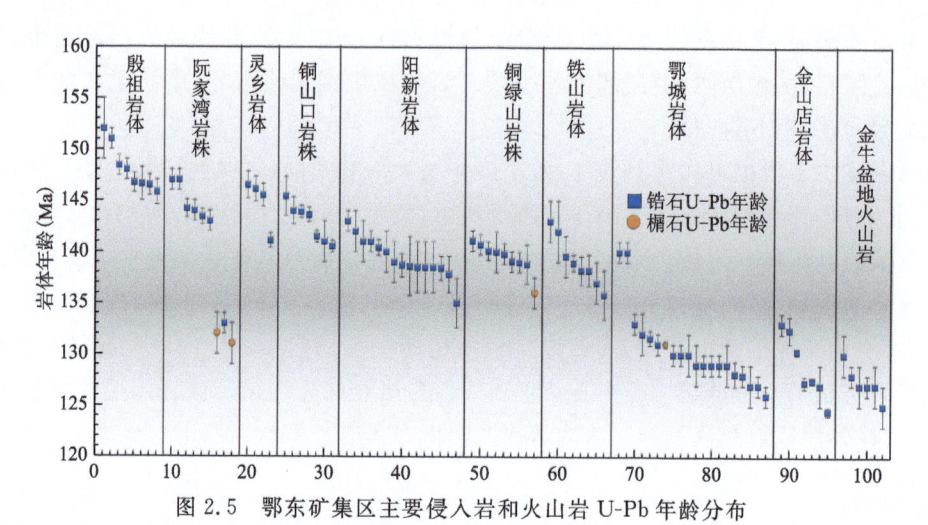

图 2.5 鄂东矿集区主要侵入岩和火山岩 U-Pb 年龄分布

鄂东矿集区六大岩体地质特征是指岩体形成的地质构造环境、形态、规模、产状与围岩的接触关系，以及侵入深度和剥蚀程度等。各岩体地质特征自北向南简述如下。

鄂城岩体位于鄂城背斜和碧石渡向斜公共翼上，受北西西向或北东向断裂及三叠系大冶组和蒲圻组层间界面控制，岩体形态呈北西西椭圆形，长约 15km，宽约 7km，出露面积约 100km²，为上小、下大的钟状岩基。岩体总体倾向南。南缘浅部向南倾，深部向北后又转向南倾。北缘向北超覆 2～3km，深部先向北后向南倾。西缘向西倾伏，东缘向东倾没。岩体属中浅成侵入相，浅剥蚀。南缘有大型铁矿产出。

铁山岩体位于保安复式背斜和碧石渡向斜公共翼上，受北西西向和北东向断裂控制，沿下三叠统大冶组和上三叠统蒲圻组界面侵入（中三叠统被岩体侵入占据），呈北西西向展布，长约 27km，宽 4～8km，面积 145km²，为深部向四周扩大的岩基。岩体南缘与大冶组接触，上部向南超覆，下部辗转南倾；北缘与蒲圻组接触，倾向北，倾角 40°；西缘向西倾伏，局部呈超覆产状；东缘呈锯齿状沿大冶组上段、大冶组与蒲圻组、蒲圻组与鸡公山组等不同岩性界面侵入。岩体主要为中浅成侵入相，浅中剥蚀。区内分布有众多的大理岩捕房体及其铁铜矿床。

金山店岩体位于保安背斜南翼大冶组和蒲圻组界面上，呈北西西向展布，长约 14km，宽 1.5～2km，面积 25km²，为一岩株体。岩体总体为向南倾斜板状体，倾角 60°左右。东、西两端分别向两侧倾伏，倾伏角西端相对较陡。岩体属中浅成侵入相，浅中剥蚀。南、北缘均有铁矿床产出。

灵乡岩体位于隆起区与盆地区过渡带上，受北东向断裂控制，岩体呈北东向不规则长条状展布，长约 6km，宽 0.4～5km，面积 79km²，呈偏心蘑菇状的岩株体。岩体为向北西倾斜的板状体。南缘与二叠系呈侵入接触，接触面产状上部呈缓倾斜向南东超覆，超覆幅度为 1km 左右，下部呈犬牙交错向北陡倾。北缘为侵蚀斜坡，倾向北西，倾角 25°～30°，其上被马架山组和灵乡组不整合沉积覆盖。岩体西部为浅成相剥蚀，其内有较多大理岩捕房体及铁矿床产出，东部中浅成相，中浅剥蚀，产有铁、铜、钼矿床（化）。

殷祖岩体位于殷祖复式背斜轴部，受北东向断裂控制，总体呈北东向展布，为长约 17km、宽约 4.8km、面积约 85km² 的不规则岩株体。岩体除北部与石炭系至下三叠统接触外，其余

23

均与志留系接触,总体向南倾斜。其中东缘、西缘均向外陡倾斜;北缘地表向北超覆,深部转向北西呈陡倾斜;南缘南倾,但深部倾角平缓。岩体属中深成侵入相,中浅至中深剥蚀,产有小型金矿床和钨、钼、铜矿化。

阳新岩体位于殷祖复式背斜轴部,西端延伸至大冶复式向斜的近轴部,主要受北西西向、北东向、北北东向断裂控制,呈北西—北西西展布,长40km,宽4～7km,面积约215km²,平面为形态复杂的基岩体。岩体自南东至北西呈侵入接触,依次有从寒武系至中下侏罗统武昌组这一套连续的地层,西北端被下白垩统大寺组火山沉积岩层覆盖,其接触面形态复杂,总体向深部扩大,但北东缘接触面较陡,南西缘接触面稍缓。复式岩体主体的西北端被产状略向东倾斜的空间上呈偏心蘑菇状铜绿山石英正长闪长玢岩岩株体占据。该岩体主体属中浅成相,浅剥蚀;岩株体属浅成相浅剥蚀。区内从西北向南东产有铁铜金、铜(金)、铜钨钼矿床。

二、火山岩

鄂东矿集区西部发育有大量白垩纪火山岩,主要分布于保安—太和—灵乡一带的金牛盆地中(图2.2)。另外,在铁山岩体和鄂城岩体东部黄石花马湖盆地中也有部分火山岩分布。这些火山岩呈双峰式特征,以英安岩和流纹岩为主,并发育少量的玄武岩和玄武安山岩(Xie et al.,2011)。对马架山组、大寺组和灵乡组中火山岩锆石原位U-Pb定年表明火山喷发持续时间有5Ma左右(130～125Ma;Xie et al.,2006;Xie et al.,2011)。火山喷发时间与金山店和鄂城复式岩体形成时间相近(图2.5)。金牛盆地双峰式火山岩表明,早白垩世时期该区主要处在伸展构造环境中(Xie et al.,2011)。

第五节　区域矿产

区内矿产资源十分丰富,现已查明铁、铜、铅、锌、金、银、钨、钼、硫铁矿、石膏、水泥用石灰岩、熔剂用石灰岩、大理岩、天青石、煤等40余种矿产,矿床(点)共计700余处。

鄂东矿集区矿产资源丰富,类型多样,以铁、铜矿产为主,共伴生有钼、钨、金、铅、锌、钴、镍、镓、铟、铼和硫等多种矿产(舒全安等,1992)。本区铁、铜、铅、锌、金、银等金属和贵金属矿床以接触交代型、接触交代-斑岩型、斑岩型、热液充填交代型及沉积热液改造型为主,多分布于岩体周缘接触带附近。截至2017年底,该矿集区已探明铜矿资源量515.02万t,铁矿石资源量7.80亿t,金资源量272.40t,钼资源量5.18万t,铅锌资源量83.27万t,分别占湖北省已探明铜资源量的98.12%、可利用铁矿石的80%以上、金的71.91%、钼的51.59%和铅锌的38.18%。该矿集区是我国重要的铁-铜-金金属矿产资源基地,矿产资源储量在国内具有举足轻重的地位(湖北省地质调查院,2021)。该矿集区内大部分矿床伴生有益元素,通常能达到工业回收利用水平。Au主要在铜矿床中以伴生金形式产出,Ag主要在含铜的铜精矿中富集。Se、Te、In、Pt等稀散元素在铜矿石中富集。Co和Ni伴生在铁矿和铁铜矿床中,铁山铁-铜矿床中Co和Ni储量分别达到了大型、中型规模,金山店铁矿Co含量为0.008%～0.023%。伴生硫在各类铁-铜矿床中普遍发育,甚至在一些矿床中,黄铁矿、雌黄铁矿可以形成独立矿体。石膏主要伴生在铁矿床中,如程潮铁矿床中石膏储量达到了大型规模(舒全安

第二章 区域地质背景

等,1992)。该矿集区内的铁、铜、金、钼、钨等金属矿床类型主要为矽卡岩型和斑岩型,空间分布与晚侏罗世—早白垩世时期岩浆岩的分布规律一致。矿产资源存在分带性特征,从北西向南东向,依次分布的金属矿产类型为铁矿床—铁-铜矿床—铜-铁矿床—铜矿床—铜-钼矿床—钨-铜-钼矿床—银-铅-锌矿床(图 2.2;舒全安等,1992)。

　　该矿集区矿产类型分布与岩浆活动特征及矿床产出构造位置具有紧密联系(表 2.2)。该区铜、金、钼、钨等多金属矿床主要分布在该区东南部隆起过渡带区域,与中浅成中酸性侵入岩和中酸性小型斑岩体密切相关,矿床多位于阳新复式岩体和周缘的小岩株附近,主要有铜山口铜-钼矿床、鸡冠嘴铜-金矿床、龙角山钨-铜-钼矿床、阮家湾钨-铜-钼矿床以及银山铅-锌-银矿床等。这些铜多金属矿床的赋矿地层从奥陶系到三叠系均有分布。西北部坳陷盆地中分布着该区主要的矽卡岩型铁矿床,主要有程潮铁矿、张福山铁矿和余华寺铁矿等(图 2.2)。这些铁矿床储量占全区铁储量的 60%,与中性—中酸性—酸性侵入岩具有紧密的空间联系。矿体位于岩体和含膏盐层三叠系大冶组和嘉陵江组的接触带上。在该区西南部灵乡岩体边缘也分布一些铁矿床,主要有灵乡铁矿、刘家畈铁矿、蜡烛山铁矿和广山铁矿等。尽管这些铁矿床规模不大,却是我国为数不多的富铁矿成矿区,具有高品位特征。在该区中部的过渡带区域分布有矽卡岩型铁-铜矿床和铜-铁矿床,这些矿床主要在铁山岩体及灵乡岩体东部,有铁山铁-铜-金矿床和铜绿山铜-铁-金矿床等。

　　鄂东矿集区存在多期次成矿事件与该区多期次岩浆活动密切相关。这些多期次矿化事件主要集中在 149～148Ma、145～143Ma、141～140Ma、138～136Ma 和 132～130Ma (图 2.6)。另外在 120Ma 左右,还存在一起弱热液事件(图 2.6),但在该区未形成规模矿床。该区蜡烛山铁矿床以及铁山铁铜金矿床部分矿体形成于 149～147Ma,代表了该区中生代最早的矿化事件。该区矿化强度铁-铜-金最大、经济价值最高的铜多金属矿床集中形成于 145～136Ma 之间,形成的矿床主要有铜山口铜-钼矿床、龙角山钨-铜-钼矿床、阮家湾钨-铜-钼矿床、铜绿山铜-铁-金矿床、铁山铁-铜-金矿床、白云山铜-钼矿床等(图 2.6)。经过短暂的岩浆活动平息,在 132～128Ma 发生了强度最大的铁矿化事件,形成了程潮、张福山和余华寺等矽卡岩型铁矿床,同时也形成了王豹山玢岩-矽卡岩型铁矿床。

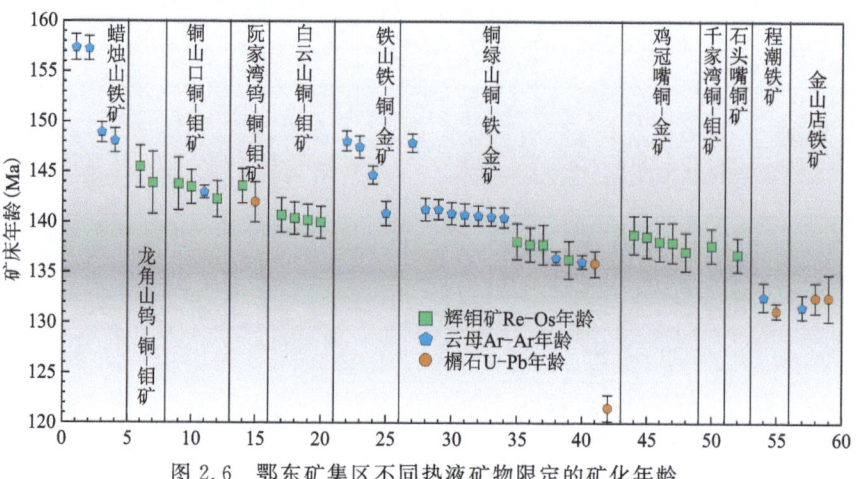

图 2.6　鄂东矿集区不同热液矿物限定的矿化年龄

25

表 2.2 鄂东矿集区成矿系列划分简表（修改自湖北省地质局第一地质大队，2017 资料）

成矿亚系列	矿床代表	年龄(Ma)	常见矿种	含矿地层	含矿岩浆岩	控矿构造	物质来源	主要成因类型	代表矿床(点)
中浅成中—酸性侵入岩和中酸性小斑岩体有关的铜—金-钨-钼矿床成矿亚系列	铜绿山	141±1	Cu,Fe	$T_1d_4-T_{1-2}j_1$	石英闪长岩	主接触带大理岩		矽卡岩型	铜绿山、石头嘴、鸡冠嘴
	龙角山	145±2	Cu,W,Mo	S,C	花岗闪长斑岩	岩体内接触带			
	铜山口	144±3	Cu,Mo	$T_1d_4-T_{1-2}j_1$	花岗闪长斑岩	岩体内接触带		斑岩型	铜山口、付家山、丰山洞
	阮家湾	143±2	Cu,Mo	O	石英闪长斑岩	过渡			
	鸡冠嘴	138±2	Au,Cu	$T_1d,T_{1-2}j_3$	花岗闪长斑岩	岩体内接触带	深源流体、岩浆期后热液叠加、部分来自深部地壳	矽卡岩型	
	金井咀		Au	T_1d	闪长岩	隆起		矽卡岩型	金井咀
	白云山	140±2	Cu,Mo,Au	S_1x	花岗闪长岩	隆起		斑岩型	白云山
	猴头山		Cu,Mo,Au		石英闪长岩	过渡		热液型	猴头山、陈子山
	美人尖		Au	S_1x	闪长玢岩	走滑断裂带			美人尖、徐家山
中深成—中浅成中—酸—酸性侵入岩有关的铁-铜-钼亚系列	铁山	136±2	Fe(Co)Cu	T_1d	闪长岩	主接触带复合断裂	深源流体、矽卡岩浆	矽卡岩型	铁山、程潮、金山店、灵乡
	程潮	132±1	Fe,硬石膏	$T_{1-2}j_3$	花岗闪长岩、闪长岩	物熔-深断裂			
	灵乡铁矿	146±1	Fe	T_1d	闪长玢岩	大理岩残留体或层间岩			
有关的铁-铜-硫矿床成矿亚系列	巷子口		Fe,S	$T_1d_4-T_{1-2}j_1$	闪长玢岩	主接触带大理岩残留体		矽卡岩型	巷子口

第二章　区域地质背景

区内矿床在成岩成矿时代及空间分布上都有一定的规律:成矿年龄数据统计,区内与岩浆活动有关的金属矿床的形成时代为145～128Ma。根据矿床产出的位置、成矿特征、成矿时代,以及相关的岩浆岩形成时代、岩石特征,结合前人研究成果,区内金属矿床可划分为4个成矿阶段,具体如下。

(1)铜钼金钨成矿阶段:形成晚侏罗世早期的铜钼金钨成矿系列,相关的岩体年龄主要为145～139Ma。包括与花岗闪长斑岩类小岩体有关的矽卡岩-斑岩型铜钼、铜金、铜钨矿床,与铜绿山岩体闪长岩和石英闪长岩有关的矽卡岩型金铜矿床,与阳新岩体有关的矽卡岩型铜(钼)矿床。这一阶段的矿床中均含金,可以回收利用。尽管在151～145Ma,鄂东矿集区有相关的岩浆岩侵位,如铜鼓山岩体(147±2Ma)、殷祖岩体(151±1Ma、148±1Ma)等,但与之相关的成矿作用较弱。

(2)铁铜成矿阶段:大致与第二阶段岩浆活动(144～135Ma)相对应,主要形成铁铜矿共生的矿床系列。如与铁山岩体相关的一系列铁铜矿床,该岩体具有多次岩浆活动与多次成矿作用,本成矿阶段形成的矿床在空间上主要分布于铁山岩体的周边及内部的地层捕房体中。

(3)铁成矿阶段:形成于早白垩世,对应于第三阶段岩浆活动(133～127Ma),组成矽卡岩型铁矿床系列。成矿作用主要发生在燕山晚期侵入的鄂城岩体和金山店岩体中。

(4)铜多金属成矿阶段:对应于第四阶段岩浆活动(130～125Ma),这一阶段相关的成矿作用较弱,仅在金牛火山岩盆地中发现一些铜多金属矿化点,如吴伯浩、叶家龙铜金矿化点等,尚未发现类似于宁芜地区火山岩盆地玢岩型铁矿化,为鄂东矿集区燕山期大规模成矿作用的尾声。

第三章 典型矿床地质特征

根据成矿元素组合,鄂东矿集区矿床划分为铜多金属成矿系列和铁成矿系列。铜多金属成矿系列位于该区东南部隆起区域,铁成矿系列位于该区西北部盆地区域,而铜-铁成矿系列位于上述区域的过渡带区域。铜多金属成矿系列包括矽卡岩型和斑岩-矽卡岩型矿床,代表性矿床有铜山口铜-钼矿床和阮家湾钨-铜-钼矿床等;铜铁成矿系列主要为矽卡岩型,通常伴生金、银等多金属元素的富集并可达大型规模,代表性矿床为铜绿山铜-金-铁和铁山铁-铜-金矿床等(本书归属于铜多金属系列);铁成矿系列包括矽卡岩型和火山热液型两种成因类型,代表矿床分别有灵乡铁矿、程潮铁矿、金山店铁矿、蜡烛山铁矿和王豹山铁矿等。对该区铜多金属成矿系列及铁成矿系列分别选取典型矿床及其成矿岩体开展成矿差异性研究,具体包括以铜山口铜钼矿床、阮家湾钨铜钼矿床和铜绿山铜金铁矿床为代表的铜成矿系列,以及以程潮铁矿床、金山店铁矿床、蜡烛山铁矿床和灵乡铁矿床为代表的铁成矿系列。前人对这些矿床进行了详细的矿床地质研究(马光,2005;Li et al.,2008;夏金龙,2010;赵海杰,2010;张宗保,2011;王彦博,2012;颜代蓉,2013;胡浩,2014;李伟,2015;边建华,2016;朱乔乔,2016;段登飞,2019;Li et al.,2019;和吉豫,2020;周润杰,2022),结合这些典型矿床地质特征,以下进行简要的汇总介绍。

第一节 矽卡岩型铜多金属矿床

一、铜山口铜-钼矿床

铜山口铜-钼矿床位于殷祖复式背斜北翼、灵乡岩体东南缘外侧,是典型的斑岩-矽卡岩复合型矿床(图 3.1a)。截至 2017 年底,该矿床累计查明资源储量:Fe 矿石量 2 672.6 万 t,Cu 金属量 588 918t,Au 金属量 2158kg,Ag 金属量 5t,WO_3 金属量 52 894t,Mo 金属量29 212t,Pb 金属量 3994t,Zn 金属量 6591t,伴生 Cu 金属量 5009t,伴生 Au 金属量 6kg,伴生 Ag 金属量 18t,伴生 WO_3 金属量 459t,伴生 Co 金属量 5701t。保有资源储量:Fe 矿石量 419 万 t,Cu 金属量 341 874t,Au 金属量 1084kg,Ag 金属量 5t,WO_3 金属量 32 209t,Mo 金属量 21 674t,Pb 金属量 3994t,Zn 金属量 6591t,伴生 Cu 金属量 2504t,伴生 Au 金属量 6kg,伴生 Ag 金属量 18t,伴生 WO_3 金属量 459t,伴生 Co 金属量 1044t(湖北省矿产地质志,2023)。矿床与铜山口花岗闪长斑岩关系密切,在斑岩体内部发生斑岩型矿化,在花岗闪长斑岩与三叠系大冶组和嘉陵江组碳酸盐岩接触带上形成矽卡岩型矿体(图 3.1a)。

第三章 典型矿床地质特征

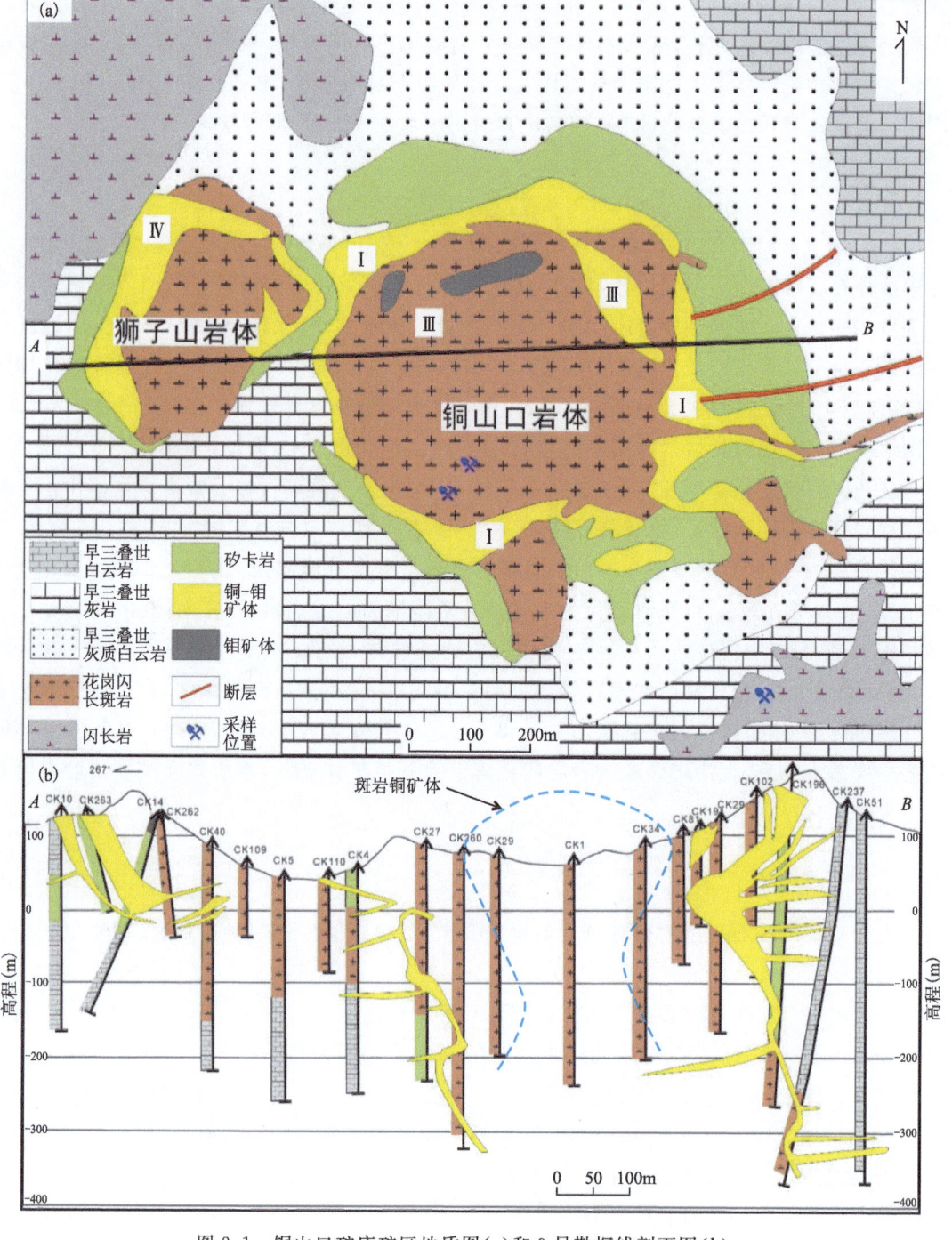

图 3.1 铜山口矿床矿区地质图(a)和 9 号勘探线剖面图(b)

(据舒全安等,1992;Li et al.,2008 有修改)

1. 矿区地质概况

铜山口矿区出露地层主要为下三叠统大冶组和嘉陵江组碳酸盐岩,岩性为灰岩和白云质

29

灰岩,是重要的赋矿层位。另外,二叠纪砂岩和白云岩出露于矿区东南侧。区内主要控岩控矿褶皱为铜矿山倾伏背斜,呈北北东向展布。成矿与花岗闪长斑岩株有关,后期石英二长斑岩和花岗细晶斑岩枝侵入花岗闪长斑岩。岩株平面上呈椭圆状,直径 500～600m(图 3.1a),剖面上呈向南倾斜的蘑菇状(图 3.1b),出露面积约为 0.33km²(舒全安等,1992)。

2. 矿体特征

矿床由 6 个铜钼主矿体(编号为Ⅰ～Ⅵ)组成,矿体之间紧密共生、相互连接,在这些主矿体边缘分布有若干个小型钼矿体,矿体规模、形态和产状主要受控于矿区花岗闪长斑岩和早三叠世碳酸盐岩之间的接触带内(图 3.1a)。少量矿体赋存在花岗闪长斑岩体和围岩地层的层间破碎带中。矿床内发育斑岩型和矽卡岩型两种矿化形式。斑岩型矿化在绢云母化蚀变带内,以铜矿化为主,其次为钼矿化,在岩体中心的钾化带也发育较弱的钼矿化。矽卡岩型矿化围绕铜山口花岗闪长岩岩株接触带呈环形分布,以铜矿化为主,无工业钼矿化。

在花岗闪长岩顶部和外接触带发育斑岩型矿化,向外围逐渐过渡为矽卡岩型矿化。Ⅰ号矿体地表呈椭圆环带状,产状较陡,倾向南东(图 3.1b),矿体以斑岩矿化为主,厚 10～60m,矿石品位较高,占全区总储量的 60%。Ⅵ号矿体平面上呈半月形,剖面上呈楔形,矿体长 500m,厚 10～30m,倾向南东,以斑岩矿化为主。Ⅲ号矿体平面上呈透镜状,在南、北两端与Ⅰ号矿体相连,矿体为岩浆侵位过程中在岩株内形成的捕虏体(图 3.1a)。Ⅵ号矿体位于 200m 深处,为隐伏似层状矿体,其产状和背斜转折端岩层基本一致,微向南西倾斜,由于后期岩浆侵入作用,部分矿体破碎形成角砾岩。Ⅱ号和Ⅴ号矿体为矽卡岩型矿体,矿体产状和围岩碳酸盐岩岩层基本一致,大冶组碳酸盐岩层间破碎带控制了矿体产状,在岩体和围岩接触带附近与Ⅰ号矿体相连。

3. 矿石特征

铜山口矿床矿石类型主要有斑岩型铜(钼)矿石、矽卡岩型铜(钼)矿石、大理岩型铜矿石(图 3.2)。

斑岩型铜(钼)矿石主要见于Ⅰ号、Ⅲ号、Ⅳ号矿体靠近岩体的内带和Ⅵ号矿体。以浸染状构造为主(图 3.2a),次为脉状和块状构造(图 3.2b、c)。浸染状矿石分布于岩体中心向接触带过渡部位,矿物集合体形状大小不规则。矿石矿物主要有黄铜矿、辉钼矿、黄铁矿、斑铜矿、磁铁矿和赤铁矿等(图 3.2a～c),脉石矿物主要有钾长石、斜长石、石英、绢云母、绿泥石、蛇纹石、方解石、萤石和石膏等(图 3.2a～c)。

矽卡岩型铜(钼)矿石在矿区分布广泛,在 6 个矿体中均有出现,主要分布在接触带及其外侧(图 3.2d)。分为含铜透辉石矽卡岩矿石和石榴石矽卡岩矿石(图 3.2e)。金属矿物以黄铜矿、黄铁矿、辉钼矿为主,次为磁铁矿、白钨矿、闪锌矿、方铅矿等(图 3.2e、f);非金属矿物主要为透辉石、石榴石,次为石英、玉髓、方解石和蛇纹石等(图 3.3d～f)。

矿石结构主要有斑状结构、自形粒状结构、半自形—他形粒状结构、针状结构、叶片状结构、包含结构、粒间充填结构、裂隙充填结构、镶边结构等(图 3.3)。

第三章　典型矿床地质特征

a.浸染状和细脉状黄铜矿、黄铁矿充填于钾化蚀变岩；b.闪长玢岩脉中发育辉钼矿脉和浸染状黄铁矿；c.脉状石榴石切割绿泥石化蚀变岩；d.透辉石石榴石矽卡岩，透辉石成团块状包裹早期形成的颗粒状石榴石，黄铜矿呈细脉状充填于早期形成的矽卡岩中；e.团块状黄铜矿-磁铁矿矿石；f.致密块状磁铁矿矿石，团块状黄铁矿充填于早期形成的致密磁铁矿中。矿物缩写：Bi.黑云母；Cal.方解石；Cp.黄铜矿；Chl.绿泥石；Di.透辉石；Ep.绿帘石；Gr.石榴石；Kf.钾长石；Mt.磁铁矿；Py.黄铁矿；Pl.斜长石；Qz.石英；Mol.辉钼矿

图 3.2　铜山口斑岩-矽卡岩型矿床主要矿石类型

矿石构造主要有脉状构造、细脉浸染状构造、块状构造和斑点状构造等（图3.2）。从花岗闪长岩岩株到围岩碳酸盐岩地层矿石构造呈现浸染状→细脉浸染状→稀疏细脉网脉状→稀疏网脉状→细脉状构造过渡特点。铜矿石以团块状和网脉状构造为主，而钼矿石则主要发育细脉状构造和少量浸染状构造。

4. 围岩蚀变特征

矿区内蚀变范围广泛，类型多样，在花岗闪长岩岩株与碳酸盐岩围岩接触带区域蚀变最为强烈。由岩体中心向外围碳酸盐岩接触带，依次发育钾化带、钾硅化带、绢英岩化带、矽卡岩带、青磐岩化带和大理岩化带（图3.1a）。

钾化带处于花岗闪长斑岩体中心，以钾化、黑云母化为主，矿化较弱，局部可见浸染状铜钼矿化（图3.2a）。钾硅化带矿化较弱，长约150m，以钾化和硅化蚀变为主，局部发育网（细）脉和浸染状铜（钼）矿化。绢英岩化带矿化最强，广泛发育网（细）脉和稠密浸染状铜（钼）矿化，蚀变类型以绢云母化、绿泥石化为主，次为硅化、钾化。矽卡岩化带位于花岗闪长岩与碳酸盐岩的接触部位，与绢英岩化带之间截然接触，矿化较强，发育块状、网脉状铜矿化（图3.3d～e）。青磐岩化带与矽卡岩带截然接触，靠近矽卡岩带以脉状石榴石、透辉石矽卡岩化为主，发育粗脉及稀疏网脉状铜矿化；远离矽卡岩带为蛇纹石化带，矿化较弱，局部发育网（细）脉铜钼矿化，蚀变类型主要为蛇纹石化和绿泥石化。大理岩化在矿区内分布广泛，矿化较弱，零星可见铜矿化。

31

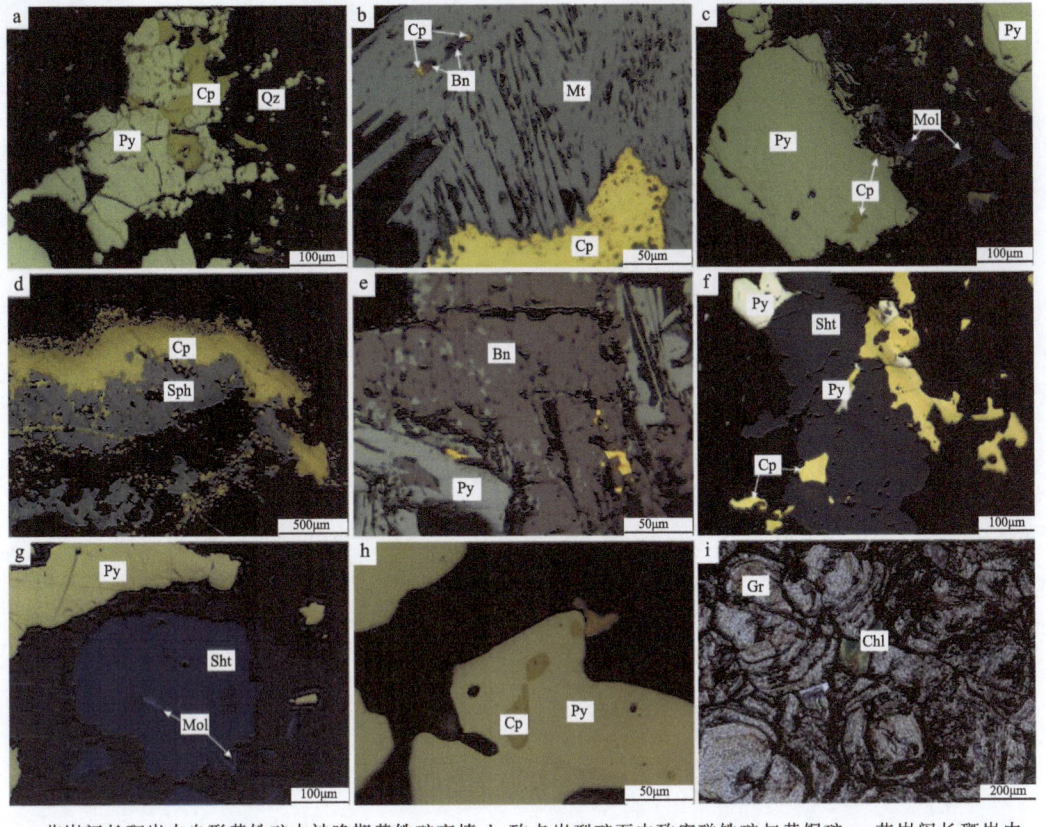

a.花岗闪长斑岩中自形黄铁矿中被晚期黄铁矿充填;b.矽卡岩型矿石中致密磁铁矿与黄铜矿;c.花岗闪长斑岩中呈弯曲鳞片状辉钼矿和自形黄铁矿;d.石英脉中脉状黄铜矿被闪锌矿交代;e.致密矿石中自形斑铜矿与黄铁矿;f.黄铁矿与黄铜矿填充于早期白钨矿中;g.半自形白钨矿包裹叶片状辉钼矿;h.半自形黄铁矿包裹黄铜矿;i.矽卡岩中致密呈环带状石榴石。Bn.斑铜矿;Mol.辉钼矿;Sht.白钨矿;Sph.闪锌矿,其他矿物缩写见图3.2

图3.3 铜山口矿床主要矿石和脉石矿物组成和结构特征

二、阮家湾钨-铜-钼矿床

阮家湾钨-铜-钼矿床位于阳新县潘桥南3km、殷祖复背斜次级背斜黄姑山-犀牛山倒转背斜北翼,毛铺-两剑桥东西向断裂带东段,是长江中下游成矿带上最大的矽卡岩型钨-铜-钼矿床。截至2017年底,该矿床累计查明资源储量:Fe矿石量122.7万t,Cu金属量182 254t,Au金属量1818kg,WO₃金属量23 356t,Mo金属量5021t,Pb金属量90 427t,Zn金属量265 575t,伴生Cu金属量2375t,伴生Au金属量2780kg,伴生Ag金属量533t。保有资源储量:Fe矿石量20.3万t,Cu金属量70 255t,Au金属量1818kg,WO₃金属量12 165t,Mo金属量3067t,Pb金属量50 346t,Zn金属量19 156t,伴生Cu金属量1358t,伴生Au金属量1696kg,伴生Ag金属量297t(湖北省矿产地质志,2023)。颜代蓉(2013)、和吉豫(2020)对阮家湾钨-铜-钼矿床进行了详细的矿床地质研究,现将矿床地质特征进行简要汇总介绍。

1.矿区地质概况

阮家湾矿区内出露地层有中上寒武统—下奥陶统娄山关组白云质灰岩、白云岩,早奥陶世灰岩、白云质灰岩，中上奥陶统宝塔组灰岩、泥质页岩，上奥陶统—下志留统龙马溪组含碳质页岩、硅质岩，下志留统新滩组页岩、砂页岩（图3.4a）。黄姑山-犀牛山倒转背斜控制了矿体形态和延伸方向。矿体位于褶皱北翼，阮家湾近东西向破碎带和逆断层影响了矿体延伸。断裂主要发育在上奥陶统顶部与下志留统底部软弱层中，与背斜共同控制矿体产出。阮家湾岩株主体为石英闪长岩，沿志留系与奥陶系间近东西向断裂侵位，地表形态呈似蝌蚪状，中间部位大（图3.4a），向东、西两侧逐渐变窄，产状外倾，北陡南缓，东西长约3450m，南北宽度变化较大（60～870m），面积约为1.6km²，为中浅成相岩侵入体。

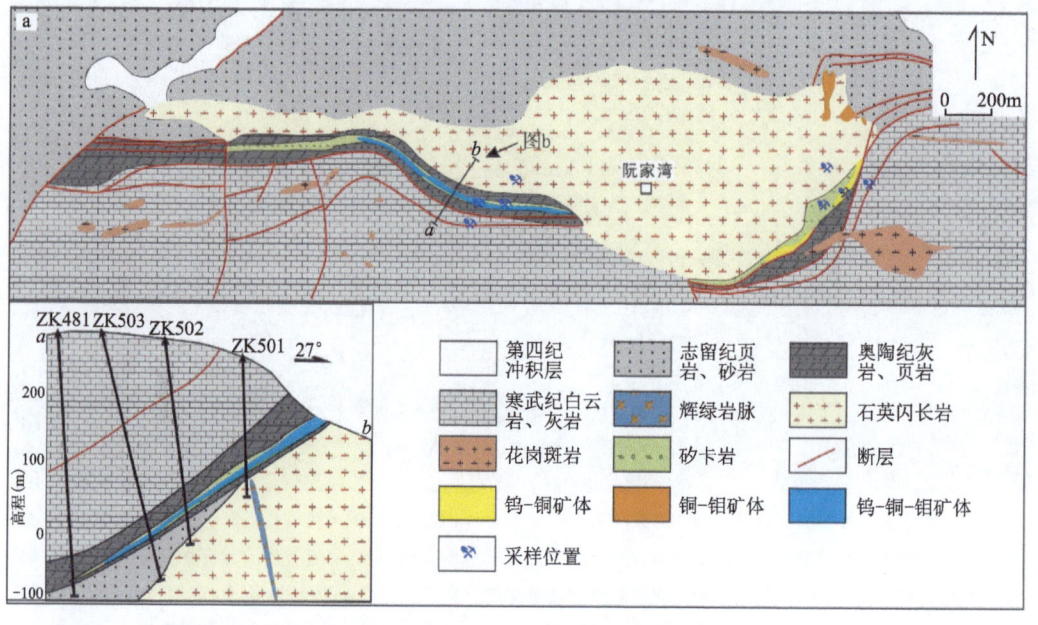

图3.4　阮家湾钨-铜-钼矿区矿床地质简图（a）及勘探线剖面图（b）（据Deng et al.,2015有修改）

2. 矿体特征

岩体南缘与中奥陶世碳酸盐岩接触带附近发育矽卡岩型矿体；在阮家湾岩株北缘与志留纪砂页岩外接触带的斑岩脉内形成斑岩型矿体；石英闪长岩体内部裂隙中赋存小型热液型矿体

矽卡岩型矿体为钨铜共生矿体，赋存于下奥陶统或中上奥陶统宝塔组（$O_{2-3}b$）与上奥陶统—下志留统龙马溪组矽卡岩接触带上（图3.4b）。矿体呈似层状，沿近东西向延伸。斑岩型矿体为钼矿体，赋存在与下志留统新滩组砂页岩接触的石英闪长斑岩中。热液型矿体矿化规模小，矿化主要在岩株北部的石英闪长岩中，呈似层状分布。

3. 矿石特征

根据有用的金属元素类型，阮家湾矿床的矿石类型可以分为钨铜矿石、钨矿石、钼矿石，常见矿石矿物有白钨矿、黄铜矿、辉钼矿，脉石矿物以石榴石、透辉石为主，可见少量方解石、石英（图3.5a～c）。白钨矿通常和石榴石、石英共生，黄铜矿多呈星点状、浸染状分布，交代石榴石和磁黄铁矿。

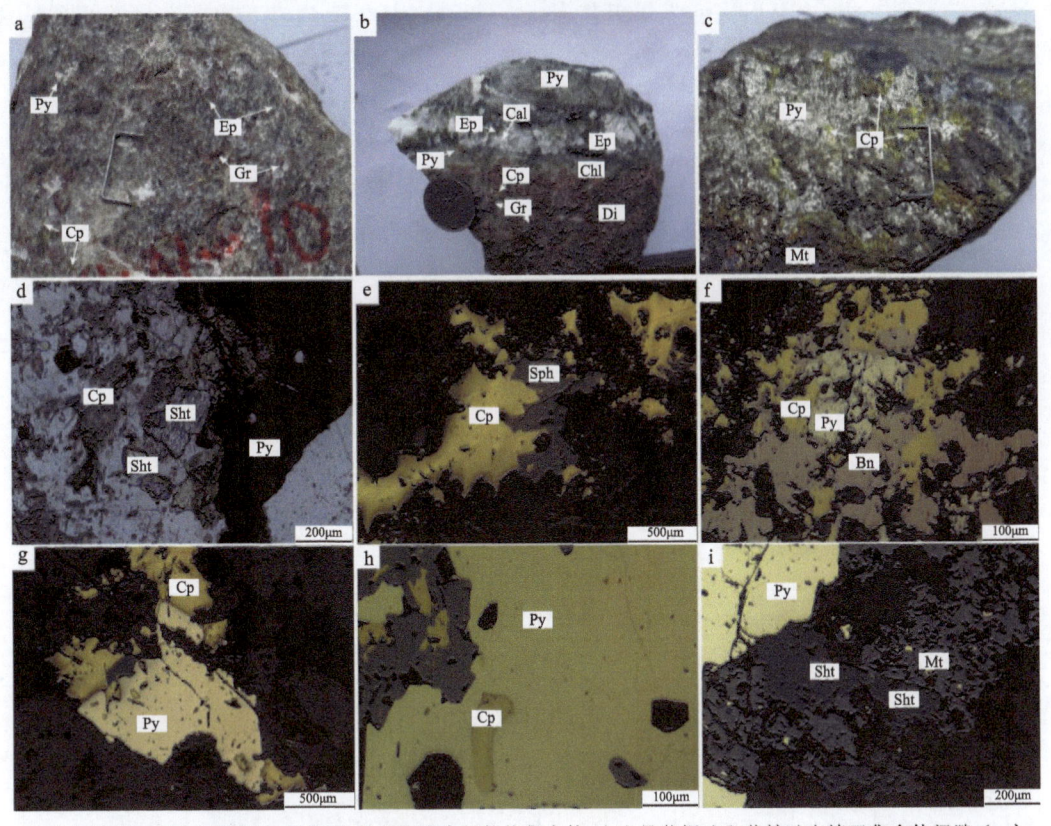

a.矽卡岩矿物主要为石榴石、透辉石,结晶程度高呈粒状集合体,有少量黄铜矿和黄铁矿充填于集合体间隙;b.主要矽卡岩矿物为集合体粒状产出的石榴石,呈棕红色,被后期绿泥石脉充填,另有方解石脉穿插在矽卡岩中;c.致密块状黄铜矿-磁铁矿矿石,早期形成的致密磁铁矿被黄铜矿和黄铁矿充填;d.闪长玢岩脉中发育黄铁矿脉和粒状半自形白钨矿;e.晚期形成的黄铜矿沿着早期形成的自形黄铁矿裂隙充填,黄铁矿和黄铜矿表面有大量的空洞;f.早期形成的半自形黄铁矿被后期热液从边部交代,边部形成他形黄铜矿与斑铜矿;g.石英闪长岩呈脉状产出黄铜矿,黄铜矿呈他形结构与闪锌矿共生,闪锌矿中出溶有细小颗粒黄铜矿;h.晚期形成的黄铁矿包裹早期形成的黄铜矿;i.晚期形成的磁铁矿和黄铁矿交代早期形成的自形白钨矿。矿物缩写见图3.2

图 3.5 阮家湾矿床主要矿石类型及矿物结构特征

矿石结构主要为粒状结构、出溶结构、包含结构、交代结构(图3.5e~i)。粒状结构主要表现为白钨矿呈自形粒状、黄铜矿呈他形粒状、黄铁矿呈自形—半自形粒状产出(图3.6d、e)。出溶结构以闪锌矿中出溶黄铜矿为特征(图3.6e)。包含结构非常发育,表现为黄铁矿中包含黄铜矿(图3.6h),石英包含白钨矿等(图3.6d)。交代结构主要由黄铜矿和斑铜矿交代黄铁矿而形成(图3.6g、i),或白钨矿交代石榴石、透辉石,自形晶黄铁矿也可被胶状黄铁矿交代。另外,自形磁铁矿被黄铜矿自中心向外交代,形成骸晶结构,可见黄铜矿边部被斑铜矿交代。

矿石构造主要有块状构造、浸染状构造、脉状构造(图3.5a~c)。块状构造以白钨矿、黄铜矿、黄铁矿、磁黄铁矿等金属矿物呈致密块状集合体产出为特征(图3.5c)。浸染状构造表现为白钨矿、辉钼矿、黄铜矿、黄铁矿等呈浸染状、星点状分布于矽卡岩矿物和其他脉石矿物中,如含钨矽卡岩、含钼矽卡岩、含钨铜矽卡岩(图3.5a)。脉状构造主要有网脉状或细脉状白钨矿、辉钼矿、黄铜矿(图3.5b)。

4. 围岩蚀变特征

矿区内主要围岩蚀变分为高温汽化热液蚀变、接触交代蚀变和中温热液蚀变。这些蚀变类型与矿化紧密相关。高温汽化热液蚀变主要有云英岩化和钾长石化两种类型,与矿化密切相关,为岩浆演化后期出溶富钨、铜、钼等热液流体与围岩相互作用的结果。云英岩化主要分布在阮家湾岩体西部,由白云母(40%)和石英(50%)组成。接触交代蚀变由成矿热液与围岩发生双交代作用形成,通常发育在阮家湾岩体与奥陶纪碳酸盐岩接触面和奥陶系—志留系不整合界面附近,形成石榴石矽卡岩、透辉石矽卡岩、透辉石-石榴石矽卡岩(图3.5a~c),是与矽卡岩型矿化关系最密切的蚀变。石榴石矽卡岩呈棕色,具块状构造和变晶结构,岩石以石榴石为主,发育少量透辉石、方解石、绿泥石等(图3.5a)。透辉石矽卡岩为暗绿色,块状构造,变晶结构,主体为透辉石,次为石榴石、方解石、绿泥石和绿帘石,并发育少量金属矿物。

中温热液蚀变主要有黄铁矿化、绢云母化、硅化、碳酸盐化。黄铁矿化主要发育在石英闪长岩和接触带矽卡岩中,外接触带大理岩中也发育少量黄铁矿。黄铁矿化呈致密块状,发育在蚀变强烈部位。绢云母化广泛发育在岩株及砂页岩围岩中。矿区普遍发育硅化,多呈细脉穿插石英闪长岩。矽卡岩中含较多次生石英,大理岩中次生石英呈细脉状穿插。碳酸盐化在接触带上广泛发育。次生方解多呈细脉状穿插矽卡岩、石英闪长岩。

三、铜绿山铜-金-铁矿床

铜绿山铜-金-铁矿床是国内最大的矽卡岩型铜多金属矿床之一,位于阳新岩体西北缘,下陆姜桥断裂和大冶复式向斜南翼交会处。截至2017年底,该矿床累计查明资源储量:Fe矿石量11 051.8万t,Cu金属量2 269 850t,Au金属量67 614kg,Mo金属量8515t,伴生Cu金属量4489t,伴生Au金属量113 455t,伴生Ag金属量1272t,伴生WO_3金属量254t,伴生Co金属量873t。保有资源储量:Fe矿石量4 509.2万 t,Cu金属量979 543t,Au金属量42 210kg,Mo金属量6768t,伴生Cu金属量4165t,伴生Au金属量44 967t,伴生Ag金属量482t,伴生WO_3金属量63t,伴生Co金属量397t(湖北省矿产地质志,2023)。马光(2005)、赵海杰(2010)、张宗保(2011)、王彦博(2012)等对铜绿山矿床地质特征进行了详细的研究,现简要汇总如下。

1. 矿区地质概况

矿区内大冶组和嘉陵江组碳酸盐岩与成矿密切相关,为矿区主要的出露地层,岩性以灰岩和白云质灰岩为主。受断裂破碎带构造作用及早白垩世岩浆侵入影响,部分围岩地层变质形成矽卡岩或大理岩/白云质大理岩,这些变质岩石以捕房体或残留体形式产出。铜绿山岩株与成矿密切相关,主体岩性为石英闪长(玢)岩(图3.6a)。接触交代变质作用强烈,矽卡岩空间分带明显,根据矿物组合差异从岩体到围岩划分为石英闪长岩→内矽卡岩(石榴石-透辉石矽卡岩)→外矽卡岩(绿帘石-阳起石矽卡岩)→矽卡岩化大理岩。

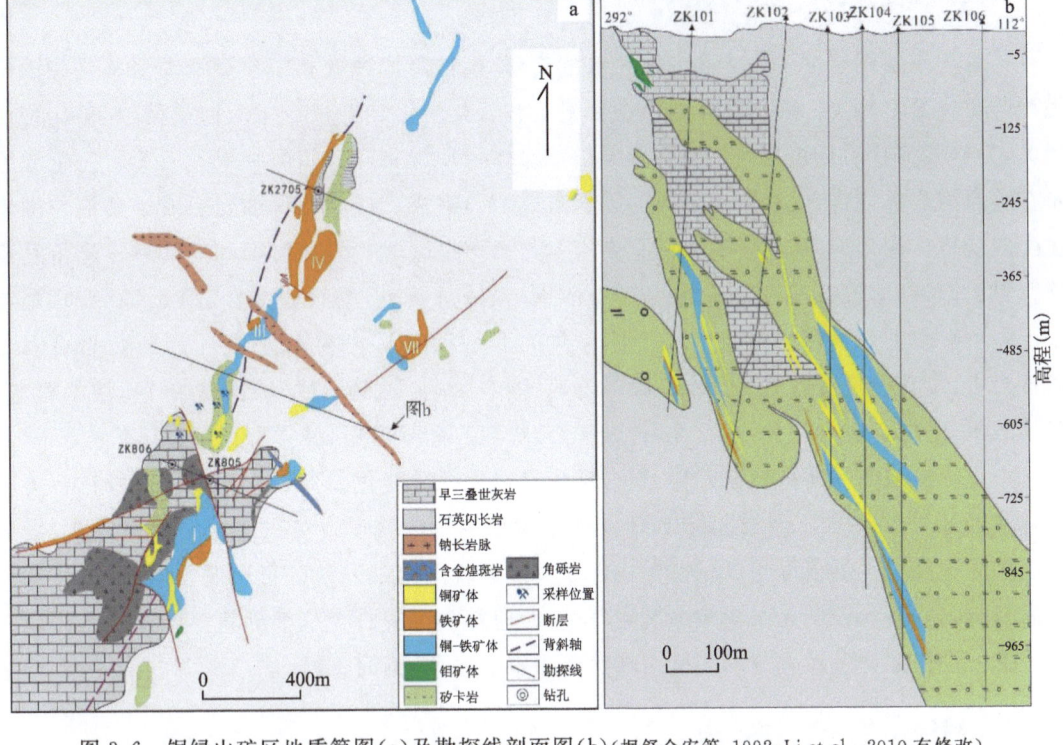

图 3.6 铜绿山矿区地质简图(a)及勘探线剖面图(b)(据舒全安等,1992;Li et al.,2010 有修改)

2. 矿体特征

铜绿山矿床由 14 个大小不等的矿体组成,矿体分布整体受北北东向、北东东向两组构造控制,矿体空间展布排列成两个矿带(图 3.6a)。其中北北东向矿带长约 2100m,宽 300~350m,由 10 个矿体组成,矿体规模较大,分布较为集中(图 3.6a)。北东东向矿带长约 1850m,宽约 10m,由 4 个矿体组成,这些矿体规模小,分布零星,互不连续。矿体主要赋存于石英闪长岩与早三叠世灰岩接触带上,其次赋存于接触带附近的大理岩层间部位,少量赋存于接触带附近的岩体内,呈透镜状或似层状展布(图 3.6b)。

铜绿山矿床北北东向矿体由两个到数十个呈雁行排列的小矿体组成,这些矿体平面上表现为出露深度不等的平行脉,剖面上呈雁行式排列(图 3.6a)。各矿体在 200~520m 之间;延深较大。在部分矿体顶底板附近分布有单个小型钼矿体,远离接触带大理岩(或矽卡岩)中分布有小型铜矿体(图 3.6b)。这些钼矿体和铜矿体规模小,变化大,但都分布在主矿体周围。近年来在铜绿山矿区深部找矿取得新的突破,在原来矿体下面发现新的铁-铜矿体,见矿标高为 −1200~−700m,控制资源量为超过 10 万 t 铜及 300 万 t 铁。剖面中,矿层大致呈反"S"形,倾向南东,倾角变化较大,层厚 30~80m。矿层具有"上铜、下铁"特点,中间为厚度较大的铜铁矿石(魏克涛,2022)。

第三章 典型矿床地质特征

3. 矿石特征

铜绿山矿床矿石组成、类型、结构和构造复杂,矿物组成可达 130 种以上(余元昌等,1985)。矿石金属元素主要为 Cu、Fe,并伴生 Au、Ag、Co、In 等有益组分。按矿石中有用金属元素的不同,可以分为铜铁矿石、铜矿石、铁矿石等类型。

铜铁矿石是矿床中最主要的矿石工业类型,大部分为交代石榴石-透辉石矽卡岩构成的含铜磁铁矿矿石(图 3.7a)。含铜矿物以黄铜矿为主,斑铜矿次之,可见少量辉铜矿,叠加在早期磁铁矿矿化之上,黄铁矿广泛发育但含量较低。矿石以浸染状、块状构造为主(图 3.7b、c),也可见细脉浸染状、星点状、斑杂状、脉状等构造(图 3.7b)。铜矿石仅次于铜铁矿石,通常分布在铜铁矿体边缘,沿走向或倾斜与铜铁矿石呈过渡渐变关系,矿体与围岩无明显界线。含铜矿物以黄铜矿为主,次为斑铜矿和少量辉铜矿,常呈斑点状、浸染状交代早期矽卡岩,富矿石多为斑杂状、团块状及块状构造。铁矿石主要为磁铁矿矿石,大多分布在铜铁矿体的边缘,或在铜铁矿石内与铜铁矿石合为一体。矿石矿物以磁铁矿为主,但矿体浅部磁铁矿部分氧化成为赤铁矿(图 3.7d、e)。脉石矿物多为透辉石、石榴石、金云母等(图 3.7d)。浸染状磁铁矿矿石中磁铁矿交代早期矽卡岩中透辉石、石榴石等矿物,具自形—半自形粒状结构(图 3.7d);块状磁铁矿矿石中磁铁矿以他形—半自形粒状结构为主,磁铁矿颗粒间可见矽卡岩矿物残留,颗粒大小及结晶程度差别较大(图 3.7e、f)。常见黄铜矿和斑铜矿共生交代早期形成的磁铁矿(图 3.7g),黄铜矿充填于早期形成磁铁矿中(图 3.7h)。部分样品中可见出溶结构,黄铜矿中呈乳滴状出溶于闪锌矿中(图 3.7i)。

4. 围岩蚀变特征

矿区内蚀变分布广泛,类型多样。矿区内主要的蚀变为矽卡岩化蚀变,其次发育钾长石化、硅化、高岭土化、蒙脱石化和碳酸盐化。矽卡岩化蚀变由进蚀变和退蚀变矽卡岩阶段组成。进蚀变矽卡岩化形成石榴石矽卡岩、石榴石透辉石矽卡岩和透辉石-石榴石矽卡岩,退蚀变矽卡岩化则形成绿帘石矽卡岩、金云母矽卡岩等。石榴石矽卡岩主要矿物为石榴石及少量退蚀变矿物,石榴石具细粒(<0.2cm)和中—粗粒结构、环带结构,呈灰褐色至棕褐色,蚀变岩具块状构造和脉状构造(图 3.7d)。石榴石透辉石矽卡岩主要呈浅灰绿色块状构造,主要矿物为透辉石,含少量石榴石,主要交代白云石大理岩类。受后期热液改造后,透辉石普遍被蛇纹石和绿泥石等矿物交代(图 3.7a)。透辉石-石榴石矽卡岩呈灰褐色块状构造,主要矿物为透辉石,少量石榴石等。透辉石常被蛇纹石、绿泥石等含水硅酸盐矿物交代(图 3.7b)。

钾长石化为矿床内广泛发育的热液蚀变。钾长石化以脉状钾长石的形式分布于岩体和矽卡岩中,与辉钼矿化有关或呈团块状、脉状与铜成矿密切相关。硅化可以分为 3 个阶段:第一阶段呈细粒石英集合体,伴随细脉状辉钼矿、黄铁矿矿化;第二阶段以团块状、脉状石英形式出现,与铜、钼矿化关系紧密;第三阶段与成矿无关,主要充填于晶洞中形成结晶完好的石英晶体。绿泥石-蛇纹石化在矿区内广泛发育,交代早期形成的矽卡岩或呈脉状切割早期矽卡岩,形成绿泥石-蛇纹石岩(图 3.7b)。

a.石榴石透辉石矽卡岩，主要矿物为石榴石、透辉石，被后期磁铁矿脉穿插；b.黄铜矿呈致密浸染状，方解石呈网脉状充填于早期形成的石榴石矽卡岩中；c.致密团块状黄铜矿、磁铁矿矿石，部分磁铁矿被氧化，表面形成赤铁矿；d.磁铁矿脉充填于致密自形—半自形石榴石中；e.自形—半自形磁铁矿部分被氧化形成赤铁矿，充填他形黄铜矿；f.早期形成的半自形磁铁矿被后期黄铜矿脉充填；g.晚期形成的磁铁矿交代他形黄铜矿和斑铜矿；h.自形磁铁矿氧化形成赤铁矿，后期被黄铜矿交代；i.闪锌矿中呈乳滴状出溶黄铜矿和斑铜矿。Hm.赤铁矿；其他矿物缩写见图3.2

图3.7 铜绿山矿床主要矿石矿物组成和结构特征

第二节 矽卡岩型铁矿床

一、灵乡铁矿床

灵乡铁矿田位于灵乡岩体西段，由10余个中、小型富铁矿床构成，矿体分布受北西向、北东东向两组构造控制。截至2017年底，累计查明资源储量：Fe矿石量4 473.3万t，伴生Co金属量535t。保有资源储量：Fe矿石量624.7万t，伴生Co金属量50t，矿石品位26％～65％（湖北省地质矿产地质志，2023；夏金龙，2010）。矿田自西向东为脑窖-广山-刘岱山矿带、狮子山北-小包山-玉屏山矿带和刘家畈-铁子山矿带（图3.8a），这3个铁矿带在平面空间上近等距分布。铁矿床形成与闪长岩关系密切，矿体主要分布于闪长岩与三叠系大冶组碳酸盐岩接触带上（图3.8b）。

第三章 典型矿床地质特征

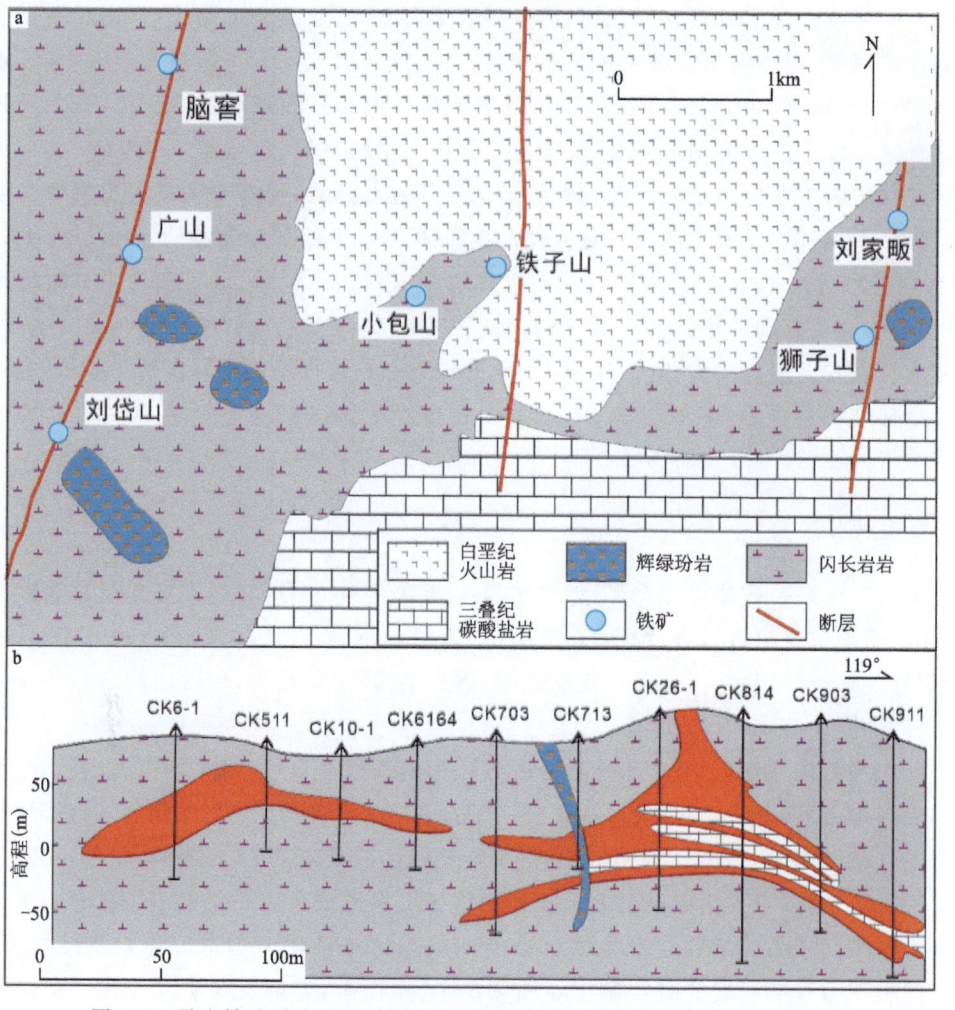

图 3.8 灵乡铁矿田矿区地质图（a）及灵乡铁矿广山段Ⅱ-Ⅱ′线纵剖面图（b）

（据夏金龙，2010；Wen et al.，2020 有修改）

1. 矿区地质概况

灵乡铁矿田出露地层自南向北依次为三叠纪浅海相碳酸盐岩、侏罗纪陆相红色碎屑岩、白垩纪陆相火山沉积岩系逐渐变化。矿区内与成矿最为密切的围岩地层为三叠纪碳酸盐岩（图 3.8a）。矿区内构造复杂，表现为燕山期北北东向构造叠加于印支期东西向构造之上，以断裂破碎带、隐伏褶皱及侵入接触构造为主。灵乡岩体以闪长岩为主，岩体内和边缘发生不同程度的钠化蚀变（图 3.8a）。矿体主要赋存于闪长岩与大理岩接触带上，在闪长岩顶部接触带与大理岩残留体断裂构造部位也有产出。矿体形态复杂，产状多变，有透镜状、囊状、不对称马鞍状及其他不规则状（图 3.8b）。

2. 矿床特征

本书选取灵乡铁矿西矿带的广山矿床为代表介绍其矿床地质特征。

39

广山矿床位于殷祖复式背斜北翼,灵乡侵入体西北缘,北北东向脑窖-广山断裂带中。矿区出露地层简单,主要为下三叠统大冶组灰岩、白云质灰岩和下白垩统灵乡组砂砾岩,地层走向北西,倾向北东,倾角30°左右(图 3.8b)。灵乡岩体闪长岩与成矿关系密切,见少量石英斑岩脉和辉绿岩脉。区内捕房体发育,捕房体主要由大冶组灰岩、白云质灰岩组成。

广山铁矿床主要分布于近东西向背斜鞍部及其南北两翼,赋存于闪长岩与大理岩接触带上,共发现 6 个矿体,呈不规则透镜状产出。主矿体总长度为850m,宽250～325m,厚度40～87m,走向近东西。矿体的形态比较复杂,以厚层状、透镜状、囊状、马鞍状为主。从矿体中心到两侧,矿体规模急剧减小,尖灭于边部大理岩中。矿体常被后期辉绿岩脉穿插,在矿体中可见蚀变闪长岩和大理岩捕房体(图 3.8b)。北北东向和东西向褶皱构造部位为矿体中心,矿体最大厚度部位和近东西向褶皱构造轴线方向一致。矿体纵剖面上呈不对称马鞍状和不规则状。

3. 矿石特征

广山铁矿床矿石矿物以磁铁矿、赤铁矿为主,矿石矿物组合简单,发育少量黄铜矿和黄铁矿等;脉石矿物主要由金云母、绿泥石、方解石、铁白云石、石英等组成(图 3.9)。矿石结构多样,主要有自形粒状结构、半自形—他形结构、镶边结构、充填结构、包含结构、骸晶结构、交代残余结构等(图 3.9d～i)。

自形粒状结构、半自形—他形结构主要表现为磁铁矿呈自形结构,颗粒大小不等,部分颗粒呈不规则半自形—他形粒状分布在矿石中(图 3.9d);黄铁矿呈自形结构或者他形结构沿磁铁矿裂隙分布(图 3.9e、h)。镶边结构表现为赤铁矿沿磁铁矿的边缘呈镶边状分布(图 3.9f)。充填结构非常发育,主要由磁铁矿和黄铁矿充填于早期形成的自形透辉石而形成(图 3.9g)。包含结构以早期结晶的细粒自形磁铁矿被晚期结晶的黄铁矿包围形成包含状结构为特征。骸晶结构表现为早期形成的磁铁矿被晚期黄铁矿、赤铁矿、方解石等矿物交代。交代残余结构表现为早期形成的黄铁矿被晚期形成的黄铜矿石交代,早期结晶的磁铁矿被赤铁矿交代(图 3.9f)。

矿石构造以致密块状构造为主,同时广泛发育角砾状构造、脉状构造和网脉状构造等。致密块状构造在矿区分布普遍,主要有磁铁矿在矿石中以致密集合体形态产出,均匀分布,矿体与岩体之间截然接触(图 3.9a)。矿区内普遍发育角砾状构造,具体表现为早期形成的磁铁矿矿石呈破碎状角砾,被碳酸盐岩岩脉或者晚期形成的磁铁矿脉胶结(图 3.9a～c)。脉状构造在矿区内普遍发育,磁铁矿呈脉状集合体充填于围岩中(图 3.9c)。网脉状构造在矿区内广泛分布,碳酸盐岩以细脉状充填穿插磁铁矿(图 3.9c)。

4. 围岩蚀变特征

矿区钠长石化、金云母化、绿泥石化和碳酸盐化广泛发育。钠长石化为矿区内广泛发育的高温热液蚀变,在闪长岩与矿体接触带附近钠长石化最为强烈。通常可以观察到闪长岩中主要暗色矿物,如角闪石、黑云母等受到热液交代形成绿泥石、绿帘石等含水硅酸盐矿物(图 3.9a)。金云母化普遍发育,与矿体关系密切,分布于矿体与围岩接触带,金云母主要交代

第三章　典型矿床地质特征

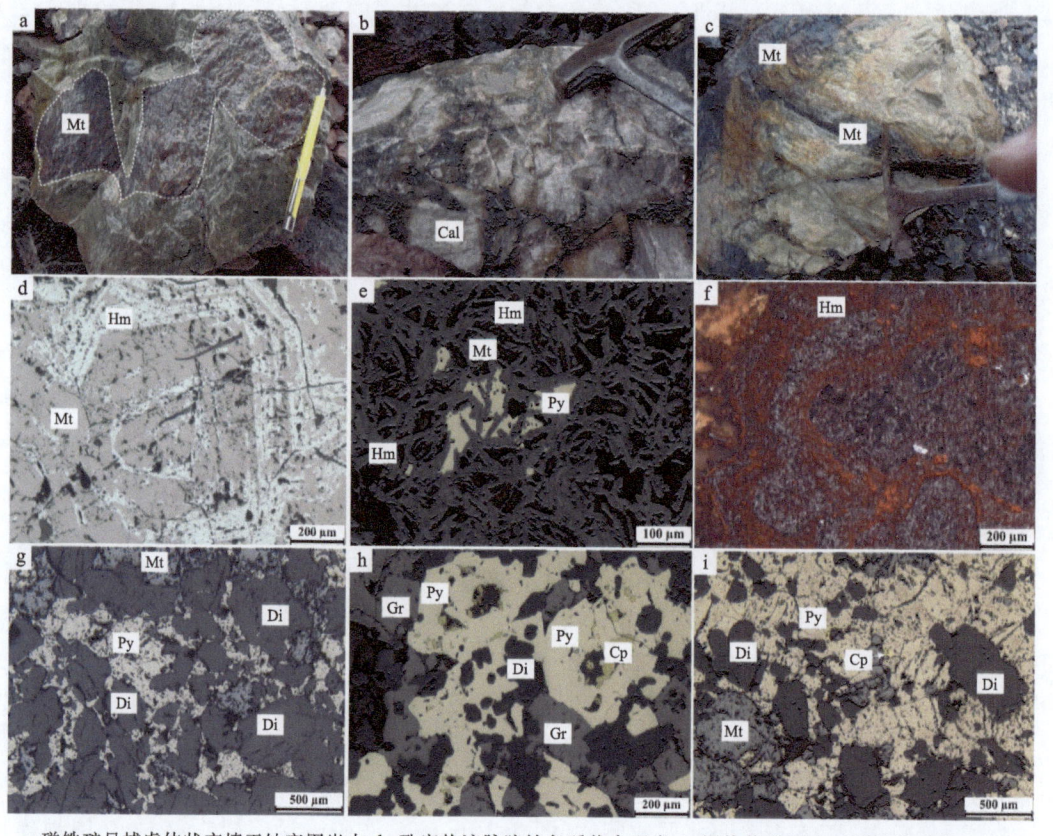

a.磁铁矿呈捕房体状充填于蚀变围岩中;b.致密热液脉胶结角砾状大理岩;c.团块状磁铁矿和顺层状磁铁矿分布
于变质围岩中,磁铁矿呈顺层状分布;d.早期形成的磁铁矿边部氧化形成赤铁矿;e.后期形成的黄铁矿充填于早期
形成的半自形磁铁矿中;f.磁铁矿边部氧化形成赤铁矿,赤铁矿内反射呈深红色;g.黄铁矿和磁铁矿充填于早期透
辉石集合体;h.他形黄铁矿与黄铜矿共生,充填于石榴石和辉石的间隙中;i.他形黄铁矿与黄铜矿交代早期形成的
磁铁矿。矿物缩写见图3.2

图 3.9　灵乡铁矿田西矿带主要矿石矿物组成和结构

斜长石、钠长石等矿物。绿泥石化是本区发育最广泛的一种围岩蚀变,早阶段绿泥石分布在
矿体附近,呈墨绿色。晚阶段绿泥石为晚期热液蚀变产物,呈脉状充填于岩石裂隙中。碳酸
盐化主要形成于热液晚阶段,以方解石脉为主,通常呈网脉状切割早期形成的岩体或磁铁矿
矿体,分布于矿体外围的接触带区域(图 3.9b)。

二、程潮铁矿床

程潮铁矿床位于鄂城复式岩体南缘中段,是长江中下游成矿带最大的矽卡岩型铁矿床。
截至 2017 年底,矿田内累计查明资源储量:Fe 矿石量 21 453.3 万 t,伴生 Cu 金属量 36 601t,
伴生 Co 金属量 12 782t。保有资源储量:Fe 矿石量 13 935.6 万 t,伴生 Cu 金属量 34 906t,伴
生 Co 金属量 12 423t(湖北省矿产地质志,2023)。鄂城岩体主要由闪长岩和石英二长岩组
成,野外地质观察发现闪长岩和石英闪长岩均与矽卡岩型铁矿化紧密相关(图 3.10a;胡浩,
2014;Yao et al.,2015)。闪长岩和石英二长岩的锆石 U-Pb 年龄分别为 131.6±0.7Ma 和

128.1±1.2Ma(Wen et al.,2020)。矽卡岩中与磁铁矿共生的金云母[40]Ar-[39]Ar年龄为132.6±1.4Ma(Xie et al.,2012)。胡浩(2014)和李伟(2015)等对程潮铁矿床地质特征进行了详细研究,现简要汇总如下。

1. 矿区地质概况

程潮铁矿区内出露地层以三叠系大冶组为主,矿区南部出露少量下侏罗统。矿区内三叠系大冶组和嘉陵江组含有大量硬石膏,这些含膏盐层碳酸盐岩地层与矿化密切相关(图3.10a;胡浩,2014)。矿区内构造复杂,以印支期北西西向构造和燕山期北东向构造为主,北西西向挤压逆断层提供了侵位空间,形成了石英二长岩或闪长岩侵入三叠纪碳酸盐岩接触带,这些接触带控制了矿体形态及产状(图3.10b、c)。铁矿体主要位于岩浆岩与碳酸盐岩地层的接触面上(图3.10b、c)。

2. 矿体特征

程潮铁矿床矿化带东西长2.5km,南北宽100~700m,面积约1.84km²,已探明矽卡岩型铁矿体超过100个,这些矿体主要位于石英二长岩、闪长岩和外层含膏盐层的碳酸盐岩接触带附近(图3.10a)。这些接触带受构造断裂和褶皱控制,呈阶梯状,矿床中主矿体位于外接触带及其外侧围岩部位,同时在岩体与围岩的内接触带上也发育少量铁矿体。矿体在平面上呈北西西向平行排列,横剖面上呈首尾错叠的雁行状排列(图3.10)。矿体形态不规则,多呈透镜状、豆荚状、似层状产出,矿体走向与断裂走向一致,以北西西-南东东为主,倾向南或南南东,倾角变化较大,矿体主要向北西西侧伏(图3.10b、c)。铁矿体规模相差较大,其中规模较大的工业矿体有7个,呈叠瓦状或雁行排列,赋存在-1055~-23m标高范围内。

3. 矿石特征

程潮铁矿床矿石以磁铁矿矿石为主,具有块状构造、脉状构造、稠密浸染状构造、角砾状构造和斑杂状构造(图3.11a~c)。最重要的矿石为块状矿石,其中的磁铁矿含量占80%以上,磁铁矿颗粒较细,共生少量黄铁矿和赤铁矿等(图3.11a)。浸染状矿石中磁铁矿呈集合体在矽卡岩、大理岩或硬石膏中不均匀分布,含量在40%~80%之间(图3.11b)。脉状构造表现为磁铁矿细脉沿围岩裂隙充填(图3.11c),或有晚期热液脉切穿早期磁铁矿矿石。斑杂状构造形成于热液作用晚期,表现为团块状铁矿石被其他矿物充填,例如硬石膏呈斑杂状分布在磁铁矿矿石中。角砾状构造为围岩呈破碎角砾状,随后被热液磁铁矿胶结;另一种为早期形成的磁铁矿呈角砾状,随后被晚期形成的矽卡岩矿物胶结。

矿床金属矿物以磁铁矿和赤铁矿为主,其次发育少量黄铁矿、黄铜矿、斑铜矿等(图3.11d~g)。非金属矿物种类繁多,主要有石榴石、透辉石、硬石膏、方解石,其次发育透闪石、阳起石、绿帘石、绿泥石、方柱石、金云母、蛇纹石、石英、石膏等(图3.11)。磁铁矿在矿石中含量为20%~90%,以自形—半自形颗粒为主,可见少量磁铁矿颗粒,多呈集合体产出,交代早期形成的石榴石、透辉石等矿物,被后期形成的赤铁矿、黄铁矿、硬石膏、石英和方解石等矿物交代(图3.11d~i)。赤铁矿以他形晶为主,交代早期形成的磁铁矿,颗粒细小,多呈网脉状或不规则状分布(图3.11e)。

第三章　典型矿床地质特征

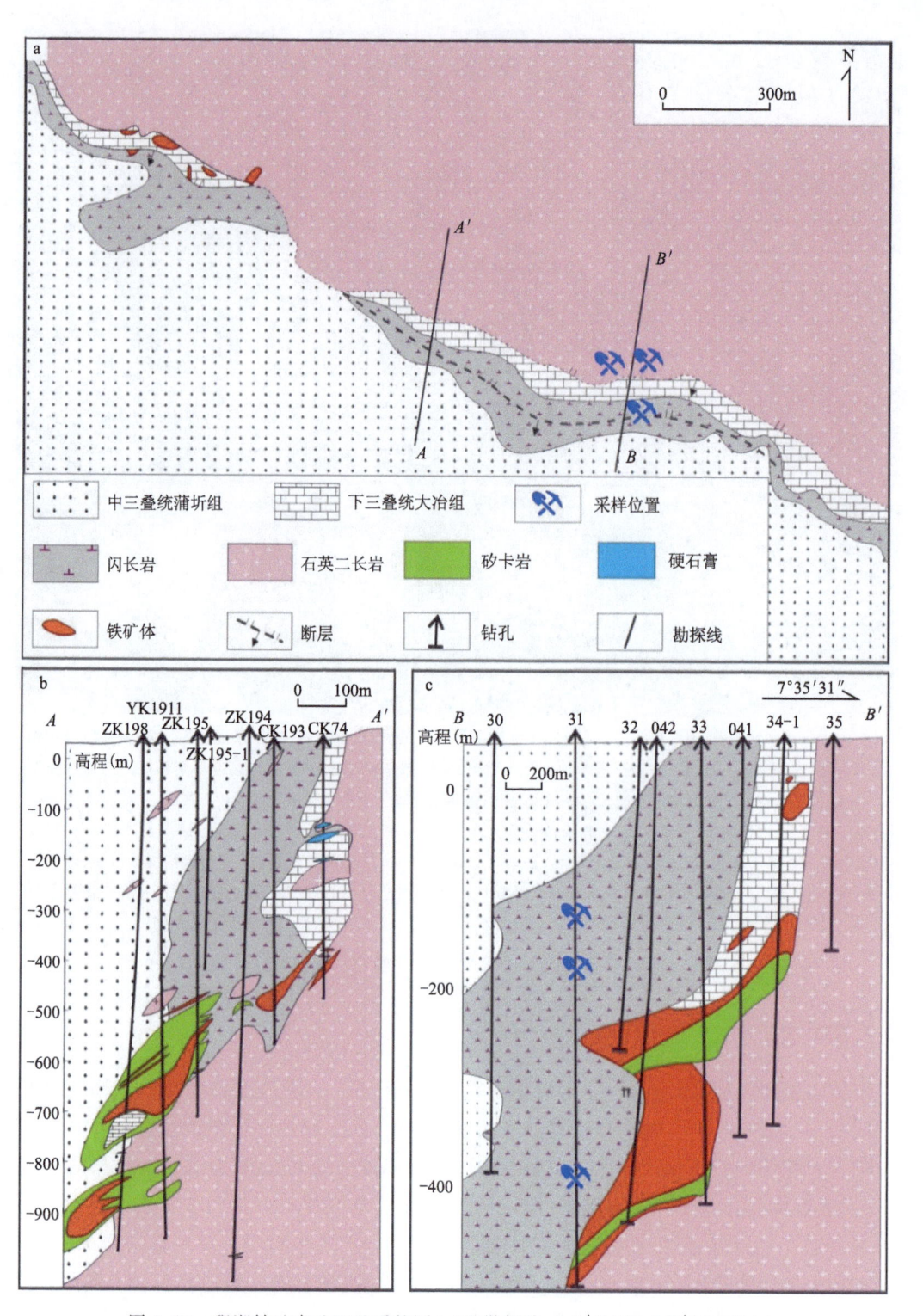

图 3.10　程潮铁矿床矿区地质简图(a)及勘探线 A-A'(b)和 B-B'剖面图(c)

(据舒全安等,1992;Xie et al.,2012;有修改)

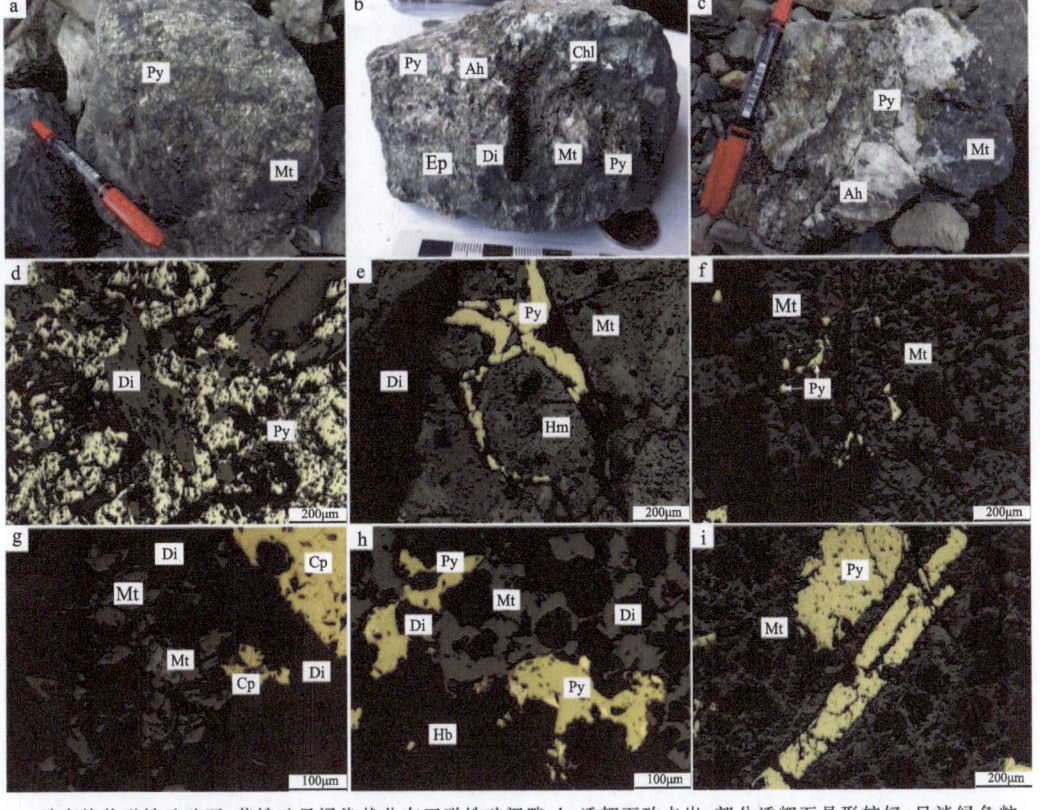

a.致密块状磁铁矿矿石,黄铁矿呈浸染状分布于磁铁矿间隙;b.透辉石矽卡岩,部分透辉石晶形较好,呈淡绿色粒状集合体,晚期绿泥石绿帘石充填于透辉石集合体间隙,发育部分硬石膏,黄铁矿脉切割早期形成的透辉石矽卡岩;c.硫化物脉切割早期形成的致密状磁铁矿集合体,方解石充填于裂隙中并部分发育硬石膏;d.黄铁矿和磁铁矿充填于早期形成的透辉石间隙中;e.半自形黄铁矿充填于自形磁铁矿中,磁铁矿部分氧化形成赤铁矿;f.晚期形成的黄铁矿充填于早期形成的半自形磁铁矿中;g.半自形磁铁矿和他形黄铜矿充填于早期形成的透辉石中;h.半自形—他形磁体矿和黄铁矿充填于早期的矽卡岩矿物中;i.黄铁矿呈脉状切割早期形成的致密状磁铁矿。矿物缩写见图3.2

图3.11　程潮铁矿主要金属和非金属矿物的组成和结构

4. 围岩蚀变特征

矿区内围岩蚀变广泛发育,矽卡岩化与成矿关系密切。早期高温热液蚀变类型有钠长石化、钾长石化和矽卡岩化,晚期中低温热液蚀变有绢云母化、绿泥石化和碳酸盐化等。

钠长石化和钾长石化为矿区内主要的中—高温热液蚀变,广泛发育在岩体及围岩接触带上,主要表现为斜长石或钾长石被碱性长石交代。矽卡岩化是矿区最为发育及与矿化最为密切的围岩蚀变,发育在闪长岩和石英二长岩与碳酸盐岩接触带附近。以钙矽卡岩为主,退化蚀变矿物主要有绿帘石、绿泥石、角闪石等(图3.11b)。与白云岩接触的矽卡岩中发育大量金云母、蛇纹石。石榴石分布广泛,手标本中呈褐色,单偏光下为浅褐色,发育环带结构,多与透辉石共生,受后期热液蚀变影响,石榴石常被晚期形成的磁铁矿、绿泥石、绿帘石和方解石等矿物交代,部分颗粒被磁铁矿完全交代形成假象(图3.11d)。透辉石颗粒细小,以半自形—他形结构为主,与石榴石、磁铁矿等矿物共生(图 3.11f)。绿泥石化通常叠加在矽卡岩化之上,在矿区分布广泛,蚀变岩石以深绿色为主,分布于接触带附近的围岩中(图 3.11b)。绢云母化在矿物分布范围较小,表现为绢云母交代早期形成的斜长石和方柱石,分布在岩体与围岩接触带附近。碳酸盐化多叠加于早期形成的钾长石化、矽卡岩化、绿泥石化等蚀变之上,为矿区内最广泛的晚期热液蚀变类型。硬石膏化主要分布在岩体与围岩接触带附近,在矿体和大理岩中也局部发育硬石膏化,常与碳酸盐化伴生(图 3.11c)。

三、金山店铁矿床

金山店铁矿床位于金山店岩体至王豹山岩体范围,面积约 30km²,其矿化类型属于矽卡岩型矿床。金山店铁矿可分为张福山、余华寺、柯家山、张敬简、李万隆等多个矿体,以张福山矿体为主,这些矿区均围绕金山店侵入岩体分布(图 3.12)。截至 2017 年底,矿田内累计查明资源储量:Fe 矿石量 15 063.8 万 t,伴生 Co 金属量 904t。保有资源储量:Fe 矿石量 7 691.4 万 t,伴生 Co 金属量 300t(湖北省矿产地质志,2023)。

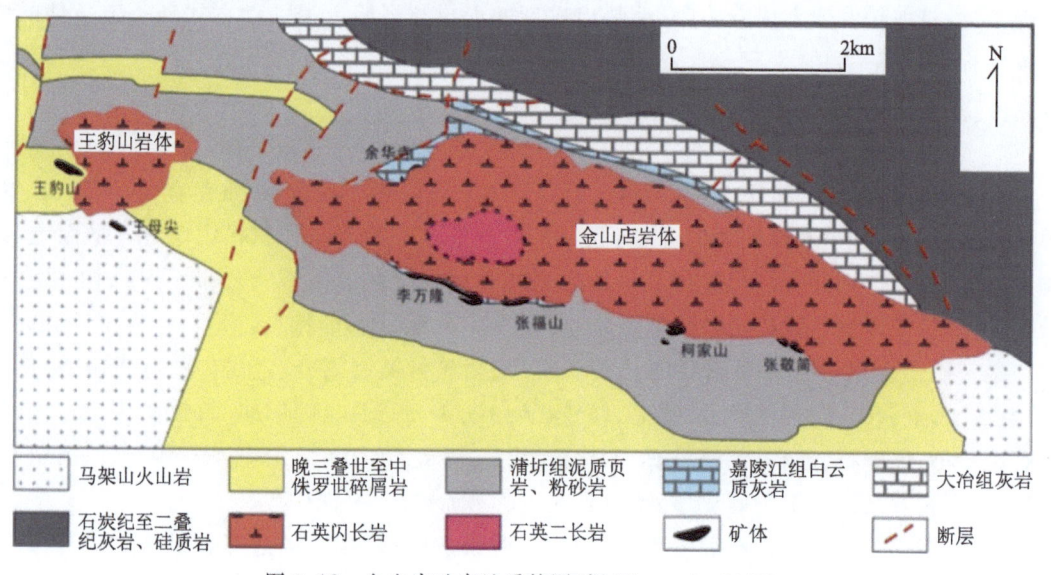

图 3.12　金山店矿床地质简图(据 Xie et al.,2015)

1. 矿区地质

金山店矿区出露地层除第四系外,主要由中上三叠统和部分侏罗系组成。对成矿最有利的地层主要是下中三叠统嘉陵江组($T_{1-2}j$)白云岩、灰岩,位于其上的中三叠统蒲圻组(T_2p)砂质岩地层在成矿过程中起屏蔽作用;其次下白垩统马架山组(K_1m)底部砾岩层对形成王豹山式热液型矿床也比较有利。

区内岩体主要为金山店杂岩体和王豹山岩体。金山店侵入杂岩体主要属燕山中晚期活动产物,岩石组成主要为石英二长闪长岩和二长花岗岩,王豹山岩体岩性为闪长玢岩。已知铁矿床均赋存在金山店岩体即王豹山岩体与沉积围岩的接触带上或其附近 200m 范围内,重要矿床多产于岩体的南缘接触带，北缘目前仅发现余华寺矿床，反映出矿床的形成与岩浆上侵活动方式和一定条件的温压条件有关。

金山店矿区内构造主要以北西西向至近东西向和北北东向的构造为主。北西西向至近东西向褶皱构造以金山店背斜在矿区的一部分为代表，该褶皱构造是金山店岩体的主要控制构造，其轴部几乎完全被金山店侵入岩体占据。北东东向构造以太婆山背斜为代表，构造轴线附近出露蒲圻组，其中发育有部分小规模条状矿体和矽卡岩；北东东向断裂构造叠加在早期构造之上，多期次活动特征明显，对蚀变带和矿体的空间分布起到一定控制作用。矿区内以张福山矿床为中心向东、西两侧呈对称式、等距性排列，各矿床在东西方向上出现的间距约2.3km。

区内岩体主要为金山店杂岩体和王豹山岩体。金山店侵入杂岩体岩石组成主要为石英二长闪长岩和二长花岗岩，另外还有少量的闪长玢岩以脉岩的形式产出。其中，石英闪长岩和石英二长岩石与成矿关系最为密切，为主要致矿岩体。已知铁矿床均赋存在金山店岩体，即王豹山岩体与沉积围岩的接触带上或其附近200m范围内，重要矿床多产于岩体的南缘接触带，北缘目前仅发现余华寺矿床，反映出矿床的形成与岩浆上侵活动方式和一定条件的温压条件有关。

2.矿化地质特征

金山店矿区矿体分布比较零散，沿金山店岩体与地层的接触带，约赋存有130个铁矿体，规模较大的有13个，规模最大的Ⅰ号、Ⅱ号矿体分别位于李万隆和张福山附近。平面上，矿体展布方向大致为北西西向，整体沿金山店岩体与地层接触带呈带状分布。剖面上，仍受接触带的控制，矿体呈透镜状、脉状、似层状，具有中间厚、边缘薄的特点。

磁铁矿是金山店矿床最重要的矿石矿物，根据矿物类型划分，金属矿物有磁铁矿、赤铁矿、黄铁矿、菱铁矿、磁黄铁矿、黄铜矿、镜铁矿、白铁矿、辉铜矿、闪锌矿、斑铜矿等；非金属矿物有金云母、绿泥石、透辉石、蛇纹石、方柱石、石英、透闪石、阳起石、绿帘石、硬石膏、磷灰石、石榴石、榍石、绢云母、玉髓等；另外还包含次生矿物赤铁矿、褐铁矿等。

根据矿石矿物组合，矿石可分为以下几类：磁铁矿矿石、金云母透辉石磁铁矿矿石、透辉石磁铁矿矿石、硬石膏磁铁矿矿石以及金云母磁铁矿矿石。矿石的结构类型包括自形晶粒状结构、半自形晶粒状结构、交代残余结构等，三者均比较常见。矿石的构造类型包括块状构造、浸染状构造、条带状构造、粉状构造等，以块状构造和浸染状构造为主。

根据矿物共生组合、穿插及交代关系，金山店铁矿可分为以下几个矿化蚀变阶段：早期矽卡岩阶段、磁铁矿阶段、脉状矽卡岩阶段、硬石膏-硫化物阶段、碳酸盐阶段。其中磁铁矿阶段磁铁矿和金云母大量矿化，呈粒状结构，块状构造；脉状矽卡岩阶段也有磁铁矿形成，同时还伴随有黄铁矿等硫化形成；黄铁矿主要形成于硬石膏硫化物阶段(图3.13)。

金山店矿床典型的围岩蚀变包括透辉石化、金云母化、蛇纹石化、硬石膏化、绿泥石化等，其中透辉石化和金云母化两种蚀变与铁矿化的关系最为密切。围岩蚀变集中分布于岩体与地层接触带附近，横向上表现出一定的分带性，从致矿岩体到地层依次为致矿石英闪长岩→蚀变石英闪长岩→矽卡岩→铁矿体→矽卡岩化角岩→变余角岩、砂岩(图3.13)。

第三章 典型矿床地质特征

a.蚀变的石英闪长岩,矿物由斜长石(Pl)和金云母(Phl)组成,蚀变程度较高;b.矽卡岩化带,矿物组合包括方柱石(Scp)、硬石膏(Ah)、石榴石(Gr)等典型矽卡岩矿物;c.矿化带,主要由黄铁矿(Py)、磁铁矿(Mt)等金属矿物组成,两者相互交代、穿插;d.变余角岩带,矿物成分主要包括碳酸盐岩矿物和泥质矿物,难以观察其结构。矿物缩写见图3.2

图3.13 金山店各蚀变带典型蚀变矿物组合

四、蜡烛山铁矿床

蜡烛山矽卡岩型铁矿位于大冶市陈贵镇(N30°00′54″,E114°50′18″),距大冶市区20km处,是一个小—中型铁矿床,具有规模小、品位富的特征。矿区以剥蚀残丘地形和冲积阶地及沟谷地形为主,冲积阶地的标高较低,为31～36m。剥蚀残丘的标高较高,为60～80m。蜡烛山矽卡岩型铁矿查明资源储量:铁的矿石量为123.7万t,铜金属量为93t,伴生的硫为8000t。蜡烛山铁矿由陈贵铜山口公司开采,截至2015年底,保有铁矿石量71.9万t,铜93t,硫8000t。矿区内主要出露的地层较为单一,只见有下三叠统大冶组(已变质成大理岩)以及第四纪残积层、坡积层和冲积层。蜡烛山铁矿的矿体多呈捕房体状,分布于闪长岩体中。

1.矿区地质概况

矿田内地层出露比较完整,从第四系盖层至中志留统均有出露,自下而上依次有:中志留统坟头组泥质粉砂岩、砂质页岩;上泥盆统五通组石英砂岩、砾岩;下二叠统栖霞组含燧石结核灰岩夹生物灰岩;下二叠统茅口组燧石条带灰岩;下三叠统大冶群碳酸盐岩;白垩系马架山组砂砾岩、砂岩和钙质粉砂岩;白垩系灵乡组砂砾岩、含砾长石砂岩;第四系盖层等。

矿田内构造以多期次、形迹复杂为特征,褶皱大多经历叠加改造,断裂复合并具有多期次活动特点。近东西向构造以广山-刘家畈复式背斜、铜鼓山断裂为代表;北北东向构造以狮子脑-胡山湾隆起带、牛鼻孔-刘家畈隆起带、杨桥-马栏山断裂、九眼桥断裂为代表;北东向主要发育断裂构造,以狮子山-九眼桥断裂为代表;另外还发育少部分北北西向构造。

与蜡烛山铁矿成矿有关的侵入体为蜡烛山石英二长岩体,是灵乡岩体的重要组成部分。灵乡岩体是燕山期早期的产物,其岩性由闪长岩、石英闪长岩和花岗闪长斑岩组成,侵位深度属浅—中浅成相,前人对其进行年代学研究得到其年龄为 145.5 ± 1.1Ma(Li et al.,2010)。矿田内还有其他小型侵入岩体,如蜡烛山石英二长岩,侵位年龄为 141.1 ± 0.7Ma(Li et al.,2009),铜山口花岗闪长岩,侵位年龄为 144.0 ± 0.13Ma(Li et al.,2010)。矿田内侵入岩体都代表了鄂东矿集区早期岩浆活动,与之相应的,蜡烛山铁矿床也代表了区域上最早期的成矿事件,其成矿年龄为 $148.9\sim157.3$Ma。

2. 矿体特征

蜡烛山铁矿由矽卡岩型铁矿和脉型铁矿两种矿化形式构成(图3.14)。其中,矽卡岩型矿化是由大广山侵入岩体与大冶群碳酸盐岩接触交代形成,单个矿体厚50~60m,延伸200~300m,磁铁矿为其主要矿石矿物,另外还有少部分赤铁矿,金属矿物还有黄铁矿、黄铜矿等硫化物,以细脉浸染状形式产出。脉石矿物主要有透辉石、石榴石、符山石、绿帘石、金云母、绿泥石、方解石和石英等。脉型矿化主要发育在二长闪长岩中的破碎带中,矿体与围岩之间接触关系截然,与 Cu 化探异常带具有较高的套合性,热液蚀变较弱,金属矿物主要有磁铁矿、赤铁矿和少量黄铁矿、黄铜矿,非金属矿物组合仅包括金云母、钠长石、绿泥石、方解石等。脉型矿化以大量空隙被磁铁矿脉充填为特征,暗示磁铁矿是直接由富挥发分热液经过相转变导致Fe 元素达到过饱和度直接沉淀生成(姚培慧,1993;翟裕生,1992)。

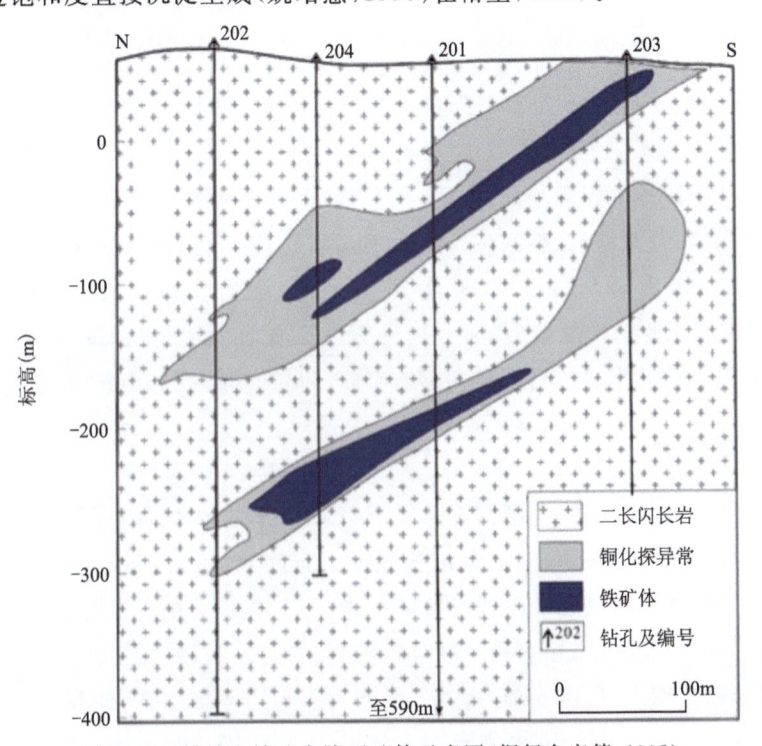

图3.14 蜡烛山铁矿床脉型矿体示意图(据舒全安等,1992)

第三章　典型矿床地质特征

3. 矿石特征

蜡烛山矽卡岩型铁矿床的矿石矿物为磁铁矿、黄铜矿、黄铁矿和磁黄铁矿等,其中磁铁矿是开采的主要矿物。脉石矿物有石榴石、透辉石、方解石、石英、硬石膏、黑云母、金云母和绿泥石等。磁铁矿是蜡烛山矿床开采的主要矿石矿物,也是构成矿体的主要矿物。在手标本下为黑色,具有强磁性。在镜下反射色为灰色微带棕色、粒状结构、高硬度、均质性。未见双反射。磁铁矿的形成分为两期,早期形成的磁铁矿多与石榴石等矽卡岩矿物共生,呈粒状集合体或单独分布在脉石矿物中(图3.15a)。可见磁黄铁矿穿插了早期磁铁矿,所以磁黄铁矿晚于早阶段磁铁矿形成(图3.15b)。晚阶段的磁铁矿呈致密块状构造,与磁黄铁矿、黄铜矿和黄铁矿等矿物共生(图3.15c)。

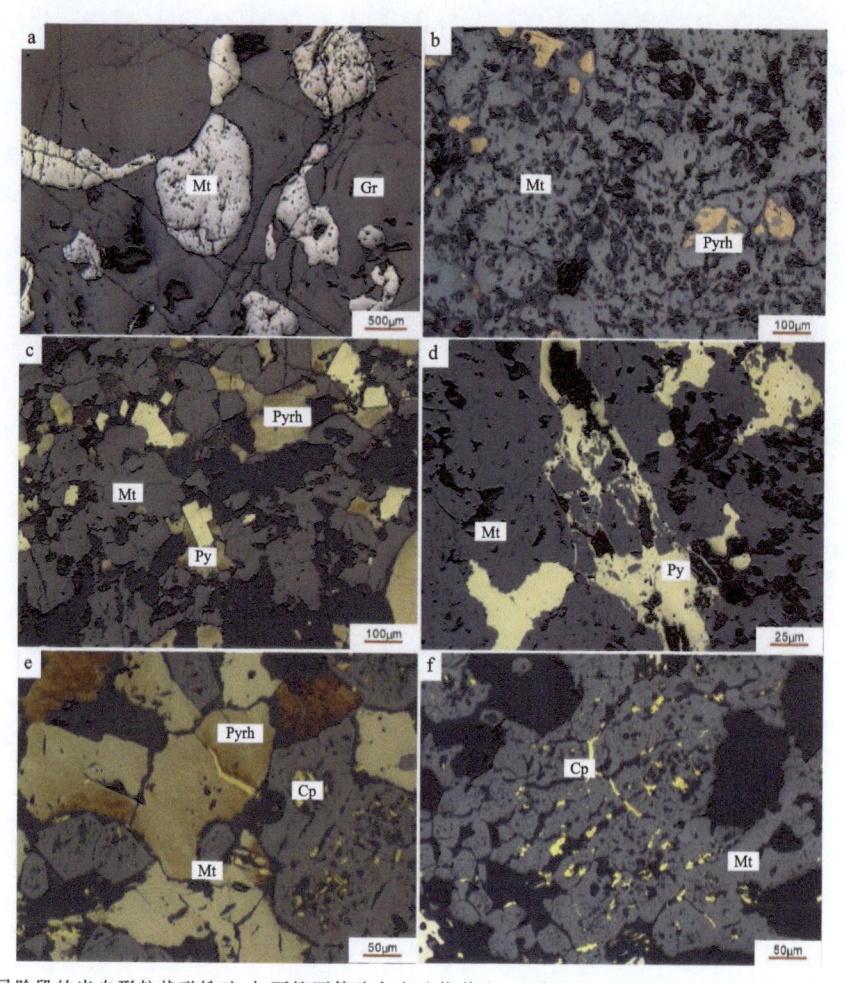

a. 早阶段的半自形粒状磁铁矿,与石榴石等矽卡岩矿物共生;b. 晚阶段的致密块状磁铁矿,与磁黄铁矿等硫化物共生;c. 自形粒状磁铁矿颗粒;d. 黄铁矿沿磁铁矿裂隙充填生长;e. 发育格状双晶的磁黄铁矿;f. 填充在磁铁矿裂隙中的他形黄铜矿。矿物缩写:Py. 黄铁矿;Mt. 磁铁矿;Cp. 黄铜矿;Pyrh. 磁黄铁矿;Gr. 石榴石

图 3.15　矿石矿物镜下特征

蜡烛山铁矿床的矿石构造常见致密块状构造、网脉状构造和脉状构造。①致密块状构造：它是蜡烛山铁矿床中最常见的矿石构造类型，指的是磁铁矿在矿石中的含量大于80%，矿石中黄铁矿、黄铜矿和磁黄铁矿的含量较少，有时可见硬石膏、黑云母、透辉石和石榴石等矿物。②脉状构造：脉状构造主要指磁黄铁矿与黄铁矿以脉状形式穿插在磁铁矿矿石中，边界规则且明显清晰。有时可见方解石脉穿插在矿石中，边界呈锯齿状。③网脉状构造：网脉状构造指岩体中有大量的方解石和黄铁矿网脉穿插其中。有时黄铁矿脉会包裹住方解石，且二者之间的界线模糊。④层状构造：蜡烛山矿床的层状构造是指硬石膏呈层状穿插于磁铁矿石中，层厚2～3cm。

4. 围岩蚀变特征

蜡烛山铁矿床常见的围岩蚀变为矽卡岩化、硬石膏化、碳酸盐化、钾长石化和绿泥石化等。其中矽卡岩化是最广泛的蚀变类型，形成了大量矽卡岩矿物，如透辉石、石榴石等，是勘探找矿的重要标志。各种蚀变类型的特点如下。①矽卡岩化：矽卡岩化作为研究区最广泛的蚀变类型，形成了石榴石、透辉石、绿泥石等蚀变矿物，还形成了一系列矽卡岩，如透辉石矽卡岩、石榴石矽卡岩和石榴石-透辉石-绿泥石矽卡岩等。②钾长石化：在闪长玢岩处可见大量的钾长石化，这些钾长石穿插在闪长玢岩内，且二者之间界线模糊，部分被后来的绿泥石化交代重叠。③碳酸盐化：蜡烛山矿床碳酸岩化形成的碳酸岩矿物主要为方解石，呈脉状穿插在矿石和矽卡岩中，属于矿床晚期的热液蚀变。④硬石膏化：通过野外观察与显微鉴定，可以判断硬石膏形成于晚期，且充填交代硫化物。呈脉状穿插在矽卡岩中。⑤绿泥石化：绿泥石化为最晚期的热液蚀变，由黑云母、角闪石蚀变形成。有时可见绿泥石呈角闪石晶形。

第四章 岩浆岩和磷灰石-锆石地球化学特征

岩浆岩中锆石和磷灰石元素组合能够反映岩浆形成过程中物理化学条件的变化,同时示踪岩浆演化作用过程。本章选取成铜系列铜山口花岗闪长斑岩、阮家湾和铜绿山石英闪长岩,成铁系列灵乡闪长岩、程潮闪长岩和石英二长岩为研究对象,分析这些成矿岩浆岩中磷灰石和锆石结构特征及化学组成,对揭示这两种成矿岩浆源区、氧逸度特征、挥发分组成及岩浆岩演化过程都具有重要指示意义。

第一节 岩相学特征

一、铜山口岩株

铜山口岩株位于殷祖和灵乡岩体之间,灵乡岩体东南缘外侧,殷祖复式向斜北翼,岩株平面上呈北西向椭圆形(图 3.1),中心直径 $500\sim600\text{m}$,出露面积约 0.33km^2。岩株主体为花岗闪长斑岩,其次为石英闪长斑岩,花岗闪长斑岩与成矿具有紧密联系(图 3.1)。

铜山口花岗闪长斑岩具斑状结构、块状构造,局部可见自形—半自形粒状结构(图 4.1a、d)。斑晶矿物主要由斜长石($20\%\sim30\%$)、钾长石($10\%\sim20\%$)、石英($10\%\sim20\%$),角闪石($5\%\sim8\%$)和黑云母($3\%\sim6\%$)组成(图 4.1)。基质具微—细粒结构,主要由石英、斜长石、钾长石组成(图 4.1b)。斜长石呈自形板柱状结构,发育环带状聚片双晶,粒径变化较大,大颗粒斑晶可达厘米级别(图 4.1b);角闪石呈草绿色,以长柱状自形晶为主,少数晶体呈自形六边形,部分晶体内部或边缘发生蚀变,分布有少量磁铁矿,粒径多在 $200\sim2000\mu\text{m}$ 之间(图 4.1b、c、e、f)。黑云母主要呈棕褐色,以粒状、片状为主,粒径通常小于 1mm(图 4.1c)。钾长石多呈自形—半自形板状或粒状,部分晶体内部发育微裂隙并包含少量斜长石晶体,粒径变化较大(图 4.1b)。石英多呈他形粒状结构,充填在长石颗粒之间,粒径变化较大(图 4.1b、e)。硬石膏呈白色,包裹磷灰石(图 4.1f)。副矿物主要有磷灰石、榍石、磁铁矿和锆石等(图 4.1b、c、e、f)。磷灰石通常呈长柱状或近六边形晶形,主要包裹于角闪石、黑云母等硅酸盐矿物中(图 4.1c)。榍石呈深褐色,自形—半自形菱形晶,局部出溶钛铁矿(图 4.1e)。

二、阮家湾岩株

阮家湾岩株位于黄姑山-犀牛山倒转背斜北翼,毛铺-两剑桥东西向断裂带东段。东宽西窄中间大,似蝌蚪状,东西长 3450m,南北宽 $60\sim970\text{m}$,面积约为 1.30km^2。岩株产状外倾,南缓北陡,中浅成相,中等程度剥蚀。岩株主体为石英闪长岩,局部发育有煌斑岩岩脉,与石

a. 肉红色花岗闪长斑岩；b. 长柱状自形晶角闪石和板柱状斜长石，基质主要为石英；c. 角闪石和黑云母中包裹长柱状磷灰石，角闪石边缘分布少量磁铁矿；d. 花岗闪长岩中斑晶主要为钾长石、斜长石、角闪石、黑云母和石英，基质以石英和长石为主；e. 深褐色榍石呈自形—半自形菱形晶并出溶钛铁矿；f. 半自形硬石膏包裹长柱状磷灰石。

Hb. 角闪石；Ah. 硬石膏；Ap. 磷灰石；Bi. 黑云母；Kf. 钾长石；Mt. 磁铁矿；Pl. 斜长石；Qz. 石英；Spn. 榍石

图 4.1　铜山口花岗闪长岩手标本和显微照片

英闪长岩侵位关系明显，石英闪长岩与成矿具有紧密联系（图 3.4）。

阮家湾石英闪长岩呈灰白色，块状构造，中细粒结构（图 4.2a、d）。矿物组成为斜长石（50%～60%）、角闪石（10%～20%）、石英（8%～15%）和钾长石（5%～8%），副矿物主要有磷灰石、榍石、磁铁矿和锆石等。斜长石多呈自形—半自形板状结构，发育聚片双晶，部分晶体发生轻微高岭土化（图 4.2b、c），粒径在 200～500μm 之间。角闪石呈草绿色，长柱状或晶体横切面呈不规则的六边形，部分晶体发生绿泥石化或绿帘石化（图 4.2c、e、f），粒径变化大，主要在 100～1000μm 之间。黑云母呈浅黄棕色，自形—半自形结构，部分黑云母发生轻微绿泥石化，粒径在 100～600μm 之间（图 4.2c、e）。石英多呈半自形—他形粒状，充填在长石颗粒之间，粒径变化大（图 4.2b、e）。自形长柱状磷灰石呈嵌晶状赋存于早期形成的硅酸盐矿物之间（图 4.1b、c、e）。榍石主要以嵌晶状存在于早期形成的角闪石、斜长石之间（图 4.1f）。

三、铜绿山岩株

铜绿山岩株位于阳新岩体西北缘，大冶复式向斜南翼与北北东向下陆-姜桥断裂交会处，呈不规则短轴状，部分呈捕房体出露，平面上岩株东西长 4km，南北宽约 3.5km，出露面积约 11km²。岩株主体为石英闪长岩，并发育有少量石英二长闪长玢岩、闪长玢岩和钠长斑岩脉等（图 3.7）。从东南深部向西北浅部，岩株发生规律的岩相变化，由中深成相的粗粒石英闪长岩向中浅成相中粗粒石英闪长岩，再到浅成相细粒石英闪长岩过渡。野外地质观察发现矿区内石英闪长岩与成矿密切相关。

第四章　岩浆岩和磷灰石-锆石地球化学特征

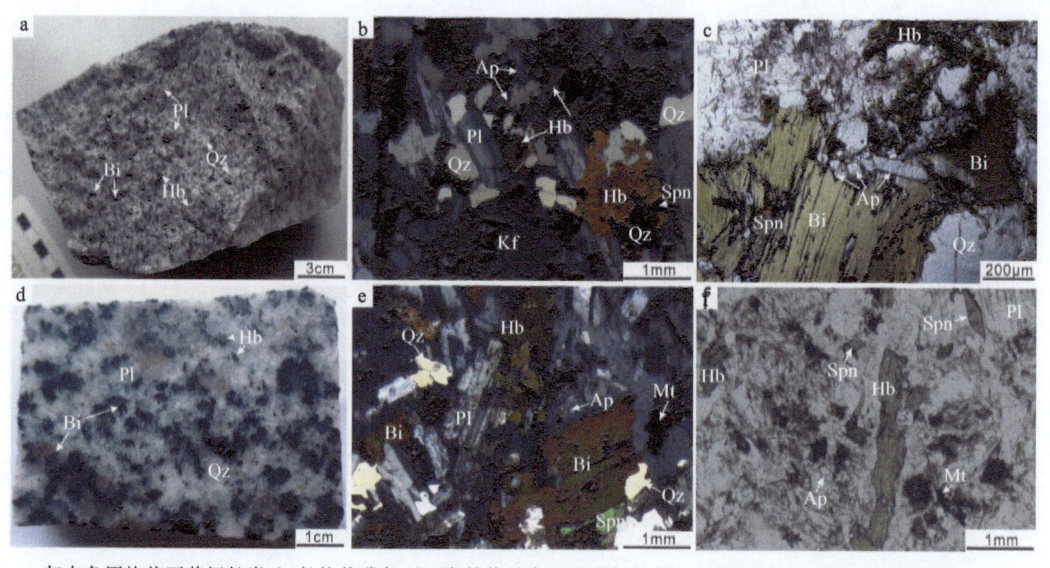

a.灰白色团块状石英闪长岩;b.长柱状磷灰石以嵌晶状赋存于自形板状斜长石和半自形—他形角闪石之间;c.他形黑云母包裹长柱状磷灰石,菱形榍石包裹于黑云母中;d.石英闪长岩主要矿物为斜长石、石英、角闪石、黑云母和钾长石;e.自形—半自形黑云母和角闪石中充填他形石英;f.自形榍石呈嵌晶状赋存于早期形成的角闪石和斜长石中。矿物缩写见图4.1

图4.2　阮家湾石英闪长岩手标本和显微照片

石英闪长岩呈灰—灰白色,以粗粒结构为主,块状构造(图4.3a、d),主要由角闪石、斜长石、钾长石和黑云母构成,副矿物主要有锆石、磷灰石、榍石和磁铁矿(图4.3)。角闪石呈自形—半自形结构,可见简单双晶,粒径在 $200\sim600\mu m$ 之间,含量在 $5\%\sim15\%$ 之间,晶体内部或边缘分布有少量磁铁矿(图4.3b、c)。斜长石呈半自形—自形长板状结构,发育聚片双晶,粒径在 $300\sim900\mu m$ 之间,多数晶体表面略脏,发生一定程度的高岭土化,含量在 $40\%\sim60\%$ 之间(图4.3c、e)。钾长石呈自形—半自形,具卡斯巴双晶,粒径通常在 $300\sim800\mu m$ 之间,含量在 $10\%\sim20\%$ 之间(图4.3b)。黑云母呈棕黄色,自形—半自形长板状结构,粒径在 $100\sim600\mu m$ 之间,含量在 $5\%\sim10\%$ 之间(图4.3c、f)。石英呈他形粒状或聚晶结构,晶体粒径大小不均匀,含量在 $15\%\sim20\%$ 之间(图4.3c、e)。自形—半自形磷灰石呈嵌晶状赋存于早期形成的斜长石、角闪石等矿物之间,粒径在 $50\sim300\mu m$ 之间(图4.3e、f)。榍石呈半自形—他形,以嵌晶状赋存在早期结晶的角闪石、斜长石等矿物之间,粒径在 $80\sim500\mu m$ 之间(图4.3c、f)。

四、灵乡岩体

灵乡岩体位于隆起区与盆地区过渡带,受北东向断裂控制。岩体呈北东向不规则长条状展布,长约26km,宽0.4~5km,出露面积约79km²,空间上呈偏心蘑菇状(图3.8)。岩体东部为中浅成相、中浅剥蚀,西部为浅成相、浅剥蚀。灵乡铁矿床位于灵乡岩体南缘与三叠纪大理岩呈侵入接触,局部侵入二叠系;北缘为侵蚀斜坡,倾向北西,其上为马架山组和灵乡组不整合沉积覆盖。岩性主要为闪长岩,并出露少量的闪长玢岩和黑云母闪长岩。

53

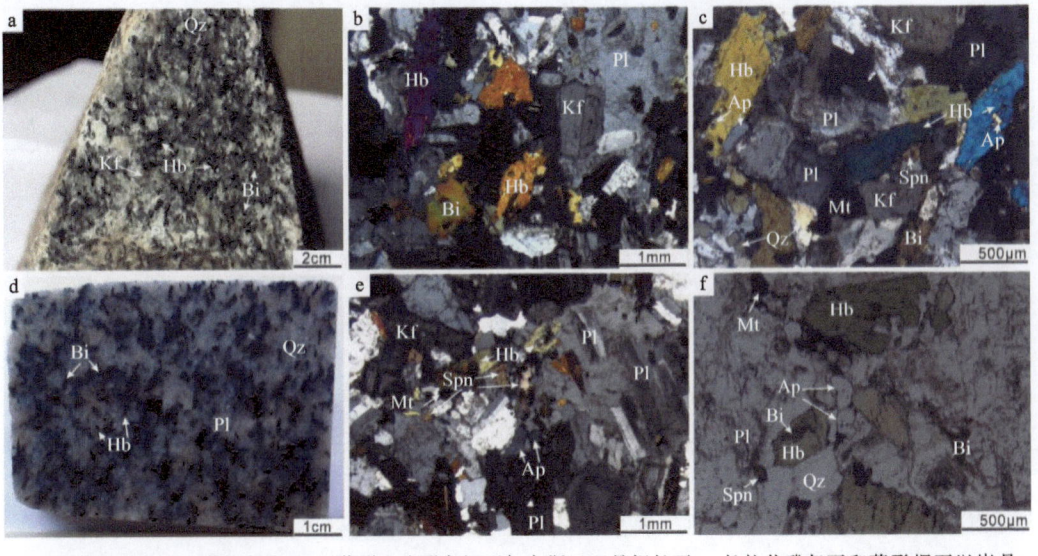

a.浅灰色块状构造石英闪长岩;b.近菱形六边形角闪石与卡斯巴双晶钾长石;c.长柱状磷灰石和菱形榍石以嵌晶状赋存于自形板片状斜长石和自形角闪石之间;d.石英闪长岩主要矿物为斜长石、石英、角闪石、黑云母和钾长石等;e.斜长石中包裹自形角闪石,角闪石边缘分布少量磁铁矿;f.自形角闪石包裹半自形黑云母,半自形磷灰石呈嵌晶状赋存于角闪石和斜长石之间。矿物缩写见图4.1

图4.3 铜绿山石英闪长岩手标本和显微照片

新鲜闪长岩呈深灰色,块状构造,具全晶质近等粒或不等粒结构(图4.4a、d)。矿物主要有黑云母、斜长石、角闪石和少量钾长石(图4.4)。斜长石多呈自形—半自形板状结构,发育聚片双晶,颗粒变化较大,粒径在$200\sim2000\mu m$之间,含量在$65\%\sim80\%$之间(图4.4b、c、e)。角闪石呈半自形—他形长柱状,多被绿泥石交代,可见少量磁铁矿,粒径在$100\sim1000\mu m$之间,含量在$15\%\sim25\%$之间(图4.4b、e、f)。黑云母呈棕黄色,自形—半自形结构,粒径在$200\sim500\mu m$之间,含量在$2\%\sim10\%$之间(图4.4b、c)。钾长石含量较少,粒径在$100\sim1000\mu m$之间。闪长岩中常见的副矿物有磷灰石、锆石、榍石和磁铁矿。磷灰石颗粒变化较大,粒径在$20\sim200\mu m$之间,常包裹于角闪石、黑云母和斜长石等矿物中(图4.4b、c)。榍石主要呈自形—半自形菱形晶,赋存于角闪石、黑云母、斜长石等矿物之间(图4.4e、f)。磁铁矿常发育在角闪石边缘部位(图4.4f)。

五、鄂城岩体

鄂城岩体位于鄂城背斜和碧石渡向斜公共翼上,沿着三叠系大冶组和蒲圻组层间界面侵入。岩体整体呈北西西向椭圆形,长约14km,中部最大宽度约8km,出露面积约$85km^2$。岩体属中深成相,主要由花岗岩类和闪长岩类岩石组成,主体岩性以石英二长岩为主,分布在岩体的北侧,闪长岩分布于岩体西部和东南部边缘位置。

闪长岩呈深灰色,自形粒状结构,块状构造(图4.5a、d),主要由斜长石、角闪石和黑云母组成(图4.5)。斜长石呈自形—半自形板状结构,部分发生轻微绢云母化和泥化,粒径在$200\sim2000\mu m$之间,含量在$50\%\sim60\%$之间(图4.5b、c、e)。角闪石呈半自形—他形柱状结构,受

第四章　岩浆岩和磷灰石–锆石地球化学特征

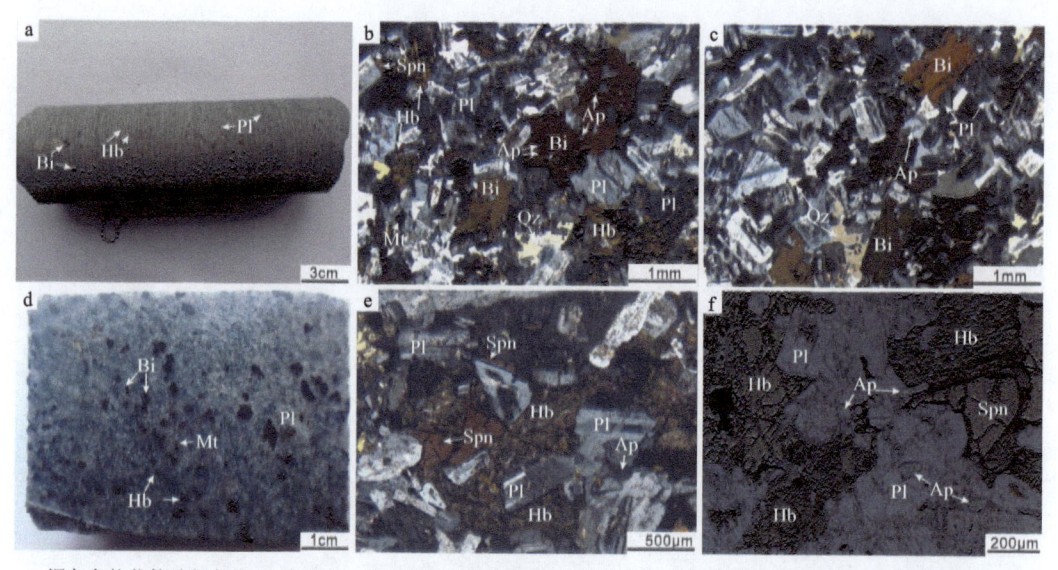

a.深灰色块状构造闪长岩;b.半自形—他形黑云母中包裹长柱状磷灰石,磁铁矿赋存于部分角闪石颗粒边缘;c.自形板状斜长石和黑云母,石英呈他形嵌晶状赋存于早期形成的硅酸盐矿物之间;d.闪长岩主要矿物为角闪石、黑云母、斜长石和少量钾长石、石英等;e.半自形榍石赋存于早期形成的角闪石和斜长石颗粒之间,部分角闪石发生轻微蚀变形成绿泥石、绿帘石等矿物;f.角闪石边缘分布少量磁铁矿,磷灰石呈嵌晶状分布在角闪石和斜长石等矿物之间。矿物缩写见图4.1

图4.4　灵乡闪长岩手标本和显微照片

蚀变交代影响,可见少量磁铁矿分布在角闪石边缘,粒径在$100\sim600\mu m$之间,含量在$10\%\sim25\%$之间(图4.5b、f)。黑云母呈深棕色,半自形—他形结构,不均匀分布,部分发生绿泥石化,粒径在$100\sim500\mu m$之间(图4.5b、c、f),含量$5\%\sim10\%$。常见的副矿物有锆石、磷灰石、榍石和磁铁矿(图4.5e、f)。磷灰石呈自形晶包裹于斜长石、角闪石和黑云母等矿物中,颗粒较小,粒径多在$30\sim200\mu m$之间(图4.5e、f)。榍石呈半自形—他形位于斜长石、角闪石等矿物间隙中,粒径在$50\sim300\mu m$之间(图4.5e)。磁铁矿通常分布在角闪石颗粒的裂隙或边缘部位(图4.5b、c)。

石英二长岩呈肉红色,具细粒花岗结构,块状构造(图4.6a、d)。岩石主要造岩矿物有斜长石($50\%\sim55\%$)、钾长石($15\%\sim20\%$)、石英($25\%\sim30\%$),发育少量角闪石(约5%)和黑云母(约3%)。斜长石呈自形—半自形板状结构,发育聚片双晶,表面有轻微泥化特征,粒径在$300\sim600\mu m$之间(图4.6b、e)。钾长石以他形粒状为主,个别晶体发育条纹结构,粒径在$200\sim500\mu m$之间(图4.6e)。石英呈不规则粒状,以嵌晶状赋存于早期结晶矿物间隙,粒径变化较大,在$100\sim400\mu m$之间(图4.6e、f)。角闪石在岩石中呈半自形—他形结构,粒径在$100\sim300\mu m$之间,部分颗粒发生轻微蚀变,形成绿泥石,边部发育少量磁铁矿(图4.6b、c)。黑云母呈深棕色,半自形—他形结构,在样品中分布不均匀,粒径在$200\sim300\mu m$之间。副矿物主要有锆石、磷灰石、榍石及少量磁铁矿等(图4.6b、c、f)。磷灰石主要呈六边形包裹于角闪石和斜长石中(图4.6b、e、f)。榍石呈半自形赋存于早期结晶的角闪石和斜长石矿物间隙中(图4.6c、f)。

55

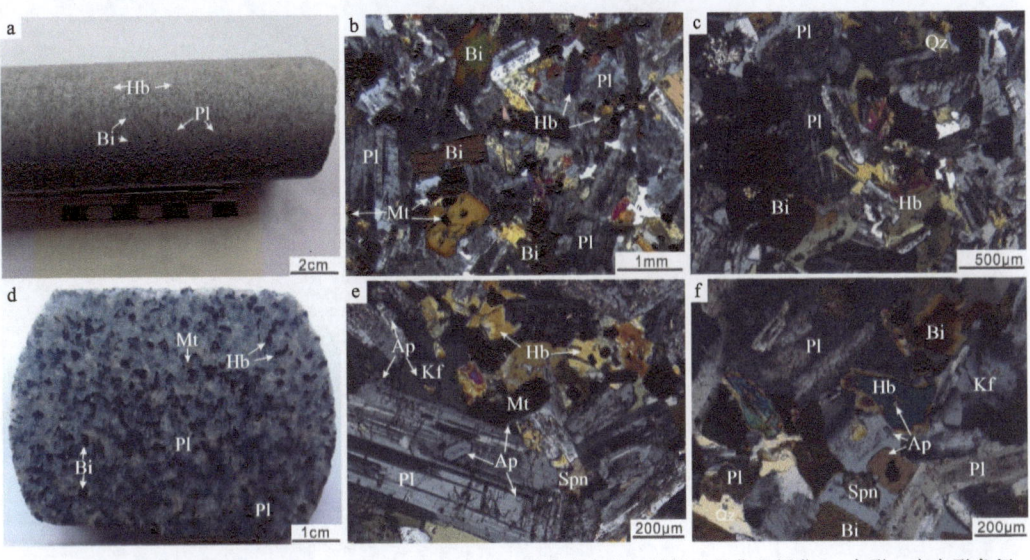

a.深灰色块状构造石英闪长岩;b.自形—半自形板状斜长石部分发生轻微绢云母化和泥化;c.自形—半自形角闪石和黑云母边缘发育少量磁铁矿;d.闪长岩主要由黑云母、角闪石、斜长石和少量钾长石、石英等矿物组成;e.长柱状磷灰石包裹于自形斜长石中,榍石呈嵌晶状赋存于早期形成的斜长石等矿物之间;f.半自形—他形角闪石边缘分布少量磁铁矿,半自形榍石包裹于斜长石矿物中。矿物缩写见图4.1

图4.5 鄂城闪长岩手标本和显微照片

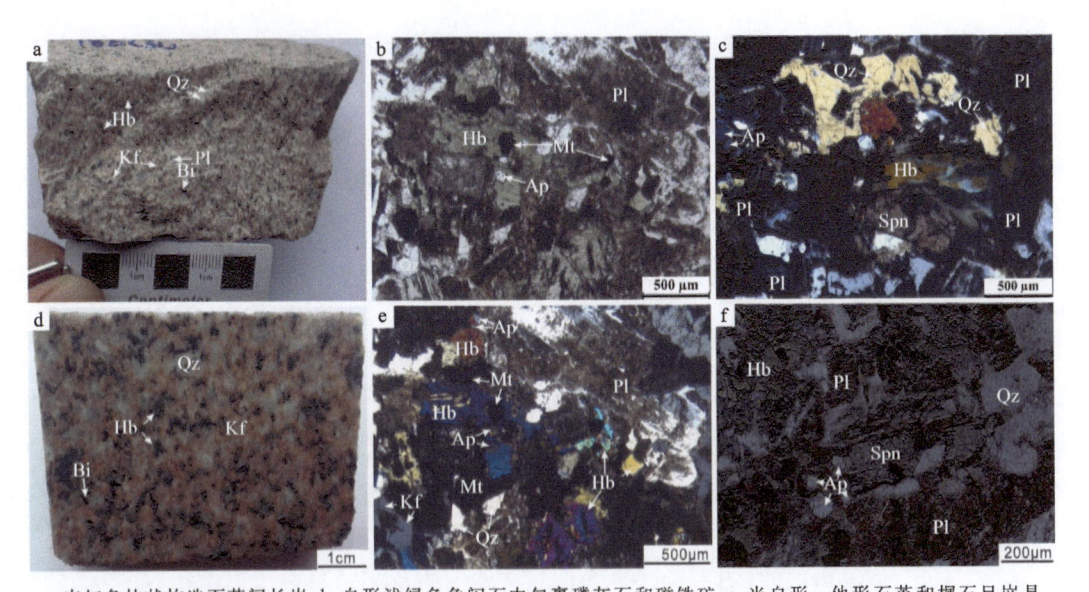

a.肉红色块状构造石英闪长岩;b.自形浅绿色角闪石中包裹磷灰石和磁铁矿;c.半自形—他形石英和榍石呈嵌晶状赋存于早期结晶的斜长石、角闪石之间;d.石英二长岩主要由斜长石、钾长石、石英和少量黑云母、角闪石等矿物组成;e.自形板状斜长石发育聚片双晶,部分颗粒表面有轻微泥化特征;f.自形角闪石包裹磷灰石和榍石,部分斜长石表面有泥化特征。矿物缩写见图4.1

图4.6 鄂城石英二长岩手标本和显微照片

第四章　岩浆岩和磷灰石-锆石地球化学特征

第二节　磷灰石和锆石的矿物学特征

一、矿物结构特征

本书选取成铜岩体(铜山口花岗闪长岩、阮家湾和铜绿山石英闪长岩)、成铁岩体(灵乡闪长岩、程潮闪长岩、石英二长岩)以及金牛盆地玄武岩中的磷灰石开展研究,这些磷灰石背散射(BSE)和阴极发光(CL)图片分别展示在图4.7~图4.9中。金牛盆地玄武岩代表了该地区基性岩浆组成,这些玄武岩中的磷灰石能够指示岩浆演化早期的组分特征,后文用来进行磷灰石微量元素模拟分析。

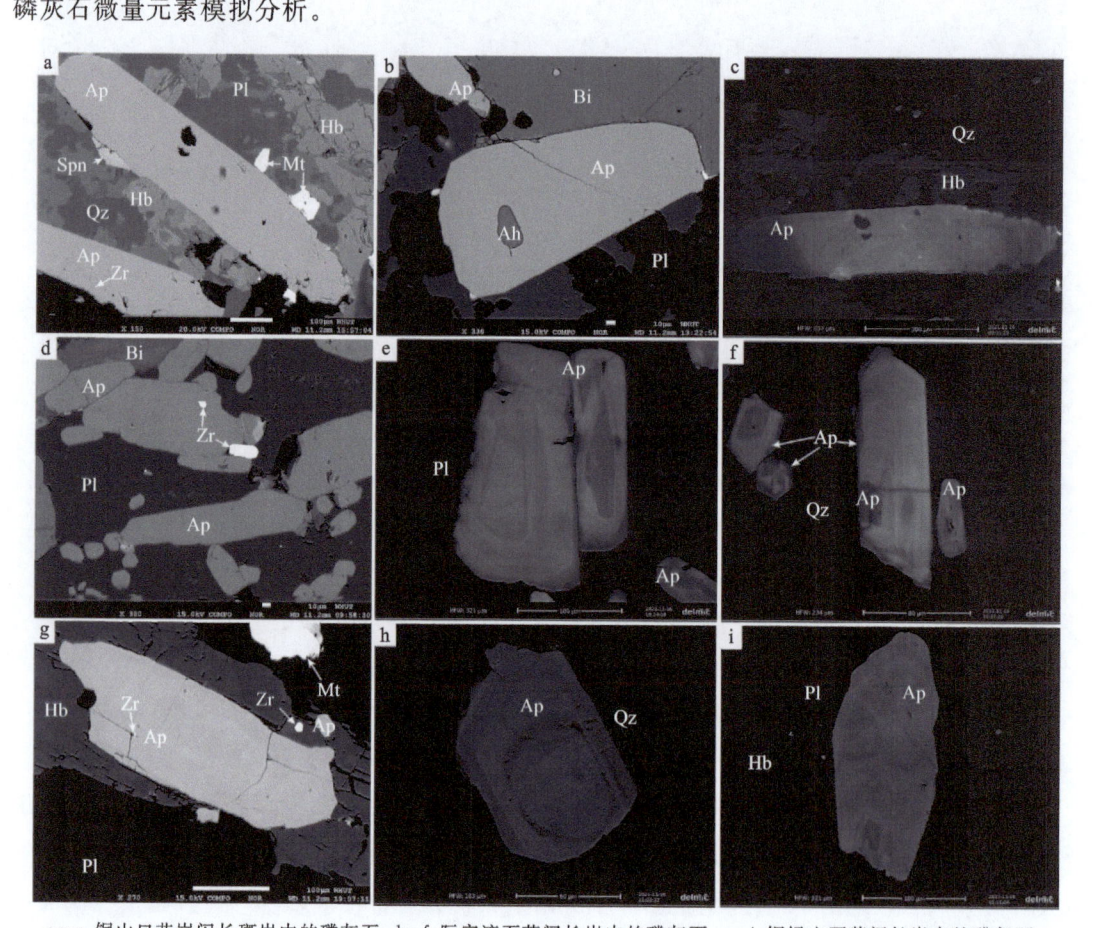

a~c.铜山口花岗闪长斑岩中的磷灰石;d~f.阮家湾石英闪长岩中的磷灰石;g~i.铜绿山石英闪长岩中的磷灰石;a.长柱状磷灰石背散射照片,磷灰石中包裹锆石;b.短柱状磷灰石背散射照片,磷灰石中包裹硬石膏;c.长柱状磷灰石阴极发光照片,磷灰石表现出震荡环带特征;d.石英闪长岩中不同形态的磷灰石背散射照片,表现出均一结构特征,部分磷灰石包裹锆石;e、f.磷灰石阴极发光照片,核部呈深灰色,整体呈现出震荡环带特征;g.角闪石中包裹磷灰石背散射照片,磷灰石表现出弱环带特征,包裹有锆石;h.短柱状磷灰石阴极发光照片,表现黑白相间的环带结构特征;i.长柱状磷灰石阴极发光照片,边部表现出震荡环带特征,核部表现出不均匀黑白相间的弱环带特征。Zr.锆石;其他矿物缩写见图4.1

图4.7　成铜岩体中典型的磷灰石结构特征

57

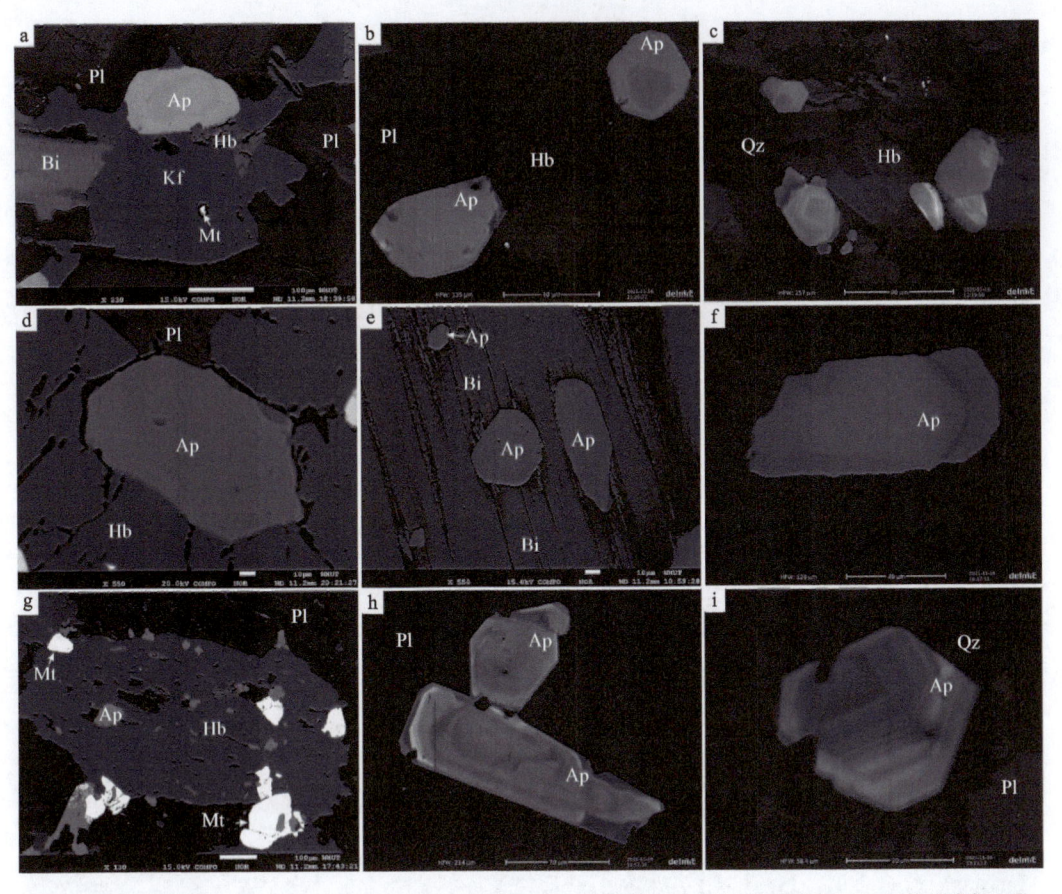

a~c.灵乡闪长岩中的磷灰石;d~f.程潮闪长岩中的磷灰石;g~i.程潮石英二长岩中的磷灰石;a.短柱状磷灰石背散射照片,磷灰石发育震荡环带;b.角闪石包裹自形磷灰石阴极发光照片,磷灰石发育震荡环带特征;c.短柱状磷灰石阴极发光照片,显示震荡环带特征;d.角闪石中包裹磷灰石背散射照片,显示均一化特征;e.黑云母中包裹长柱状和六边形自形晶磷灰石背散射照片,磷灰石表现出弱黑白相间特征;f.长柱状磷灰石阴极发光照片,显示震荡环带特征;g.自形角闪石中包裹磷灰石背散射照片,磷灰石表现出均一化特征;h.短柱状和长柱状磷灰石阴极发光照片,显示黑白相间震荡环带特征;i.六边形自形晶磷灰石阴极发光照片表现出震荡环带特征。矿物缩写见图4.1

图4.8 成铁岩体中典型磷灰石结构特征

成铜岩体中磷灰石通常为自形—半自形结构,颗粒大小在$50\sim500\mu m$之间,以自形长柱状为主,被包裹在其他造岩矿物相中,例如角闪石、斜长石和黑云母中(图4.7)。在背散射图下大部分磷灰石表现出均一结构特征,少部分磷灰石具有环带特征,表面无孔洞,一些磷灰石颗粒发育裂隙,同时沿裂隙边缘包裹一些矿物,例如锆石等(图4.7a、d、g)。在阴极发光图中,磷灰石表现出典型震荡环带特征(图4.7b、c、e、f、h、i)。铜山口花岗闪长岩中的磷灰石通常为自形长柱状结构,横截面为六边形,长宽比在$6:1\sim2:1$之间,颗粒可达$500\mu m$,部分磷灰石中包裹硬石膏(图4.7a~c)。阮家湾石英闪长岩中磷灰石长宽比在$5:1\sim1:1$之间,颗粒通常为长柱状,粒径在$200\sim300\mu m$之间(图4.7d~f)。铜绿山石英闪长岩中的磷灰石长宽比在$3:1\sim1:1$之间,大部分为长柱状,颗粒粒径在$100\sim300\mu m$之间(图4.7g~i)。

第四章　岩浆岩和磷灰石-锆石地球化学特征

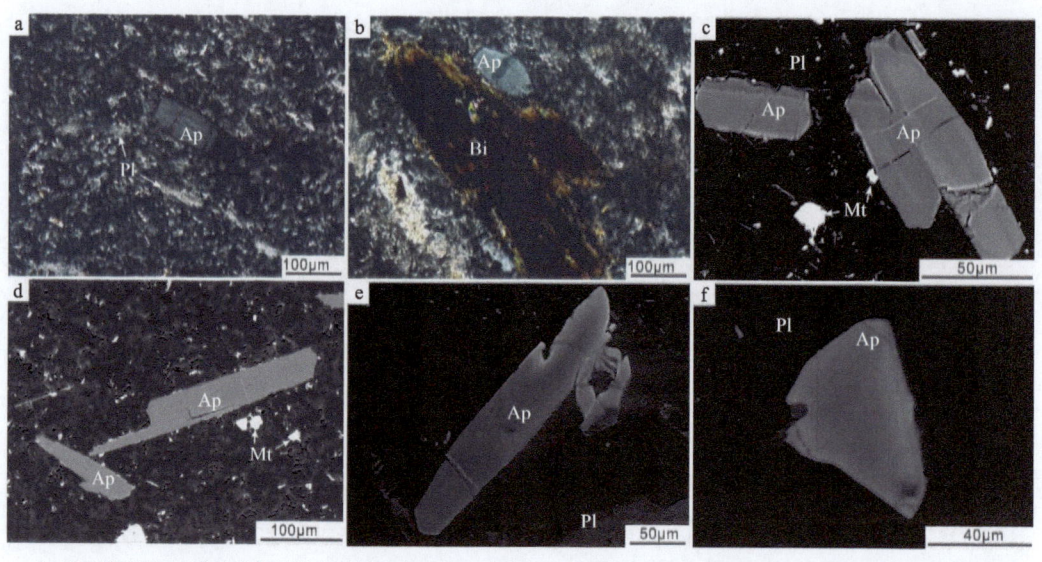

a、b. 正交偏光下,短柱状磷灰石以斑晶状赋存于火山玻璃中;c. 背散射照片中长柱状磷灰石表现出黑白相间的弱
环带结构特征;d. 背散射照片中长柱状磷灰石表现出均一结构特征;e. 阴极发光照片中磷灰石表现出黑白相间环
带;f. 阴极发光照片中磷灰石表现出震荡环带特征。矿物缩写见图 4.1

图 4.9　金牛盆地玄武岩中磷灰石结构特征

　　成铁岩体中磷灰石颗粒相对较小,以六方柱状为主,粒径在 50~200μm 之间,少见裂纹,
大部分以矿物包裹体形式赋存于斜长石、角闪石和黑云母中(图 4.8)。部分磷灰石颗粒在背
散射图中表现为震荡环带特征(图 4.8a、e),大部分磷灰石表现出均一结构特征(图 4.8d、g)。
阴极发光图中,磷灰石表现出典型震荡环带特征(图 4.8b、c、f、h、i)。成铁岩体磷灰石未发现
矿物包裹体。灵乡闪长岩中磷灰石通常为棱柱状,粒径 100~200μm,长宽比在 6∶1~1∶1
之间(图 4.8a~c)。程潮闪长岩和程潮石英二长岩中磷灰石通常为柱状,粒径 50~200μm 之
间,颗粒长宽比在 4∶1~1∶1 之间(图 4.8d~i)。

　　金牛盆地玄武岩中磷灰石通常为自形—半自形长柱状结构,正交偏光镜下表现为灰白
色,通常以斑晶状赋存于火山基质中(图 4.9a、b),它们大部分都存在于玄武岩玻璃中,少量包
裹于斜长石斑晶中,粒径在 20~100μm 之间,长宽比为 10∶1~2∶1。大部分磷灰石在背散
射图像中表现出均一结构特征,少部分发育环带特征(图 4.9c、d)。在阴极发光照片中,磷灰
石表现出震荡环带特征(图 4.9e、f)。

　　选取成铜岩体中铜山口花岗闪长岩、阮家湾石英闪长岩、铜绿山石英闪长岩和成铁岩体
中灵乡闪长岩、程潮闪长岩及石英二长岩中锆石开展研究,这些锆石阴极发光(CL)图片分别
展示在图 4.10 中。铜山口花岗闪长岩、阮家湾石英闪长岩、铜绿山石英闪长岩和程潮石英二
长岩中锆石颗粒多呈长柱状,晶形完好,裂纹不发育,颗粒大小不均一,长度介于 230~
100μm,长宽比为 1∶2~1∶5,发育震荡环带,表现出典型的岩浆结构特征。灵乡闪长岩、程
潮闪长岩和程潮花岗岩中锆石以长柱状为主,晶形一般,可见裂纹发育,颗粒大小均一,长度
介于 150~50μm,长宽比为 1∶1~1∶3,以扇形环带为主,可见震荡环带特征锆石,表现为岩
浆锆石特征。

59

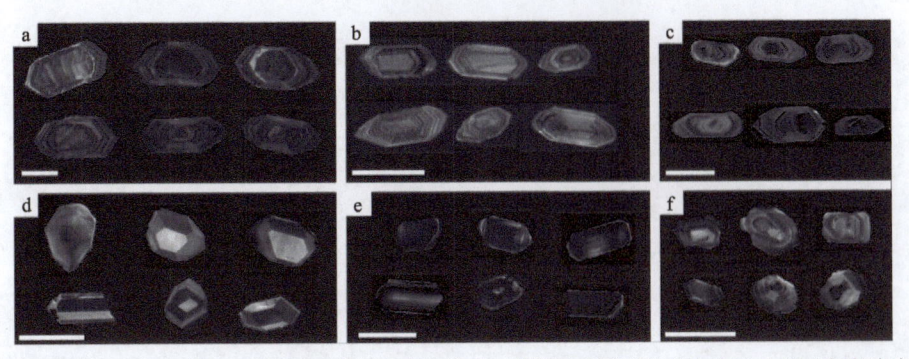

a.铜山口花岗闪长岩中锆石；b.阮家湾石英闪长岩中锆石；c.铜绿山石英闪长岩中锆石；d.灵乡闪长岩中锆石；e.程潮闪长岩中锆石；f.程潮石英二长岩中锆石。白色比例尺为$100\mu m$

图4.10　成铜和成铁岩体中锆石CL图像下典型结构特征

二、矿物化学组成

成铜与成铁岩体中磷灰石主要以自形晶结构被包裹于硅酸盐矿物中，例如角闪石、黑云母和斜长石等，这种特点表明磷灰石以早期结晶矿物相为主（图4.1～图4.9）。成铜系列和成铁系列磷灰石以氟磷灰石为主，富集轻稀土元素，显示负铕异常特征。这些特点反映了磷灰石为岩浆来源。在阴极发光和背散射图像中，磷灰石以震荡环带特征为主，很少发育不规则扇形环带特征，也不存在后期热液蚀变形成富集稀土元素的矿物（图4.7～图4.9）。磷灰石的这些结构特征表明这些磷灰石为岩浆成因，未经历明显的蚀变改造。

成矿岩体中磷灰石都具有高含量SiO_2和低含量MnO特征，在SiO_2-MnO二元图解中落在了岩浆磷灰石区域内（图4.11a）。成铜岩体中磷灰石具有均一的CaO、P_2O_5、F、Cl和SO_3含量。铜山口花岗闪长岩中磷灰石CaO含量为54.8%～54.80%（平均值为54.14%），P_2O_5含量为40.51%～43.00%（平均值为41.63%）（图4.11b）。F、Cl和SO_3的含量分别为2.58%～3.23%（平均值为2.86%）、0.11%～0.28%（平均值为0.19%）和0.11%～0.22%（平均值为0.16%）（图4.11c、d）。阮家湾石英闪长岩中磷灰石CaO和P_2O_5含量分别为55.06%～54.92%（平均值54.53%）和41.41%～42.17%（平均值为41.68%），F含量为2.45%～3.00%（平均值2.74%），Cl含量为0.04%～0.13%（平均值为0.09%），SO_3含量为0.12%～0.17%（平均值为0.14%）（图4.11b～d）。铜绿山石英闪长岩中磷灰石CaO含量为54.57%～54.98%（平均值为54.22%），P_2O_5含量为41.05%～42.45%（平均值为41.65%）。磷灰石F、Cl和SO_3含量分别为2.35%～3.19%（平均值为2.69%）、0.17%～0.60%（平均值为0.40%）以及0.12%～0.24%（平均值为0.18%）（图4.11b～d）。

成铁岩体中磷灰石CaO、P_2O_5、F、Cl和SO_3含量变化较大（图4.11b～d）。灵乡闪长岩中磷灰石CaO和P_2O_5含量分别为53.62%～54.66%（平均值为54.83%）和40.20%～42.19%（平均值为41.10%），F含量为2.09%～3.07%（平均值为2.37%），Cl含量为0.53%～1.24%（平均值为0.91%），SO_3含量为0.14%～0.62%（平均值为0.33%）（图4.11b～d）。程潮铁矿床相关的岩浆岩（闪长岩和石英二长岩）中磷灰石CaO含量为53.56%～54.19%（平均值54.25%），P_2O_5含量为39.84%～42.02%（平均值41.22%）。这些磷灰石F含

第四章　岩浆岩和磷灰石-锆石地球化学特征

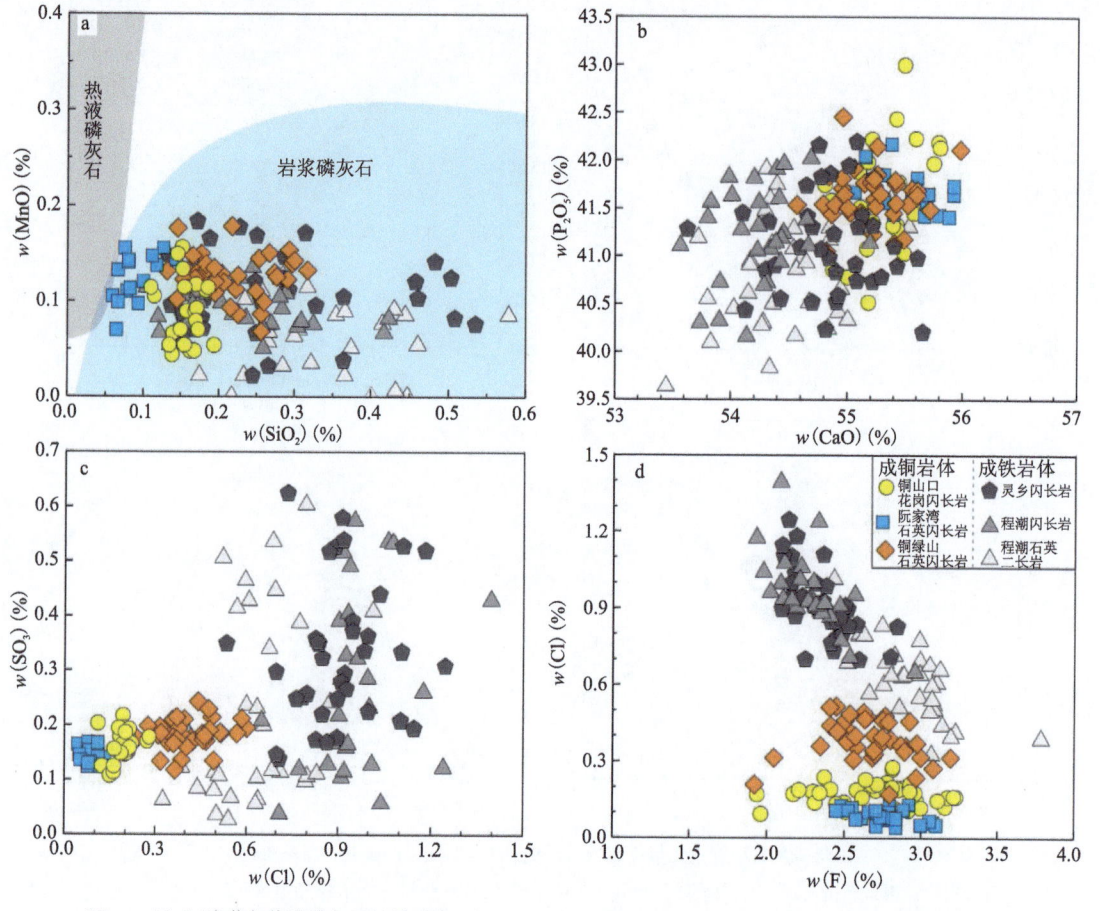

a. SO_2 vs. MnO(岩浆与热液磷灰石区域引自 Chen and Zhang,2018);b. CaO vs. P_2O_5;c. Cl vs. SO_3;d. F vs. Cl

图 4.11　鄂东矿集区成铜与成铁岩体中磷灰石元素变化二元图

量为 1.93%～3.22%(平均值为 2.28%),Cl 含量为 0.33%～1.39%(平均值为 0.96%),SO_3 含量为 0.03%～0.60%(平均值为 0.27%)(图 4.11b～d)。成铁岩体中磷灰石 Cl 和 SO_3 含量明显高于成铜矿岩体中磷灰石 Cl 和 SO_3 含量(图 4.11c),成铜岩体和成铁岩体中磷灰石 F 含量相近(图 4.11d)。

　　磷灰石化学分子式按照 Ketcham(2015)方法计算获得。Mn 主要以 Mn^{2+} 替代 Ca^{2+} 进入磷灰石(Pan and Fleet,2002),也可通过 $Mn^{3+} + Si^{4+} = Ca^{2+} + P^{5+}$ 进入磷灰石(Sha and Chappell,1999)。磷灰石中平均稀土元素含量与 Ce 含量比值为 2.3,用 2.3 * Ce 表示磷灰石中稀土元素配位数。磷灰石中 Ca 和 Si 与 2.3 * Ce 存在线性关系(图 4.12a),另外磷灰石 P+Ca 与磷灰石中 Si、Na、La、Ce 存在明显负相关关系,反映了以下元素替代:$REE^{3+} + SiO_4^{4-} = Ca^{2+} + PO_4^{3-}$;S 在磷灰石中替代机制包括:$SO_4^{2-} + SiO_4^{4-} = 2PO_4^{3-}$ (Parat et al.,2011)、$SO_4^{2-} + Na^+ = PO_4^{3-} + Ca^{2+}$ (Parat and Holtz,2004)、$SO_4^{2-} + SO_2 = 2PO_4^{3-}$ (Konecke et al.,2017)(图 4.12b、c)。两种成矿岩体中磷灰石都为氟磷灰石,它们氟含量及计算获得 OH 含量没有明显差别(图 4.12d)。

鄂东矿集区磷灰石-锆石-黄铁矿矿物学特征对成矿作用和找矿勘查的指示

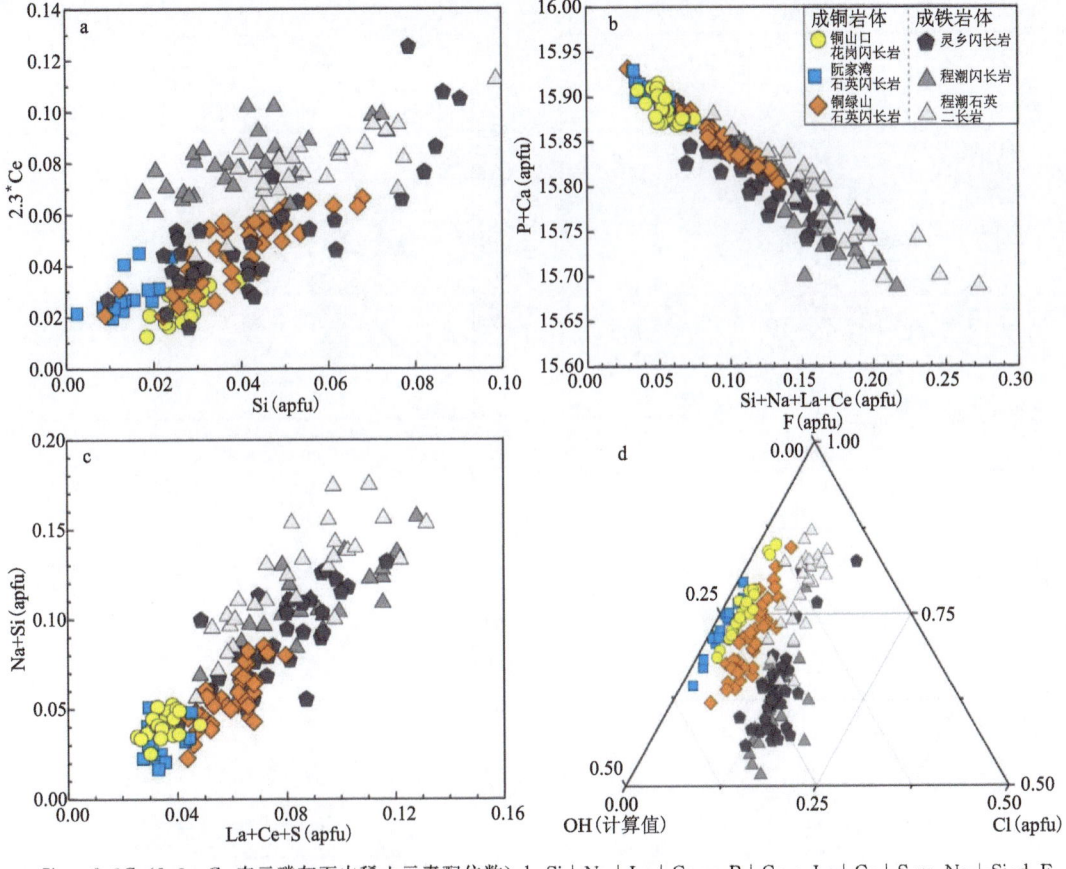

a. Si vs. 2.3Ce(2.3 * Ce 表示磷灰石中稀土元素配位数);b. Si+Na+La+Ce vs. P+Ca;c. La+Ce+S vs. Na+Si;d. F-Cl-OH 三角图解。磷灰石的化学分子式按照 Ketcham (2015)方法计算获得。apfu 指相对原子的百分比

图 4.12　鄂东矿集区成铜与成铁岩体中的磷灰石元素替代图解

　　成铜岩体中磷灰石总稀土含量变化较大,具有相近的球粒陨石标准化稀土元素模式图,表现出弱到中等 Eu 负异常(图 4.13)。铜矿化相关的铜山口花岗闪长岩、阮家湾石英闪长岩和铜绿山石英闪长岩中磷灰石稀土元素含量分别为 $2856 \times 10^{-6} \sim 3670 \times 10^{-6}$(平均值为 3287×10^{-6})、$3148 \times 10^{-6} \sim 5121 \times 10^{-6}$(平均值为 4526×10^{-6})和 $4788 \times 10^{-6} \sim 9129 \times 10^{-6}$(平均值为 6518×10^{-6})。铁矿化相关的灵乡闪长岩、程潮闪长岩和程潮石英二长岩中磷灰石具有相对高稀土元素含量特征,分别为 $4973 \times 10^{-6} \sim 14\ 516 \times 10^{-6}$(平均值为 7802×10^{-6})、$5111 \times 10^{-6} \sim 12\ 855 \times 10^{-6}$(平均值为 $10\ 278 \times 10^{-6}$)、$7331 \times 10^{-6} \sim 15\ 351 \times 10^{-6}$(平均值为 $13\ 082 \times 10^{-6}$)。成铜与成铁相关岩浆岩中磷灰石相对全岩表现出亏损大离子亲石元素(Rb、Ba)和高场强元素(Nb、Ta、Zr、Hf)特征(图 4.14)。成铜系列岩浆岩中磷灰石 Sr 含量为 $46 \times 10^{-6} \sim 1139 \times 10^{-6}$(平均值为 764×10^{-6}),Y 含量为 $161 \times 10^{-6} \sim 416 \times 10^{-6}$(平均值为 261×10^{-6}),Ce 含量为 $161 \times 10^{-6} \sim 416 \times 10^{-6}$(平均值为 261×10^{-6}),磷灰石 Sr/Y、La/Sm 和 Th/U 比值分别为 $1.16 \sim 4.71$、$3.13 \sim 21.24$、$2.24 \sim 3.94$(图 4.15a、b)。铁矿化相关的岩浆岩中磷灰石具有低 Sr 含量($216 \times 10^{-6} \sim 428 \times 10^{-6}$,平均值为 308×10^{-6})、高 Y 含量($278 \times 10^{-6} \sim 1944 \times 10^{-6}$,平均值为 945×10^{-6})特征,这些磷灰石的 Sr/Y、La/Sm 和 Th/U 比值分别为 $0.11 \sim 1.12$、$2.96 \sim 12.69$ 和 $1.39 \sim 7.14$(图 4.15a~c)。成铜与成铁岩体中磷灰石 Eu/Eu*

62

第四章　岩浆岩和磷灰石−锆石地球化学特征

与 Ga 含量存在线性关系,成铜岩体中磷灰石 Ga 含量为 $4.92\times10^{-6}\sim11.90\times10^{-6}$(平均值为 7.28×10^{-6}),成铁岩体中 Ga 含量为 $6.0\times10^{-6}\sim24.6\times10^{-6}$(平均值为 16.7×10^{-6})(图 4.15d)。成铜系列岩浆岩中磷灰石比成铁系列岩浆岩中磷灰石具有高 Eu/Eu^* 比值(图 4.15e、f)。铜山口花岗闪长岩、阮家湾石英闪长岩和铜绿山石英闪长岩中磷灰石 Eu/Eu^* 比值分别为 $0.68\sim0.77$(平均值为 0.73)、$0.61\sim0.67$(平均值为 0.64)、$0.40\sim0.61$(平均值为 0.48),Ce/Ce^* 比值分别为 $1.07\sim1.14$(平均值为 1.10)、$1.07\sim1.10$(平均值为 1.09)、$0.93\sim1.02$(平均值为 0.97)。灵乡闪长岩、程潮闪长岩和程潮石英二长岩中磷灰石 Eu/Eu^* 比值分别为 $0.21\sim0.38$(平均值为 0.28)、$0.16\sim0.27$(平均值为 0.21)、$0.17\sim0.36$(平均值为0.22),Ce/Ce^* 比值分别为 $0.97\sim1.09$(平均值为 1.03)、$1.03\sim1.10$(平均值为 1.07)、$1.01\sim1.09$(平均值为 1.06)(图 4.15e、f)。

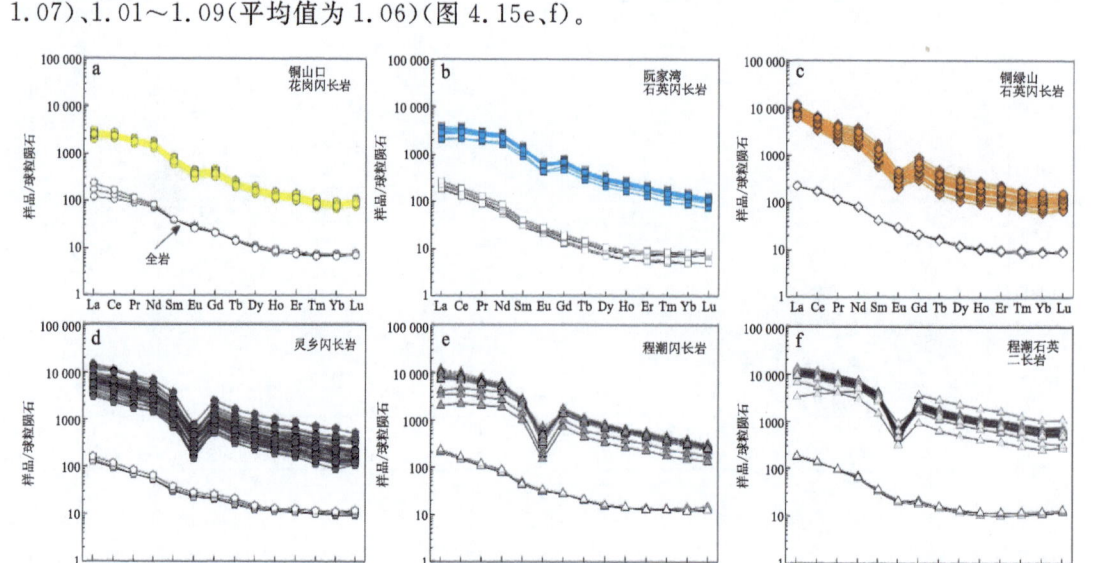

图 4.13　鄂东矿集区成铜与成铁岩体中磷灰石稀土元素标准化图解

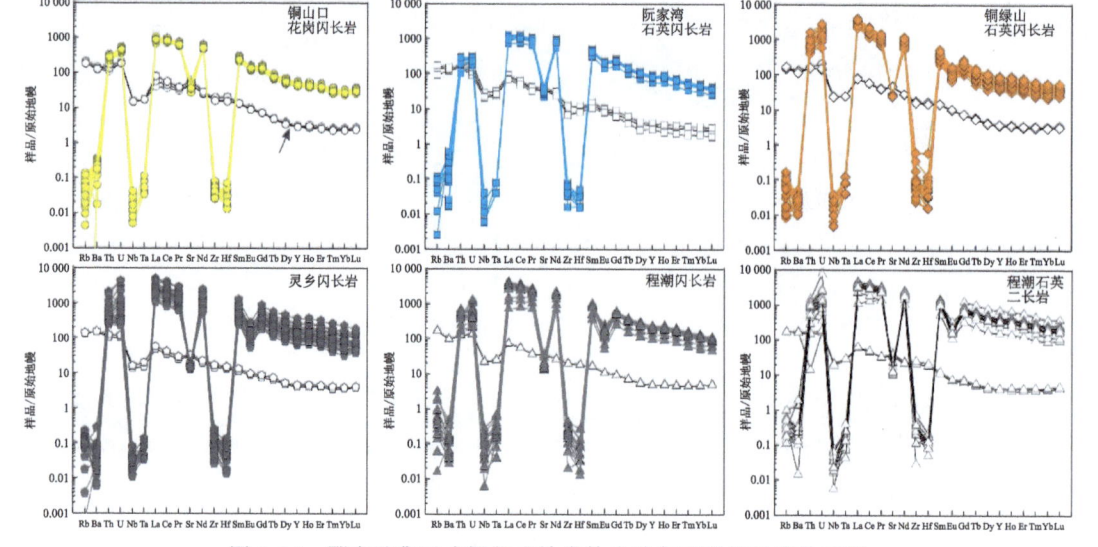

图 4.14　鄂东矿集区成铜与成铁岩体中磷灰石微量元素蛛网图

63

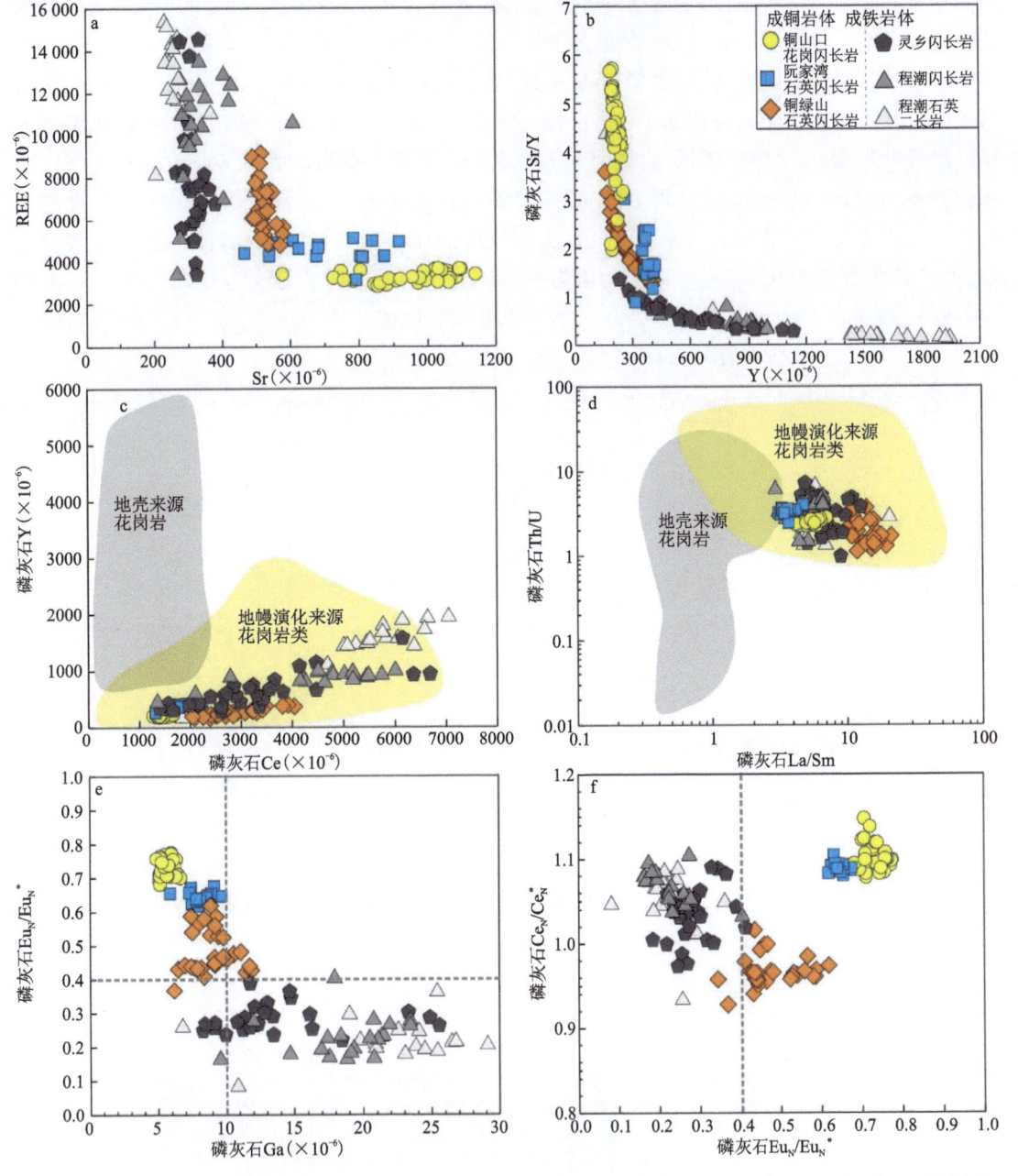

a. Sr vs. REE；b. Y vs. Sr/Y；c. Ce vs. Y；d. La/Sm vs. Th/U；e. Ga vs. Eu_N/Eu_N^*；f. Eu_N/Eu_N^* vs. Ce_N/Ce_N^*。c、d 图中地幔演化来源花岗岩类和地壳来源花岗岩区域引自 Laurent et al.，(2017)

图 4.15　鄂东矿集区成铜与成铁岩体中磷灰石微量元素二元图解

金牛盆地玄武岩中磷灰石主量元素和微量元素变化较小。CaO 和 P_2O_5 含量分别为 52.91%～54.78%（平均值为 54.60%）、39.04%～41.87%（平均值为 40.52%）。F、Cl 和 SO_3 含量分别为 2.59%～3.52%（平均值为 3.09%）、0.04%～0.39%（平均值为 0.22%）、0.01%～0.29%（平均值为 0.18%）。磷灰石稀土元素含量为 8495×10^{-6}～$17\ 623\times10^{-6}$，

第四章　岩浆岩和磷灰石-锆石地球化学特征

Sr 和 Y 元素含量分别为 $779 \times 10^{-6} \sim 987 \times 10^{-6}$（平均值为 898×10^{-6}）和 $819 \times 10^{-6} \sim 1696 \times 10^{-6}$（平均值为 1120×10^{-6}），Sr/Y 比值为 $0.58 \sim 1.05$，平均值为 0.84，Eu/Eu* 比值为 $0.51 \sim 0.60$，平均值为 0.57。

磷灰石初始 Sr 同位素（I_{Sr}）和 $\varepsilon_{Nd}(t)$ 同位素值通过包裹磷灰石岩浆岩中锆石 U-Pb 年龄获得（Wen et al.，2020；周润杰，2022）。成铜岩体中磷灰石颗粒具有均一的 Sr-Nd 同位素组成（图 4.16）。铜山口、阮家湾和铜绿山中磷灰石 ^{87}Sr/^{86}Sr 值分别为 $0.7059 \sim 0.7062$（平均值为 0.7060）、$0.7058 \sim 0.7060$（平均值为 0.7059）、$0.7055 \sim 0.7059$（平均值为 0.7057）。计算获取的 $(^{87}$Sr/^{86}Sr$)_t$ 值分别为 $0.7059 \sim 0.7061$（平均值为 0.7060）、$0.7058 \sim 0.7060$（平均值为 0.7059）、$0.7055 \sim 0.7059$（平均值为 0.7057）（图 4.16）。这些磷灰石 $\varepsilon_{Nd}(t)$ 值分别为 $-4.97 \sim -4.15$（平均值为 -4.13）、$-6.54 \sim -4.52$（平均值为 -6.02）及 $-7.12 \sim -4.98$（平均值为 -6.57）（图 4.16）。灵乡闪长岩、程潮闪长岩和程潮石英二长岩中磷灰石 ^{87}Sr/^{86}Sr 值变化较小，分别为 $0.7074 \sim 0.7082$（平均值为 0.7078）、$0.7076 \sim 0.7083$（平均值为 0.7079）、$0.7072 \sim 0.7075$（平均值为 0.7074），对应的 $(^{87}$Sr/^{86}Sr$)_t$ 值分别为 $0.7074 \sim 0.7082$（平均值为 0.7078）、$0.7076 \sim 0.7082$（平均值为 0.7079）、$0.7072 \sim 0.7075$（平均值为 0.7074）。灵乡闪长岩、程潮闪长岩和程潮石英二长岩中磷灰石 $\varepsilon_{Nd}(t)$ 值分别为 $-7.50 \sim -4.45$（平均值为 -6.39）、$-14.11 \sim -12.45$（平均值为 -13.23）、$-12.04 \sim -11.18$（平均值为 -11.57）（图 4.16）。

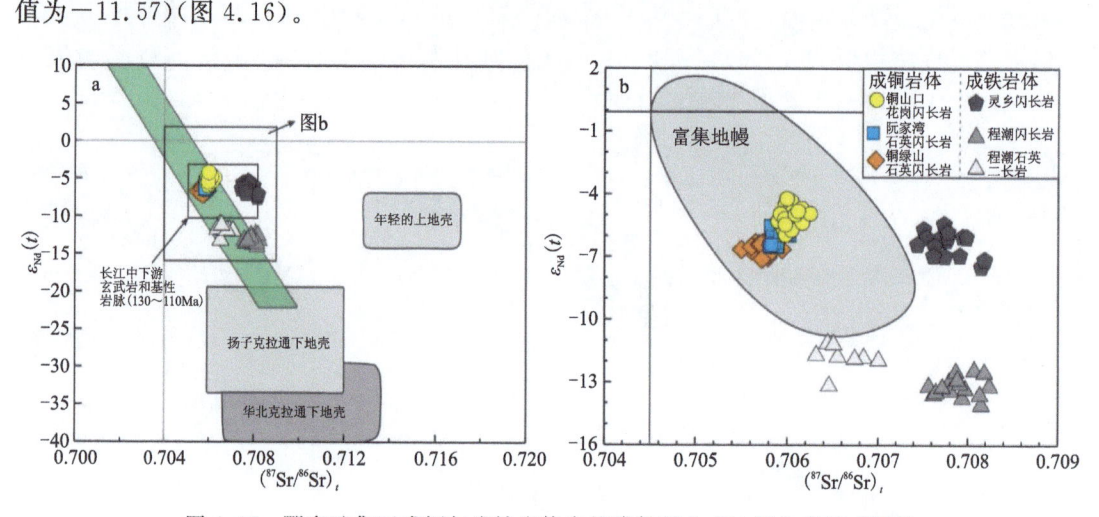

图 4.16　鄂东矿集区成铜与成铁岩体中的磷灰石 Sr-Nd 同位素组成图解

（年轻大陆上地壳数据引自 Taylor and McLennan，1985；扬子克拉通下地壳和华北克拉通下地壳引自 Jahn et al.，1999；长江中下游玄武岩和基性岩脉区域引自 Li et al.，2009）

锆石内部可能会包含一些细小的矿物包裹体（如磷灰石、榍石等），如果这些矿物包裹体被激光剥蚀区域覆盖，则分析数据不能用于对岩浆性质的讨论。Zou 等（2019）基于对 GEOROC 数据库中 7626 个数据的系统分析，认为锆石 La 大于 1×10^{-6} 数据反映了磷灰石等富轻稀土矿物的混染，应当予以剔除。Lu 等（2016）认为 Ti 大于 50×10^{-6} 的锆石数据反映了铁钛氧化物的混染。基于以上判断标准，本书对分析获取的锆石微量元素数据进行了系统筛选，排除混染有包裹体的锆石。

铜山口花岗闪长岩、阮家湾石英闪长岩和铜绿山石英闪长岩中稀土元素总量分别介于 $359\times10^{-6}\sim909\times10^{-6}$、$451\times10^{-6}\sim992\times10^{-6}$、$195\times10^{-6}\sim793\times10^{-6}$ 之间,平均值分别为 642×10^{-6}、764×10^{-6}、469×10^{-6}。灵乡闪长岩、程潮闪长岩和程潮石英二长岩中锆石稀土元素总量分别介于 $362\times10^{-6}\sim2913\times10^{-6}$、$788\times10^{-6}\sim2027\times10^{-6}$、$639\times10^{-6}\sim1710\times10^{-6}$ 之间,平均值分别为 966×10^{-6}、2027×10^{-6}、945×10^{-6}。球粒陨石标准化稀土模式图中,相对于成铁岩体,成铜岩体表现出更明显的 Ce 正异常和弱 Eu 负异常。成铜和成铁岩体中锆石都表现出相对亏损轻稀土,富集重稀土特征,表现出明显左倾的趋势(图 3.16、图 4.17b)。铜山口花岗闪长岩、阮家湾石英闪长岩和铜绿山石英闪长岩中锆石 Eu/Eu* 值为 $0.64\sim0.87$(平均值为 0.74)、$0.35\sim0.74$(平均值为 0.60)、$0.29\sim0.68$(平均值为 0.52),Dy/Yb、(Ce/Nd)/Y 和 10 000*(Eu/Eu*)/Y 比值分别为 $0.12\sim0.18$(平均值为 0.15)、$0.029\sim0.101$(平均值为 0.051)和 $6.80\sim18.23$(平均值为 10.6),$0.19\sim0.26$(平均值为 0.23)、$0.01\sim0.04$(平均值为 0.03)和 $4.2\sim10.7$(平均值为 6.2),$0.15\sim0.29$(平均值为 0.21)、$0.017\sim0.283$(平均值为 0.070)和 $4.70\sim28.95$(平均值为 10.39)(图 4.18a)。灵乡闪长岩、程潮闪长岩和程潮石英二长岩中锆石 Eu/Eu* 值为 $0.31\sim0.44$(平均值为 0.38)、$0.27\sim0.41$(平均值为 0.34)、$0.21\sim0.48$(平均值为 0.38),Dy/Yb、(Ce/Nd)/Y 和 10 000×(Eu/Eu*)/Y 比值分别为 $0.18\sim0.38$(平均值为 0.25)、$0.001\sim0.044$(平均值为 0.015)和 $0.95\sim8.42$(平均值为 3.92)、$0.24\sim0.37$(平均值为 0.32)、$0.001\sim0.011$(平均值为 0.002)和$0.67\sim3.11$(平均值为 1.29),$0.18\sim0.33$(平均值为 0.23)、$0.003\sim0.041$(平均值为 0.018)和 $1.31\sim4.86$(平均值为 3.32)(图 4.18a)。

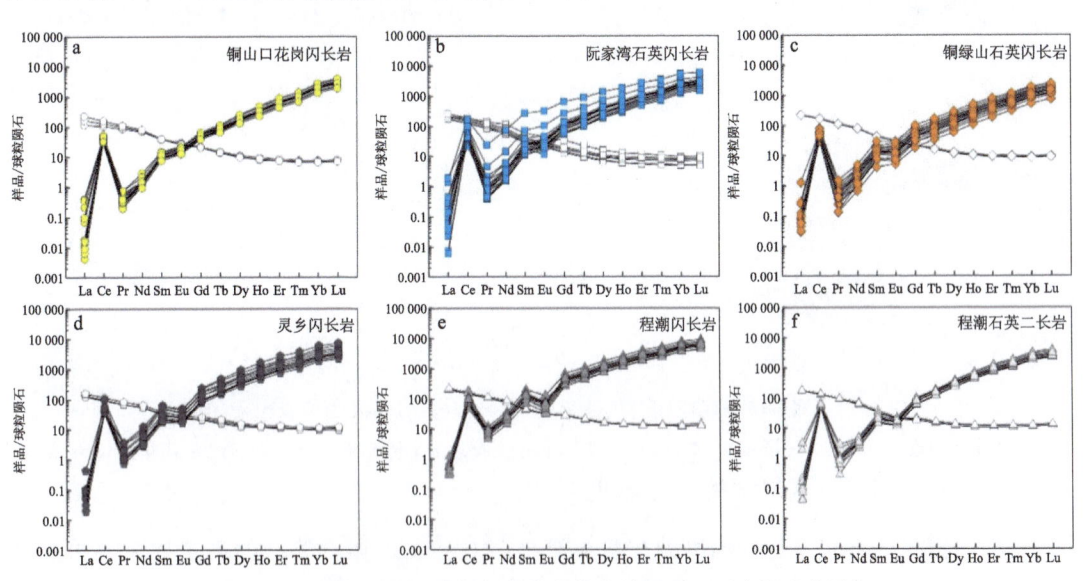

图 4.17　鄂东矿集区成铜与成铁岩体中锆石稀土元素标准化图解

锆石中 Ti 含量与温度有关,这是因为 Ti 主要通过置换 Si 进入锆石晶格,而这种晶格替代能力与温度密切相关。实验和计算结果表明,锆石中 Ti 含量与锆石结晶温度的倒数具有对数线性相关关系(Watson et al.,2006)。后续研究认为锆石中 Ti 含量随着结晶熔体中

第四章　岩浆岩和磷灰石-锆石地球化学特征

SiO_2含量增加而降低,因此修正了锆石 Ti 温度计计算公式(Ferry and Watson,2007)。根据岩浆岩镜下观察,成铜与成铁岩体均可观察到石英和榍石,但未见金红石,因此计算锆石温度的 SiO_2 活度为 1,TiO_2 的活度为 0.70。对于与铜有关的侵入岩,铜山口花岗闪长岩的锆石结晶温度为 570~700℃(平均值为 650℃),阮家湾石英闪长岩中锆石结晶温度介于 660~777℃之间(平均值为 696℃),铜绿山石英闪长岩锆石结晶温度为 630~810℃(平均值为 710℃)。成铁有关的侵入岩比成铜有关的岩浆岩具有更高的锆石结晶温度,灵乡闪长岩中锆石的结晶温度为 740~890℃(平均值为 810℃),程潮闪长岩中锆石的结晶温度为 720~840℃(平均值为 780℃),程潮石英二长岩中锆石的结晶温度为 740~840℃(平均值为 780℃)。这些岩浆岩中锆石的 Ti 温度与锆石中 Hf 含量存在一个明显的负相关关系(图 4.18b)。

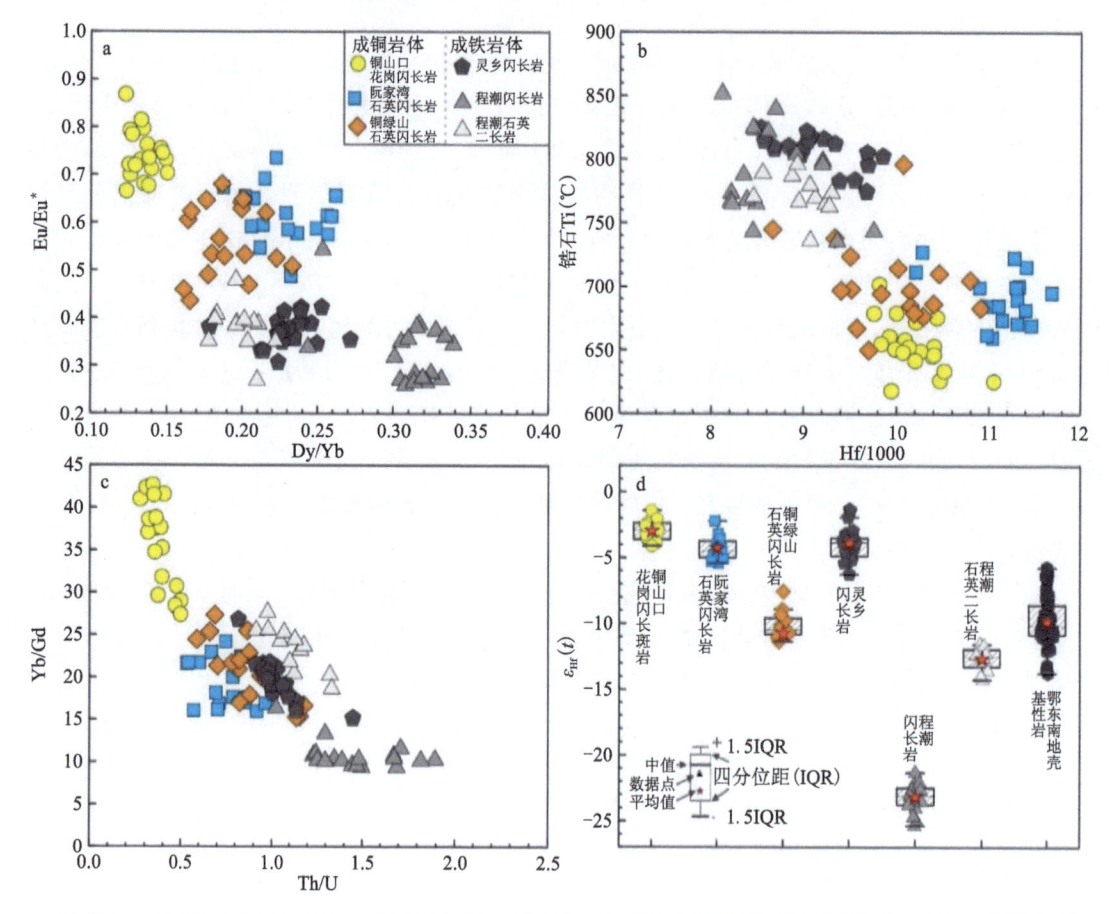

a. Dy/Yb vs. Eu/Eu*;b. Hf/1000 vs. 锆石 Ti 温度;c. Th/U vs. Yb/Gd;d. 锆石 Hf 同位素箱状图。铜山口、铜绿山、灵乡和程潮锆石 Hf 同位素数据引自 Wen et al.(2020);鄂东南基性岩浆岩锆石 Hf 同位素数据引自 Xie et al.(2011);Chu et al.(2020);Zhang et al.(2021)

图 4.18　鄂东矿集区成铜与成铁岩体中锆石微量元素二元图(a~c)和锆石 Hf 同位素箱状图(d)

锆石具有高的 Hf 含量和低的 Lu/Hf 比值,同时锆石极强的稳定性,使得锆石 Hf 同位素成为目前探讨地壳演化和示踪岩石源区的重要工具(吴福元等,2007)。铜山口岩株中锆石 Hf 同位素值范围为 −7.8~+1.4、阮家湾石英闪长岩中锆石 $\varepsilon_{Hf}(t)$ 值为 −4.4~−2.2,铜绿山岩株中锆石的 Hf 同位素值为 $-14.17\sim5.04$。成铁岩体中,灵乡闪长岩中锆石 Hf 同位素值为 $-9.87\sim-1.35$,程潮闪长岩和程潮石英二长岩中锆石 Hf 同位素值为 $-25\sim-21.3$ 和 $-14.2\sim-11.6$(图 4.18d)。

三、成铜与成铁岩体的磷灰石与锆石特征对比

通过对成铜与成铁岩体中磷灰石结构和元素化学分析,发现两种成矿岩体中磷灰石元素组成具有明显差异(图 4.7~图 4.16)。两种成矿岩体中磷灰石以自形六方柱状为主,大部分颗粒以矿物包裹体形式赋存在斜长石、角闪石和黑云母中。背散射图中,成铜与成铁岩体中磷灰石表现出均一结构特征,部分颗粒表现出弱环带特征。阴极发光下,两种成矿岩体中磷灰石表现出震荡环带特征。

主量元素方面,相比成铜岩体中的磷灰石,成铁岩浆岩中磷灰石具有更高的 CaO、P_2O_5、SO_3 和 Cl 含量特征。成铁岩体中磷灰石元素替代普遍比成铜岩体中磷灰石元素替代明显。在磷灰石稀土元素标准化图解中,两种成矿岩体中磷灰石表现出与全岩相似的特征,成铁岩体中磷灰石具有更明显铈负异常值,而成铜岩体中磷灰石具有更加明显的轻重稀土分异特征。成铜与成铁系列岩浆岩磷灰石地幔标准化分配模式图中,磷灰石表现出亏损大离子亲石元素和高场强元素特征,这些特征指示了富集地幔源区,与磷灰石 Sr-Nd 同位素表现出的源区相近,但成铁岩体中磷灰石 Sr-Nd 同位素变化更大。成铜系列磷灰石比成铁系列磷灰石具有高 Sr 元素含量、低 Ga 和 Y 元素含量,以及高 Sr/Y、Eu/Eu* 比值特征。这些磷灰石主微量元素和同位素标志能够有效区分鄂东矿集区成铜和成铁岩体。锆石也是中酸性岩浆岩中常见的副矿物,能够有效抵抗热液蚀变和后期风化作用,锆石中微量元素组分与共存岩浆体系中元素组成密切相关。接下来将对比成铜与成铁岩体中锆石地球化学特征,进一步讨论成铜与成铁岩体中这些锆石化学组成的差异。

锆石地球化学特征表明鄂东矿集区成铜与成铁岩体中锆石微量元素存在明显区别(图 4.17、图 4.18)。锆石稀土元素标准化图解中,两种成矿岩体中锆石表现出相近的右倾趋势,但成铁岩体中锆石具有更高稀土元素含量和负铈异常特征。相比成铁岩体中锆石,成铜岩体中锆石具有高 Hf 含量和 Ce/Ce*、Yb/Gd、Ce/Sm、(Ce/Nd)/Y 和 $10\,000\times(Eu/Eu^*)/Y$ 比值,及低 Dy/Yb 比值和 Ti 含量特征。成铜与成铁岩体中锆石 Hf 同位素特征表明成矿岩体来源于富集地幔源区,但成铁岩体中锆石 Hf 同位素变化更大。这些岩浆岩中锆石地球化学标志能够快速区分该区成铜与成铁岩体。

第三节　对岩浆岩成矿差异性的指示

鄂东矿集区早白垩世中—酸性侵入岩非常发育,主要岩性为闪长岩-石英闪长岩-花岗岩系列,这些岩浆岩元素组成和同位素特征相近,却形成了矽卡岩型铁矿床、矽卡岩型铜多金属矿床等不同矿床类型。在收集前人研究成果的基础上,结合鄂东矿集区矽卡岩型铜多金属矿床、矽卡岩型铁矿床成矿岩浆岩全岩和矿物地球化学组成,本书讨论不同成矿岩浆源区、氧逸度、挥发分和岩浆演化过程差异,在此基础上评估这些差异对成矿作用的影响,探讨该矿集区

第四章 岩浆岩和磷灰石–锆石地球化学特征

岩浆岩成矿差异性的主要控制因素。

一、岩浆源区特征

磷灰石具有高 Sr-Nd 元素含量同时基本不含 Rb 元素,对磷灰石进行微区 Sr-Nd 同位素分析,能够为磷灰石形成过程中的地质作用提供重要信息(侯可军等,2013;Sun et al.,2019;Zhang et al.,2020;Cao et al.,2021;Sun et al.,2021)。锆石中极低的 Lu 含量便可以获得锆石形成时准确的 Hf 同位素组成,锆石具有较强的稳定性使 Hf 同位素值受到后期地质事件影响较小,因此锆石是目前是探讨地壳演化和示踪岩石源区的重要工具(Griffin et al.,2006;吴福元等,2007)。

鄂东矿集区成铜和成铁岩体中磷灰石$(^{87}Sr/^{86}Sr)_t$和 $\varepsilon_{Nd}(t)$ 值分别为 0.705 5~0.708 5 和−15~−5,这些 Sr-Nd 同位素值与前人发表的成矿岩浆岩 Sr-Nd 同位素值一致(图 4.12、图 4.16)。成铜与成铁岩体中锆石 Hf 同位素组成为−26~−1(图 4.18d),与扬子克拉通太古宙基底$[\varepsilon_{Hf}(t)=-70.8~-61.8]$(Zhang et al.,2006;Xie et al.,2011)有显著差异。这些成矿岩体中磷灰石 Sr-Nd 同位素和锆石 Hf 同位素组成与扬子克拉通太古宙地壳存在显著差异,可以排除这些成矿岩体来源于古老地壳的直接熔融。另外,铜山口花岗闪长斑岩、阮家湾石英闪长岩、铜绿山石英闪长岩中磷灰石 $\varepsilon_{Nd}(t)$ 值分别为−6~−4、−7~−5、−7~−6,这些磷灰石 Nd 同位素组成与鄂东矿集区及所在的整个长江中下游成矿带上同期玄武岩和基性脉岩 Nd 同位素值一致$[\varepsilon_{Nd}(t)=-10~-3]$。铜山口花岗闪长斑岩、阮家湾石英闪长岩、铜绿山石英闪长岩中锆石 Hf 同位素值分别为−4.1~−1.4、−5.5~−3.5、−11.3~−7.6,锆石Hf 同位素组成与该区早白垩世玄武岩和基性脉岩中锆石组成具有相近特征$[\varepsilon_{Hf}(t)=-11.9~-1.2]$(图 4.18d)。成铜岩体中磷灰石 $\varepsilon_{Nd}(t)$ 和锆石 $\varepsilon_{Hf}(t)$ 组成表明,这些成矿岩浆起源于富集地幔源区。另外,这些铜矿化相关的岩体 $\varepsilon_{Nd}(t)$ 和$(^{87}Sr/^{86}Sr)_t$分别为−3.4~−7.7、0.705 5~0.706 9,与同期的玄武岩和基性脉岩一致,但与扬子克拉通下地壳有明显的差异。全岩和磷灰石 Sr-Nd 同位素组成以及锆石 Hf 同位素组成表明铜矿化相关的花岗岩类岩石起源于富集岩石圈地幔。

灵乡闪长岩中磷灰石 $\varepsilon_{Nd}(t)$ 值和锆石 $\varepsilon_{Hf}(t)$ 值分别为−8~−5 和−6.3~1.4,这些磷灰石 Nd 同位素和锆石 Hf 同位素组成与成铜岩体铜山口花岗闪长斑岩、阮家湾石英闪长岩、铜绿山石英闪长岩中 Nd 同位素和 Hf 同位素组成相近(图 4.12、图 4.16、图 4.18d、图 5.19),表明灵乡闪长岩岩浆源区与这些成铜岩体相似,混染了少部分下地壳物质。程潮铁矿相关闪长岩和石英二长岩中磷灰石 $\varepsilon_{Nd}(t)$ 值为−15~−9,锆石 $\varepsilon_{Hf}(t)$ 值分别为−23.3~−11.6,表明这些成矿岩浆虽然也起源于富集的岩石圈地幔,但是在岩浆演化过程中有更多下地壳物质加入。铁矿化相关的灵乡闪长岩、程潮闪长岩和石英二长岩中磷灰石比铜矿化相关的铜山口花岗闪长斑岩、阮家湾石英闪长岩和铜绿山石英闪长岩中磷灰石具有更高$(^{87}Sr/^{86}Sr)_t$组成(图 4.16),表明这些成铁岩体中有富集放射性 Sr 同位素组分的加入。该矿集区矽卡岩型铁矿床主要赋存围岩为富含硬石膏层中三叠统嘉陵江组,该地层具有高锶含量(平均 Sr 含量为2332×10^{-6},李朋等,2014),及高$(^{87}Sr/^{86}Sr)_t$值特征。因此该区矽卡岩型铁矿床中相关的岩浆岩相对高 Sr 同位素组成,可能源于岩浆侵入过程中与含硬石膏嘉陵江组同化混染作用。

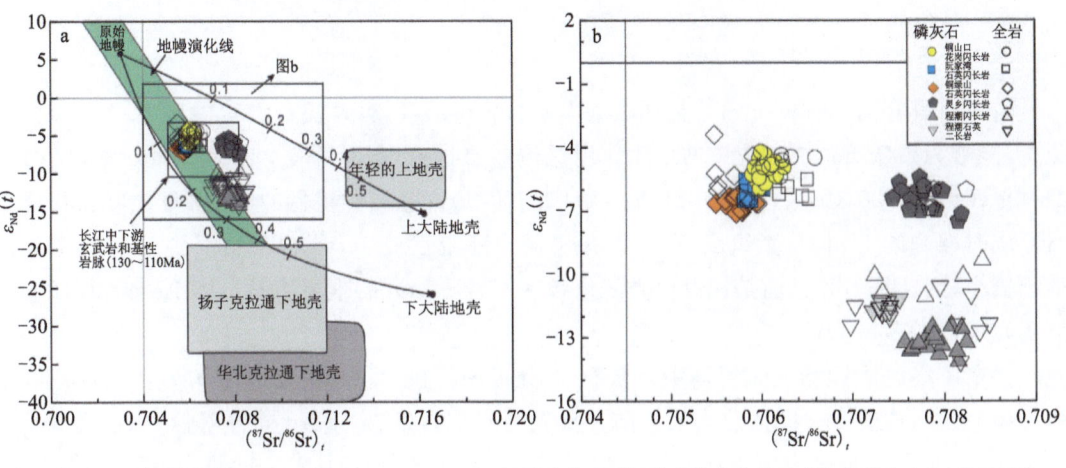

年轻大陆上地壳数据引自 Taylor 和 McLennan（1985）；扬子克拉通下地壳和华北克拉通下地壳引自 Jahn 等（1999）。混合双曲线是通过下大陆地壳和上大陆地壳（Rollinson，1993；Rudnick，1995）与 N-MORB（Rollinson，1993；Sun and McDonough，1989）混染来进行模拟。

图 4.19　鄂东矿集区成矿岩体和磷灰石 Sr-Nd 同位素组成

　　成铜与成铁岩体中磷灰石 Sr-Nd 同位素和锆石 Hf 同位素组成表明这些成矿岩体起源于富集岩石圈地幔。相比铜山口花岗闪长斑岩、阮家湾石英闪长岩、铜绿山石英闪长岩以及灵乡闪长岩，程潮闪长岩和石英二长岩具有更多的下地壳物质加入特征。铁矿化相关的岩浆岩（灵乡闪长岩、程潮闪长岩和石英二长岩）比铜矿化相关的岩体具有混染更多上地壳物质特征。需要注意的是本区灵乡闪长岩磷灰石 Nd 同位素组成、锆石 Hf 同位素组成与成铜岩体中磷灰石 Nd 同位素、锆石 Hf 同位素组成相近，这些岩浆岩都来源于富集岩石圈地幔，混染小比例下地壳物质。因此，鄂东矿集区这种富集地幔岩浆源区混染不同比例下地壳物质不是该区岩浆岩成矿差异性的主要原因。笔者认为鄂东矿集区成铜与成铁岩体起源于富集岩石圈地幔，在岩浆演化过程中发生了不同程度的地壳混染。

二、岩浆氧逸度特征及控制因素

（一）成铁与成铜岩体的岩浆氧逸度特征对比

　　氧逸度在岩浆-热液过程中对硫元素价态具有重要控制作用，在这种岩浆热液体系中硫价态对亲铜元素富集成矿具有重要影响（Lee et al.，2005；Wang et al.，2014）。熔体分配亲铜元素（Cu、Mo、Au）能力受控于熔体中硫化物的稳定性，而硫化物则受控于熔体氧化还原条件（Jenner et al.，2010；Richards，2015）。岩浆氧化还原状态对熔体中硫价态有显著影响，岩浆中不同硫价态对 Cu-Au 等金属元素络合能力有显著差别（Rye，2005；Chambefort et al.，2008；Loucks，2014）。氧化条件下，熔体中硫主要以硫酸盐（SO_4^{2-}）形式存在，此时熔体不会产生大量硫化物相，或者延迟熔体中硫化物饱和时间（Richards，2015）。这是由于硅酸盐熔体与硫酸盐相容性要显著高于硅酸盐熔体与硫化物之间的相容性。因此在岩浆演化过程中，硫

第四章　岩浆岩和磷灰石-锆石地球化学特征

化物相会在岩浆演化早期与硅酸盐相分离,从而使硫化物中的亲铜元素与硅酸盐熔体分离,进而使这种硅酸盐熔体中亲铜元素含量降低,不利于后期岩浆-热液阶段金属元素富集出溶沉淀成矿。实验岩石学表明,在安山质-流纹质熔体中,硫运载亲铜元素的能力随岩浆氧逸度升高而加强(Jugo et al.,2005;Botcharnikov et al.,2011)。在斑岩型铜矿床的成矿岩浆中(氧逸度在 ΔFMQ＋2 左右),岩浆中 90%~99%硫都是以硫酸盐形式存在于熔体中(Field et al.,2005;Rye,2005)。这种高氧逸度特征使熔体中硫化物相大部分转化为硫酸盐相,从而使亲铜元素主要与硫酸盐络合赋存在硅酸盐熔体中,阻止亲铜元素大规模进入硫化物中进而与硅酸盐熔体分离(Carroll and Rutherford,1985;Richards,2015)。亲铜元素主要赋存于氧化性熔体中,这些成矿元素与硫酸根离子络合赋存于硅酸盐熔体中,并在岩浆演化阶段逐渐富集,岩浆演化后期随着流体出溶,这些成矿元素随着热液流体迁移在有利的空间构造位置沉淀成矿(Sillitoe,2010;Wilkinson et al.,2013)。

利用锆石、磷灰石等矿物中变价元素含量差异指示成铜与成铁岩浆氧逸度特征,及这些成矿岩浆演化过程中的氧逸度变化。根据两种矿物变价元素对成矿岩浆氧逸度的指示,进一步了解影响这些矿物氧逸度指示标志的主要因素。

对熔体中结晶锆石 Eu、Ce 变价元素分析能够有效指示熔体氧化还原程度(Ballard et al.,2002;Burnham and Berry,2012)。相比于其他三价稀土元素和 Ce^{3+} 离子,Ce^{4+} 与 Zr^{4+} 离子半径更为相近,更易分配进入锆石晶格中。因此氧化性熔体中结晶锆石比在还原性熔体中结晶锆石具有更高的 Ce 异常(Ce/Ce*)和 Ce^{4+}/Ce^{3+} 比值(Ballard et al.,2002;Zhong et al.,2019)。锆石 Eu/Eu* 比值也可以作为岩浆氧逸度的指示,因为 Eu^{3+} 比 Eu^{2+} 更容易分配进入到锆石晶格中。因此,锆石低 Eu/Eu* 值可能反映了相对还原的条件。然而,锆石这种 Eu/Eu* 比值对岩浆氧逸度的指示会受到早期矿物结晶影响。例如,熔体斜长石分异导致残余熔体中铕含量降低,从而使结晶的锆石表现出负异常特征(Wang et al.,2014;Lu et al.,2016)。因此锆石 Eu/Eu* 值提供一个氧逸度指标选项,但没有锆石 Ce/Ce* 和 Ce^{4+}/Ce^{3+} 比值指示氧逸度明确。尽管锆石 Ce/Ce*、Ce^{4+}/Ce^{3+} 以及 Eu/Eu* 变化范围较大,但从铜矿化岩体铜山口花岗闪长岩、阮家湾石英闪长岩、铜绿山石英闪长岩到铁矿化岩体灵乡闪长岩、程潮闪长岩和石英二长岩中的锆石存在逐渐降低趋势(图 4.18a、图 4.20a)。这种锆石变化趋势反映了结晶熔体中氧逸度逐渐降低趋势。铜矿化相关的岩浆岩中锆石具有高 Ce/Ce*、Ce^{4+}/Ce^{3+} 以及 Eu/Eu* 比值表明其具有相对氧化特征。

Loucks 等(2020)基于锆石微量元素提出一个新的计算锆石结晶的熔体中氧逸度公式:

$$\log f\mathrm{O}_{2(样品)} - \log f\mathrm{O}_{2(\Delta\mathrm{FMQ})} = 3.998(\pm0.124)\times\log[\mathrm{Ce}/\mathrm{sqrt}(\mathrm{U}_i\times\mathrm{Ti})] + 2.284(\pm0.101)$$

式中,Ce、Ti 和 U_i 为锆石中 Ce、Ti 和起始 U 含量。

利用 Loucks 等(2020)计算方法,铜山口花岗闪长岩、阮家湾石英闪长岩和铜绿山石英闪长岩中锆石计算的岩浆氧逸度值分别为 ΔFMQ＋0.83~ΔFMQ＋2.76(平均值为 ΔFMQ＋2.28)、ΔFMQ＋1.07~ΔFMQ＋2.88(平均值为 ΔFMQ＋2.02)、ΔFMQ＋1.34~ΔFMQ＋2.32(平均值为 ΔFMQ＋2.10),近似于世界上成斑岩铜矿平均氧逸度值 ΔFMQ＋2(Richards,2015)。这种氧化性特征也与中亚造山带、智利北部、青藏高原东部和我国东部成铜矿岩浆氧逸度相近(Ballard et al.,2002;Wang et al.,2014;Zhang et al.,2017;Zhong et al.,

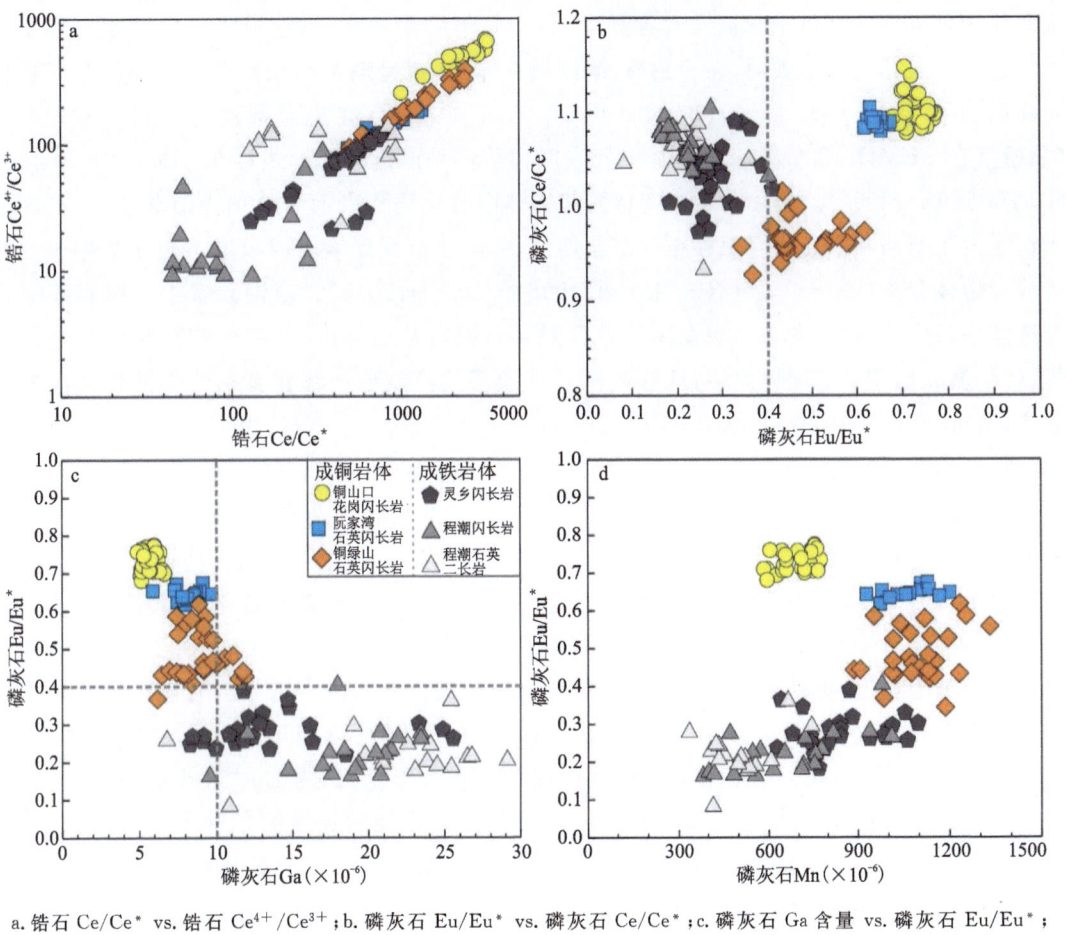

a. 锆石 Ce/Ce* vs. 锆石 Ce⁴⁺/Ce³⁺；b. 磷灰石 Eu/Eu* vs. 磷灰石 Ce/Ce*；c. 磷灰石 Ga 含量 vs. 磷灰石 Eu/Eu*；
d. 磷灰石 Mn 含量 vs. 磷灰石 Eu/Eu*

图 4.20　鄂东矿集区成铜与成铁岩体中锆石和磷灰石元素组成对岩浆氧逸度的指示

2019）。相反,铁矿化相关的灵乡闪长岩和程潮闪长岩及石英二长岩具有低氧逸度特征。这些成铁岩体中锆石计算获取的岩浆氧逸度变化较大,灵乡闪长岩、程潮闪长岩和石英二长岩对应的岩浆氧逸度值分别为 $\Delta FMQ+0.62 \sim \Delta FMQ+1.76$（平均值为 $\Delta FMQ+1.00$）、$\Delta FMQ+0.52 \sim \Delta FMQ+2.15$（平均值为 $\Delta FMQ+1.34$）、$\Delta FMQ-1.11 \sim \Delta FMQ+2.28$（平均值为 $\Delta FMQ+1.76$）。鄂东矿集区铜矿化相关的岩浆比铁矿化相关的岩浆具有高氧逸度特征,与全岩样品研究发现成铜岩浆岩比成铁岩浆岩具有高 $Fe_2O_3/(Fe_2O_3+FeO)$ 比值一致（Meinert et al.，2005）。

磷灰石中存在不同的变价元素,例如 $Eu（Eu^{2+}、Eu^{3+}）、Ce（Ce^{3+}、Ce^{4+}）、Ga（Ga^{2+}、Ga^{3+}）、Mn（Mn^{2+}、Mn^{3+}、Mn^{4+}、Mn^{5+}）$ 和 $S（S^{2-}、S^{4+}、S^{6+}）$,利用这些变价元素的含量可以估算岩浆结晶时的氧逸度（Smythe et al.，2015；Konecke et al.，2017；Xing et al.，2020）。氧化条件下,熔体中 $Eu^{3+}、Ce^{4+}、Ga^{3+}$ 和 Mn^{5+} 增加,而 $Eu^{2+}、Ce^{3+}、Ga^{2+}$ 和 Mn^{2+} 降低,$Eu^{3+}、Ce^{3+}$ 和 Ga^{2+} 离子半径与 Ca^{2+} 相近,容易与 Ca^{2+} 发生替代进入磷灰石晶格。如果岩浆组分、温度

第四章　岩浆岩和磷灰石-锆石地球化学特征

和压力等属性相近,那么在氧化性岩浆中结晶的磷灰石比在还原熔体中结晶的磷灰石具有更高 Eu 含量和低 Ce、Ga 元素含量特征(Cao et al.,2012;Chen et al.,2018;Xing et al.,2020)。在磷灰石中 Ca^{2+} 有七配位($^{Ⅶ}Ca^{2+}$)和九配位($^{Ⅸ}Ca^{2+}$)两种形式(Sha et al.,1997;Cao et al.,2012)。Ce^{3+} 通常对七配位或者是九配位钙离子进行替代,而 Ce^{4+} 只有偶数配位(六配位、八配位、十配位和十二配位),没有任何基数配位(Shannon et al.,1997)。因此,大部分 Ce 元素进入磷灰石中主要以 Ce^{3+} 为主,受熔体氧逸度影响较小(Cao et al.,2012)。因此,鄂东矿集区成铜和成铁岩体中磷灰石 Ce/Ce^* 差异较小并不能说明这些成矿岩浆氧逸度差异较小(图 4.20b)。相比于 Eu^{2+} 离子,磷灰石更容易分配进入 Eu^{3+} 离子,因为 Eu^{3+} 离子半径与两种配位 Ca^{2+} 都很相近(Cao et al.,2012),相对于 Ce 异常,磷灰石中 Eu 异常更能反映岩浆氧逸度特征。磷灰石中单一元素含量变化受控于岩浆 P-T-fO_2 等属性及矿物分异作用。斜长石分异会导致残余岩浆 Eu 含量降低(Smythe et al.,2015)。多种元素组合,例如 Eu/Eu^*、Mn、Ga 等可以更好地指示氧逸度变化特征(Cao et al.,2012;Pan et al.,2016)。

鄂东矿集区铜矿化相关的铜山口花岗闪长岩、阮家湾、铜绿山石英闪长岩中磷灰石 Eu/Eu^* 比值高于铁矿化相关的岩浆岩(图 4.20c)。磷灰石 Eu/Eu^* 比值会受到早期矿物结晶分异作用影响,例如熔体中斜长石分异会导致熔体中 Eu 含量降低,使残余熔体中结晶矿物表现出负销异常特征(Smythe et al.,2015),因此 Eu/Eu^* 比值不能完全归于氧逸度影响。Ga^{2+} 与 Ca^{2+} 离子半径更为接近,因此 Ga^{2+} 相对于 Ga^{3+} 更容易分配进入磷灰石。磷灰石 Ga 含量在其他条件一致的情况下(例如岩浆组分、温度、压力等),氧逸度增加会导致结晶磷灰石中 Ga 含量降低,所以磷灰石 Eu/Eu^*-Ga 二元图可以指示岩浆氧逸度特征。成矿岩体中磷灰石 Ga 元素含量与 Eu/Eu^* 存在负相关性,成铜岩体中磷灰石具有比成铁岩体中磷灰石低 Ga 含量特征,表明铜矿化岩浆比铁矿化岩浆具有更高氧逸度特征(图 4.20c)。另外,成铜岩体中磷灰石包裹有岩浆硬石膏,也表明磷灰石结晶时相对氧化的特征(图 4.7b)。这些特征与通过锆石指示铜矿化岩浆比铁矿化岩浆具有更高的氧逸度特征一致。前人研究表明尽管磷灰石 Mn 含量可以作为氧逸度指示,但是磷灰石中 Mn 含量受熔体结晶温度影响较大,同时熔体组分以及含锰矿物的存在与否也影响着磷灰石中 Mn 元素含量(Marks et al.,2016)。因此,对磷灰石中 Mn 含量指示岩浆氧逸度特征不可控因素较多,鄂东矿集区成铜与成铁岩体磷灰石中 Mn 含量相差不大(图 4.20d),该区成矿岩浆中组分或温度等因素对磷灰石中 Mn 含量影响较大,而岩浆氧逸度特征对磷灰石 Mn 含量影响可能被这些因素所覆盖。

结合锆石和磷灰石指示氧逸度的特征,认为在岩浆演化早期铜矿化相关的岩浆比铁矿化相关的岩浆具有更加氧化的特征。

(二)成矿岩浆氧逸度差异控制因素

岩浆氧逸度控制因素主要集中于斑岩型铜矿床成矿岩浆研究。斑岩型铜矿床成矿岩浆一般由成熟岛弧或者陆缘弧等加厚岩浆弧(>45km)演化而来(Lee et al.,2012,2020)。这些弧岩浆通常具有高氧逸度特征,现阶段研究认为控制这种高氧逸度特征的因素主要来源于地幔源区、岩浆演化或者岩浆去气作用过程(Mungall 2002;Sun et al.,2011;Dilles et al.,2015;Tang et al.,2018;Lee et al.,2020)。但是哪个因素主要控制了弧岩浆高氧逸度特征还一直存在争论。熔体包裹体中铁和硫氧化还原状态显示俯冲板片中流体具有高氧逸度特征,表明起始弧岩浆主要为氧化性特征(Carmichael et al.,1991;Kelley et al.,2009)。但玄武岩中微量元素对氧化还原状态指示及铁同位素证据表明原始弧岩浆并不具有氧化性特征,这种氧化性特征是通过岩浆演化及喷发过程导致的(Dauphas et al.,2009;Lee et al.,2010;Dilles et al.,2015)。

前文讨论表明鄂东矿集区成铜与成铁岩浆都起源于富集岩石圈地幔(图4.12、图4.16、图4.19),因此笔者认为源区控制铜矿化和铁矿化相关的岩浆氧逸度差异因素可以排除。尽管岩浆脱气作用会导致熔体氧逸度升高(Dilles et al.,2015),但鄂东矿集区成铜岩体主要形成于135~150Ma之间,以岩浆侵入为主,岩浆去气作用并不明显。相反鄂东矿集区在125~135Ma之间伴随着岩浆侵入结束,随之形成大规模火山喷发作用,但同时期形成的成铁岩浆氧逸度相对还原。笔者认为岩浆去气作用也不是控制该矿集区成铜与成铁岩浆氧逸度差异的主要原因。因此,岩浆演化过程对鄂东矿集区成铜和成铁相关的岩浆氧逸度可能有关键影响。

鄂东矿集区成矿岩体中磷灰石 Eu/Eu^* 比值与全岩$(Dy/Yb)_N$比值存在正相关性,而与全岩 SiO_2 含量以及铝饱和指数(ASI)没有明显关系(图4.21a~c)。另外,锆石 Eu/Eu^*、Ce^{4+}/Ce^{3+} 和 Ce/Ce^* 也与全岩$(Dy/Yb)_N$比值存在很好的相关性(图4.21d~l)。这些特征表明成矿岩浆氧逸度特征并不受控于 SiO_2 分异指数和岩浆组分,而与$(Dy/Yb)_N$比值存在联系。全岩$(Dy/Yb)_N$比值与全岩 Eu/Eu^* 和 Sr/Y 以及$(La/Yb)_N$存在明显相关性(图4.22a、d、e),而后者主要为埃达克质岩特征(Defant and Drummond 1990;Li et al.,2008)。全岩 Eu/Eu^*、Sr/Y 及$(La/Yb)_N$比值与岩浆中 SiO_2 含量或铝饱和指数没有明显相关性(图4.22a~c)。

Green 和 Ringwood(1968)首次提出钙碱性岩浆与石榴石分异之间的关系,岩浆岩中$(Dy/Yb)_N$比值能够示踪岩浆演化过程中石榴石分异作用(Davidson et al.,2007)。前人研究表明,石榴石主要为高压条件下结晶矿物,而磁铁矿则主要在低压条件下结晶,高压条件会抑制磁铁矿结晶(Tang et al.,2018)。鄂东矿集区成铜岩体中 TFeO 含量与全岩$(Dy/Yb)_N$比值存在明显负相关性,而成铁岩体则与全岩$(Dy/Yb)_N$比值存在明显正相关性(图4.22f)。这表明在壳内演化过程中,成铜岩浆在深部以分异石榴石为主,而成铁岩浆则很少发生石榴石的分异作用。成铜和成铁岩体 SiO_2 含量与 TFeO 存在线性关系,表明在岩浆演化晚期存在磁铁矿分离结晶(图4.8a)。因此成铜与成铁岩浆氧逸度差异主要来源于壳内岩浆演化过程,成铜岩体深部岩浆演化过程中发生了石榴石分异作用,而成铁岩体在岩浆演化过程中石榴石分异作用特征不明显。近年来一些研究表明,石榴石分异是导致弧岩浆形成高氧逸度特征的主要原因(Chiaradia et al.,2014;Tang et al.,2018;Lee et al.,2020)。弧岩浆分异的石榴石为铁铝榴石,主要富集 Fe^{2+} 而不是 Fe^{3+},石榴石分异导致残余岩浆 Fe^{3+}/Fe^{2+} 比例增加(Tang et al.,2018;Tang et al.,2019;Lee et al.,2020),因此残余岩浆逐渐氧化。这些富石榴石堆晶体相对密度大,会拆沉进入地幔中(Zhang et al.,2013;Tang et al.,2018)。这种壳内岩浆自氧化过程形成的残余氧化性岩浆虽然亲铜元素并不富集,甚至相对原始岩浆是亏损的,但是这些残余岩浆的岩浆房在随后岩浆演化过程中逐渐转移亲铜元素,最后在上地壳顶部发生流体出溶沉淀形成斑岩-矽卡岩型铜矿床(Lee et al.,2020;Large et al.,2021)。

第四章 岩浆岩和磷灰石-锆石地球化学特征

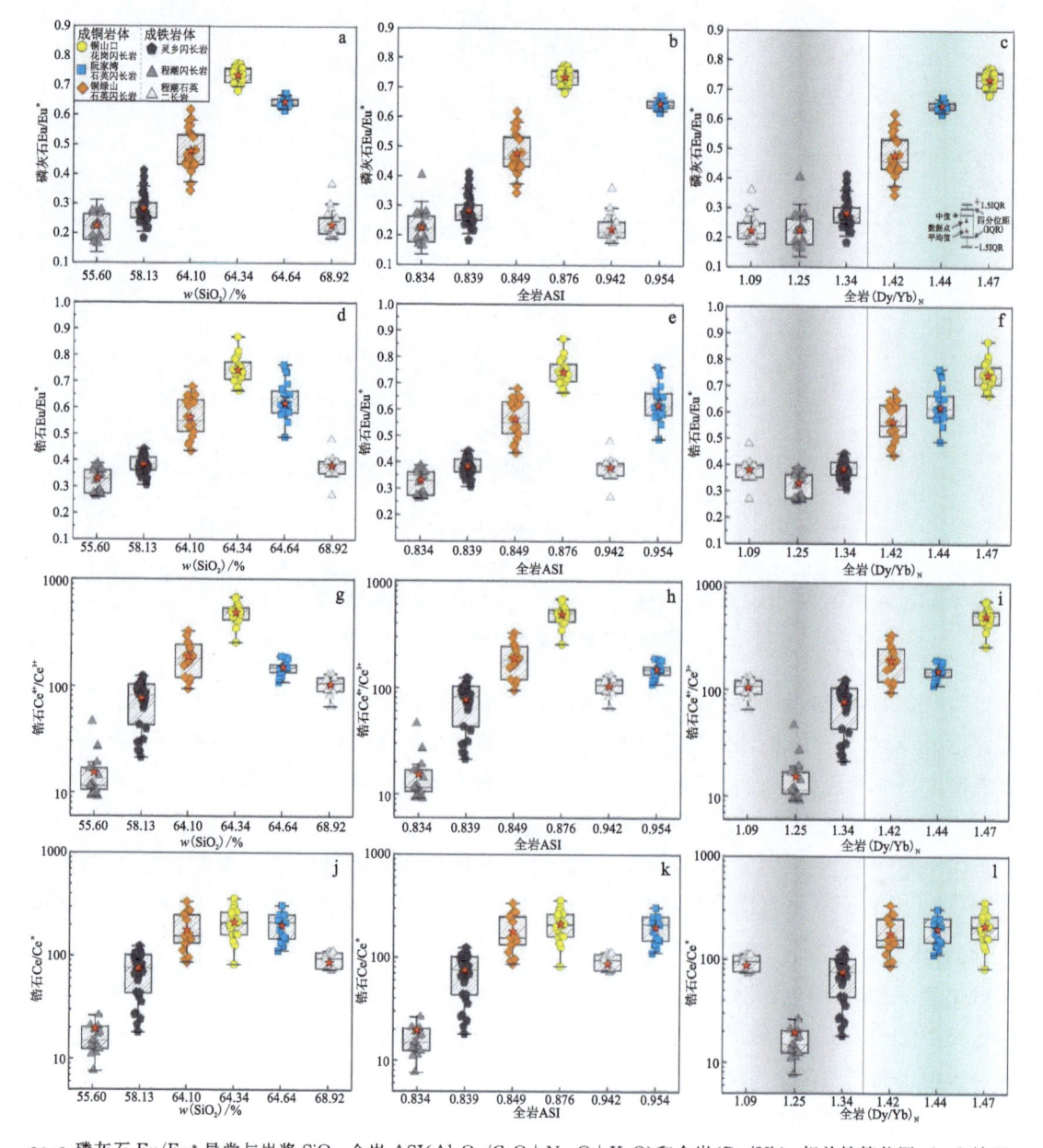

a～c.磷灰石 Eu/Eu* 异常与岩浆 SiO₂、全岩 ASI(Al₂O₃/CaO＋Na₂O＋K₂O)和全岩(Dy/Yb)ₙ相关性箱状图；d～f.锆石 Eu/Eu* 异常与岩浆 SiO₂、全岩 ASI 和全岩(Dy/Yb)ₙ相关性箱状图；g、h.锆石 Ce⁴⁺/Ce³⁺值与岩浆 SiO₂、全岩 ASI 和全岩(Dy/Yb)ₙ相关性箱状图；j～l.锆石 Ce/Ce* 比值与岩浆 SiO₂、全岩 ASI 和全岩(Dy/Yb)ₙ相关性箱状图。全岩数据来源见周润杰(2022)

图 4.21 鄂东矿集区成铜与成铁岩体组分和锆石磷灰石氧逸度特征指示箱状图

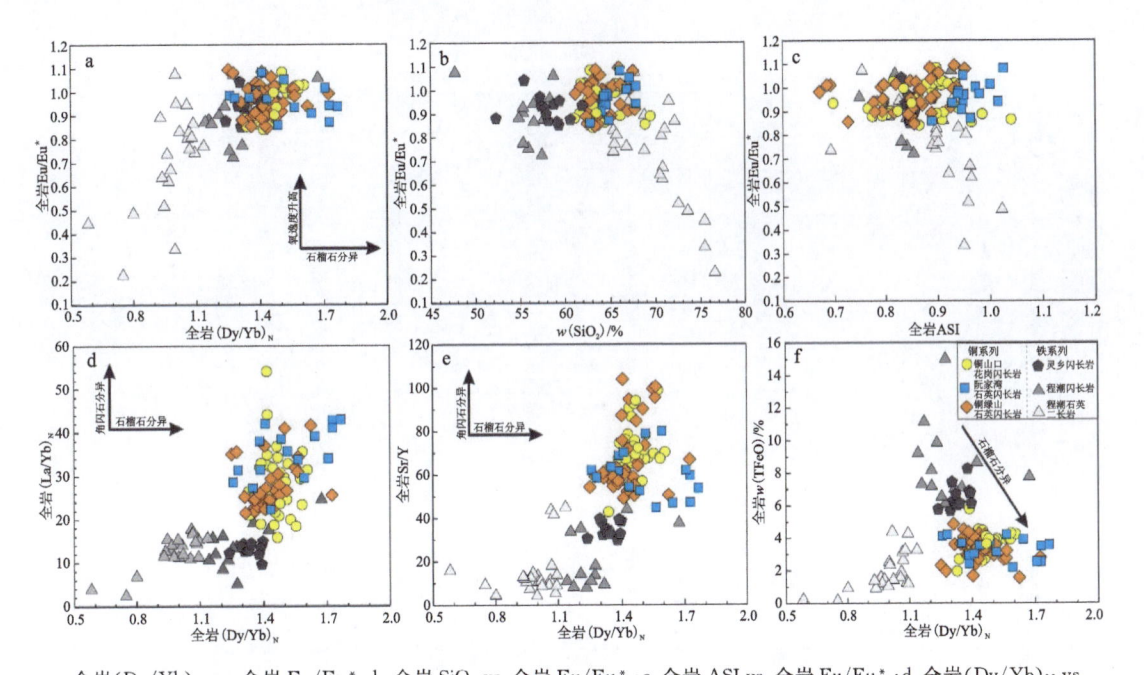

a. 全岩$(Dy/Yb)_N$ vs. 全岩 Eu/Eu^*；b. 全岩 SiO_2 vs. 全岩 Eu/Eu^*；c. 全岩 ASI vs. 全岩 Eu/Eu^*；d. 全岩$(Dy/Yb)_N$ vs. $(La/Yb)_N$；e. 全岩$(Dy/Yb)_N$ vs. Sr/Y；f. 全岩$(Dy/Yb)_N$ vs. 全岩 TFeO。数据来源见图 4.21

图 4.22　鄂东矿集区成铜与成铁岩体组分变化二元图

　　Chiaradia(2014)系统汇总了超过 4000 个已发表的岩浆岩地球化学数据,通过对这些数据评估处理,提出加厚板片对岩浆中石榴石分异具有控制作用,同时这种石榴石分异会形成高氧逸度特征的成矿岩浆。鄂东矿集区岩浆岩地球化学研究表明,矽卡岩型铜多金属矿床成矿岩体具有高 Sr 低 Y,表现出弱负销异常特征(图 4.22e),暗示这些铜矿化相关的岩浆岩形成时压力超过 15kbar(1bar＝100kPa,约 50km),而铁矿化相关的岩浆岩表现出低 Sr 和高 Y含量特征,具有明显的负销异常(图 4.11a、图 5.5e),指示这些成铁岩体形成于正常地壳环境中,成岩压力通常小于 10kbar(约 30km)(Xie et al.,2012)。Xie 等(2015)综合前人年代学、地球化学、地球物理学数据,认为该矿集区形成矽卡岩型铜多金属矿床的成矿岩浆起源于加厚地壳中(＞50km),而形成矽卡岩型铁矿床花岗岩类岩浆岩源区主要位于 30km 深地壳中,这些数据得到了长江中下游成矿带地壳厚度的佐证(Jiang et al.,2013)。岩浆在加厚板片中(＞45km)通常会经历复杂的壳内岩浆演化过程,同时在高压条件下分异石榴石(Tang et al.,2018)。石榴石分异会使残余岩浆亏损铁,同时驱使硫化物分离,岩浆亲铜元素大量分配进入下地壳中(Lee et al.,2020)。然而,石榴石分异使熔体中亏损 Fe^{2+},残余岩浆中以 Fe^{3+} 为主,岩浆逐渐氧化,从而使残余岩浆中硫化物转化为硫酸盐。在岩浆侵位到浅部,岩浆-热液阶段,残余岩浆中亲 Cu 元素(Cu、Au、Mo 等)将会逐渐分配进入热液系统。因此,鄂东矿集区矽卡岩型铜多金属矿床成矿岩浆起源于加厚的大陆地壳,在深部岩浆演化过程中发生石榴石的分异作用,从而使残余熔体氧逸度升高。而矽卡岩型铁矿床相关的成矿岩浆主要起源于正常的地壳厚度,深部岩浆演化过程中未发生石榴石的分异作用,岩浆相对还原。

第四章 岩浆岩和磷灰石-锆石地球化学特征

需要注意的是该区铁矿化岩体中,灵乡铁矿相关的闪长岩形成时代与铜矿化岩体一致,它们处于相近的大地构造背景下,应该都会发生石榴石分异作用,从而使残余岩浆氧逸度升高。研究表明灵乡闪长岩相对还原,笔者倾向于可能与岩浆在深部滞留的时间有关。灵乡岩体位于隆起区最西段边缘位置,其深部幔源岩浆没有充分发生石榴石等矿物分异作用过程,而直接快速上侵进入地壳中,因此形成的岩浆没有同期发生石榴石分异作用的岩浆氧逸度高。这种岩浆深部演化程度的差异也与灵乡岩体主体为偏基性闪长岩,而东部岩体主体为偏酸性的石英闪长岩一致(图2.2)。综上所述,笔者认为鄂东矿集区成铜与成铁岩浆氧逸度差异主要受控于岩浆演化过程,而岩浆源区及岩浆脱气作用对该区岩浆氧逸度的影响较小。在岩浆演化过程中石榴石分异作用是铜矿化相关的岩浆高氧逸度特征的主要因素。结合大地构造背景,成铜时较加厚的地壳是控制岩浆发生石榴石分异作用的重要因素。

三、成矿岩浆挥发分组成及影响因素

(一)成矿岩浆挥发分组成

富水岩浆有利于流体出溶,岩浆在上地壳演化时,岩浆中的金属元素可以通过热液流体充分运移富集,在有利的构造位置沉淀成矿(Burnham,1979;Richards,2011)。在深部地壳环境中,岩浆水含量高于4%时将会促进角闪石结晶分异同时抑制斜长石分异作用(Müntener et al.,2001;Richards,2011)。相对于重稀土元素,中稀土元素更容易分配进入角闪石中,因此熔体中角闪石结晶分异作用将会使残余熔体中Dy/Yb比值降低(Davidson et al.,2007)。另外,在这种富水熔体中斜长石分异作用受到抑制将会相对减弱结晶矿物中Eu负异常值(Richards,2011)。因此,熔体中结晶锆石Dy/Yb和Eu/Eu*比值可以指示岩浆含水性特征(Lu et al.,2016)。需要指出的是,锆石Eu/Eu*比值也受控于氧逸度特征,因此锆石中Eu/Eu*对含水性的指示可能没有锆石Dy/Yb比值可靠。在鄂东矿集区,铜矿化岩体中的锆石到铁矿化岩体中的锆石Dy/Yb比值存在逐渐增高趋势,而Eu/Eu*比值存在逐渐降低趋势(图4.18a),表明从铜山口、阮家湾和铜绿山矽卡岩型铜多金属矿床相关岩浆岩到灵乡和程潮矽卡岩型铁矿床相关的岩浆岩其水含量逐渐降低。这种变化趋势与成铜岩体和成铁岩体中微量元素所表现出的矿物分异作用趋势一致,即成铜岩体比成铁岩体具有高Sr/Y比值特征,表明前者以角闪石分异为主,斜长石分异作用特征不明显,而后者则正好相反。这些特征表明铜矿化相关的岩浆中水含量高于铁矿化相关的岩浆中水含量(Richards,2011)。

岩体结晶的温度差异也能反映岩浆水含量的变化(Ulmer et al.,2018;Rezeau et al.,2019)。成铁岩体具有比成铜岩体更高的锆石Ti温度(图4.18b)。灵乡闪长岩、程潮闪长岩和石英二长岩具有相近的锆石Ti温度(730~850℃)。铜山口花岗闪长岩、阮家湾石英闪长岩和铜绿山石英闪长岩锆石Ti温度主要在610~800℃之间(图4.18b)。值得注意的是铜山口花岗闪长岩、阮家湾和铜绿山石英闪长岩与程潮石英二长岩具有相近的SiO$_2$含量(图4.7),但是前者锆石Ti温度明显低于程潮石英二长岩结晶的锆石温度(图4.18b)。成铜岩体以早期分异角闪石为主,程潮石英二长岩则以分异斜长石为主。不同的结晶温度反映了原始熔体

中水含量的差异(Rezeau et al. ,2019)。实验岩石学和自然样品研究表明,相比水含量较低的岩浆熔体,相同温度和压力条件下,水含量高的岩浆熔体具有更高的岩浆分异程度(Ulmer et al. ,2018;Rezeau et al. ,2019)。因此,对于相同 SiO_2 含量熔体,当岩浆结晶分异程度相同时,富水岩浆通常比贫水岩浆具有更低的结晶温度。尽管这种机制并不清楚,但是笔者认为成铜岩体和程潮石英二长岩在相近的 SiO_2 含量条件下,具有不同的结晶温度可能来源于结晶熔体中水含量的差异。

岩浆挥发分中硫和卤素(F 和 Cl)对于成矿元素的迁移有重要作用,这些挥发分能够促进岩浆和流体中金属元素的运移和富集,因此这些挥发分(S、Cl 和 F 等)对于产生成矿岩浆具有重要作用(Cao et al. ,2022)。挥发分中卤素,尤其是 F、Cl 可以降低岩浆固溶点及岩浆黏度,从而使金属离子在熔体中进行有效的迁移(Giordano et al. ,2004)。然而岩浆中这些挥发分(S、Cl 和 F 等)很难直接通过测量已经结晶的岩浆岩获取,因为这些元素极易分配进入挥发分相中,进而在岩浆脱气过程中丢失(Webster et al. ,2009;Parat et al. ,2011;Wang et al. ,2018)。前人研究表明,基于磷灰石-熔体间分配系数可以估算磷灰石结晶熔体中挥发分含量(Webster et al. ,2009;Parat et al. ,2011;Li and Hermann,2017)。基于 Li 和 Hermann(2017)、Webster 等(2009)关于磷灰石/熔体实验岩石学研究,选取与该区成矿岩浆结晶条件相近的磷灰石与长英质熔体在 200MPa、900~924℃条件下的分配系数估算成铜与成铁岩浆中卤素元素含量。对于成铜和成铁岩浆中硫元素含量估算,基于 Peng 等(1997)和 Parat 等(2011)研究方法获取成矿岩浆中硫元素含量。

成铜与成铁岩体计算获取的熔体挥发分结果列于表 4.1 中。成铜岩浆与成铁岩浆中计算获取氟含量相近。铜山口花岗闪长岩、阮家湾和铜绿山石英闪长岩计算获取的岩浆氟含量分别为 $1709×10^{-6}$~$2136×10^{-6}$、$1621×10^{-6}$~$1985×10^{-6}$、$1553×10^{-6}$~$2113×10^{-6}$。灵乡闪长岩、程潮闪长岩和程潮石英二长岩计算获取岩浆氟含量分别为 $1386×10^{-6}$~$2030×10^{-6}$、$1277×10^{-6}$~$1958×10^{-6}$、$1596×10^{-6}$~$2134×10^{-6}$。

基于 Peng 等(1997)计算方法,成铜岩浆中硫含量为 $145×10^{-6}$~$354×10^{-6}$,成铁岩浆中硫含量为 $20×10^{-6}$~$529×10^{-6}$。铜山口花岗闪长岩、阮家湾石英闪长岩和铜绿山石英闪长岩计算获取岩浆硫含量分别为 $176×10^{-6}$~$354×10^{-6}$、$200×10^{-6}$~$271×10^{-6}$、$145×10^{-6}$~$298×10^{-6}$。灵乡闪长岩、程潮闪长岩和程潮石英二长岩计算获取岩浆硫含量分别为 $87×10^{-6}$~$393×10^{-6}$、$20×10^{-6}$~$300×10^{-6}$、$24×10^{-6}$~$529×10^{-6}$。利用 Parat 等(2011)计算方法,获取的岩浆硫含量偏低,成铜和成铁岩浆中硫含量分别为 $16×10^{-6}$~$36×10^{-6}$ 和 $9×10^{-6}$~$406×10^{-6}$。铜山口花岗闪长岩、阮家湾石英闪长岩和铜绿山石英闪长岩计算获取的硫含量分别为 $15×10^{-6}$~$30×10^{-6}$、$17×10^{-6}$~$22×10^{-6}$、$16×10^{-6}$~$36×10^{-6}$。灵乡闪长岩、程潮闪长岩和程潮石英二长岩计算获取的硫含量分别为 $18×10^{-6}$~$406×10^{-6}$、$10×10^{-6}$~$295×10^{-6}$、$9×10^{-6}$~$357×10^{-6}$。目前,对于这两种计算方法获取的结果存在较大差异的原因还不甚清楚,但在其他的一些研究中也有类似的现象(Richards,2015;Zhu et al. ,2018;Xing et al. ,2020;Cao et al. ,2022)。这两种硫计算结果都显示成铁岩浆中硫含量的变化明显高于成铜岩浆中硫含量的变化。

表 4.1 鄂东矿集区成铜与成铁岩体中磷灰石挥发分组成及计算熔体中Cl,F和S含量

样品	磷灰石 Cl(%) (平均值)[中值]	磷灰石 F(%) (平均值)[中值]	磷灰石 S($\times 10^{-6}$) (平均值)[中值]	熔体 Cl($\times 10^{-6}$) (平均值)[中值]①	熔体 F($\times 10^{-6}$) (平均值)[中值]①	熔体 S($\times 10^{-6}$) (平均值)[中值]②	熔体 S($\times 10^{-6}$) (平均值)[中值]③
铜山口花岗闪长岩 ($n=26$)	0.108~0.277 (0.191)[0.194]	2.580~3.226 (2.863)[2.833]	430~870 (650)[640]	1080~2770 (1905)[1940]	1709~2136 (1896)[1876]	176~354 (267)[263]	15~30 (22)[21]
阮家湾石英闪长岩 ($n=16$)	0.043~0.130 (0.086)[0.085]	2.447~2.998 (2.742)[2.733]	500~670 (570)[560]	430~1300 (864)[845]	1621~1985 (1816)[1810]	200~271 (232)[227]	17~22 (19)[19]
铜绿山石英闪长岩 ($n=38$)	0.171~0.599 (0.404)[0.397]	2.345~3.191 (2.695)[2.689]	470~970 (730)[720]	1710~5990 (4042)[3970]	1553~2113 (1785)[1781]	145~298 (223)[222]	16~36 (25)[24]
灵乡闪长岩 ($n=38$)	0.531~1.244 (0.903)[0.896]	2.093~3.065 (2.375)[2.359]	550~2500 (1320)[1260]	5310~12 440 (9027)[8955]	1386~2030 (1573)[1562]	87~393 (208)[199]	18~406 (91)[57]
程潮闪长岩 ($n=28$)	0.649~1.394 (0.903)[0.928]	1.928~2.956 (2.285)[2.295]	150~2300 (1070)[900]	6490~13 940 (9564)[9280]	1277~1958 (1513)[1520]	20~300 (140)[118]	10~295 (71)[32]
程潮石英二长岩 ($n=26$)	0.326~1.394 (0.623)[0.621]	2.411~3.223 (2.903)[2.989]	110~2420 (1030)[870]	3260~10 140 (6232)[6205]	1596~2134 (1923)[1979]	24~529 (225)[189]	9~357 (72)[30]

注：①熔体中Cl和F含量基于Webster et al. (2009) 实验 $D_F^{磷灰石/熔体}=15.1$ 和 $D_{Cl}^{磷灰石/熔体}=1$ 获取，$D_F^{磷灰石/熔体}$ 和 $D_{Cl}^{磷灰石/熔体}$ 分别为F和Cl磷灰石-熔体间分配系数；
②熔体中S含量依据Peng et al. (1997) 基于磷灰石 SO_3 含量获取，磷灰石饱和温度依据Piccoli and Candela (1994) 获取；
③熔体中S含量基于磷灰石 SO_3 含量，依据Parat et al. (2011) 磷灰石-熔体分配系数公式，即 SO_3磷灰石(%) $=0.157*\ln SO_3$熔体(%) $+0.9834$。

成铜岩体中计算岩浆 Cl 元素含量为 $430\times10^{-6}\sim5990\times10^{-6}$。铜山口花岗闪长岩、阮家湾石英闪长岩和铜绿山石英闪长岩计算获取 Cl 元素含量分别为 $1080\times10^{-6}\sim2770\times10^{-6}$、$430\times10^{-6}\sim1300\times10^{-6}$、$1710\times10^{-6}\sim5990\times10^{-6}$。这些岩浆岩中 Cl 元素含量与特提斯成矿带上斑岩型铜矿床成矿岩浆中的 Cl 元素含量相近,为 $230\times10^{-6}\sim5420\times10^{-6}$(Xu et al.,2021),也与岩浆弧及弧后玄武质岩浆中 Cl 元素含量一致($100\times10^{-6}\sim4100\times10^{-6}$)(Wallace,2005)。鄂东矿集区成铁岩体中通过磷灰石计算岩浆 Cl 元素含量为 $3260\times10^{-6}\sim13\,940\times10^{-6}$,平均值为 8386×10^{-6},灵乡闪长岩、程潮闪长岩和程潮石英二长岩计算获取岩浆 Cl 元素含量分别为 $5310\times10^{-6}\sim12\,440\times10^{-6}$、$6490\times10^{-6}\sim13\,940\times10^{-6}$、$3260\times10^{-6}\sim10\,140\times10^{-6}$。成铁岩浆 Cl 元素含量明显高于成铜岩浆的 Cl 元素含量。成铁岩浆高 Cl 元素含量特征在岩浆演化后期流体出溶阶段可以提供大量 Cl 元素,Cl^- 可以与 Fe^{2+} 结合搬运 Fe^{2+} 离子,SO_4^{2-} 会进一步氧化 Fe^{2+} 转变为 Fe^{3+},最后使这些 Fe^{3+} 沉淀形成磁铁矿。这些认识基于现有的研究表明铁离子在岩浆热液转化阶段主要是通过 Cl^- 进行络合(Simon et al.,2004;Bell and Simon,2011;Scholten et al.,2019),而 SO_4^{2-} 则作为潜在的氧化障使 Fe^{2+} 氧化并沉淀形成磁铁矿(李延河等,2013;Wen et al.,2017)。

(二)岩浆挥发分组成的影响因素

锆石、磷灰石组分特征显示成铜岩浆比成铁岩浆具更高的水含量特征(图 4.18a)。该区成铜和成铁岩体起源于富集岩石圈地幔,笔者认为后续的岩浆演化过程可能导致了两种成矿岩浆水含量的差异(Wallace,2005;Chiaradia et al.,2009;Richards,2011),例如岩浆部分熔融程度,富/贫水矿物的分离结晶作用,岩浆演化到上地壳前是否发生流体出溶等。水作为岩浆中不相融相,随着熔融程度增加,残余岩浆中水含量也会逐渐增加(Manning,2004)。成铜岩体以偏酸性石英闪长岩为主,熔融程度高于以闪长岩为主的成铁岩体,两种成矿岩浆熔融程度差异可能是它们水含量差异的原因之一。另外,从前文讨论可知成铜岩浆演化早期,在深部经历了石榴石分离结晶作用,而石榴石作为贫水矿物,石榴石分异作用可能会导致残余岩浆中水含量升高,从而使后续演化的岩浆相对富水(Macpherson et al.,2006)。在成铜岩体和成铁岩体石英、磷灰石、锆石等矿物中未发现明显的包裹体,因为两种成矿岩浆在侵位上地壳前可能会发生明显的流体出溶,对两种成矿岩浆中水含量的影响较小。因此,认为成铜和成铁岩浆的部分熔融程度以及早期岩浆矿物的分离结晶作用可能是二者水含量差异的主要原因。

鄂东矿集区矽卡岩型铁矿床赋存于嘉陵江组碳酸盐岩地层中(图 2.2),这些碳酸盐岩地层含有大量膏盐层岩石,主要包括石膏、硬石膏以及其他岩盐矿物(蔡本俊,1980;李延河等,2013;Xie et al.,2020)。矽卡岩型铜多金属矿床矿体则赋存于从奥陶系到三叠系的不同地层中(表 2.2)。前人硫同位素研究表明,矽卡岩型铜铁矿床中硫化物 $\delta^{34}S$ 值在 $-6.2‰\sim8.7‰$ 之间,硬石膏 $\delta^{34}S$ 值为 $13.2‰\sim15.2‰$;矽卡岩型铁矿床中 $\delta^{34}S$ 变化较大,黄铁矿 $\delta^{34}S$ 值为 $10.3‰\sim20.0‰$,硬石膏 $\delta^{34}S$ 值为 $18.9‰\sim30.8‰$(Xie et al.,2015;图 4.23)。这些矽卡岩型铜铁矿床与矽卡岩型铁矿床中硫化物和硬石膏硫同位素值存在显著差异。前人研究表明形成矽卡岩型铁矿床过程中,膏盐层中硫酸盐提供了额外硫进入到成矿系统是矽卡岩型铁

第四章　岩浆岩和磷灰石–锆石地球化学特征

床硫同位素升高的主要原因（李延河等，2013；Xie et al.，2015；Zeng et al.，2019）。而矽卡岩型铜矿床形成过程则没有膏盐层参与的证据。

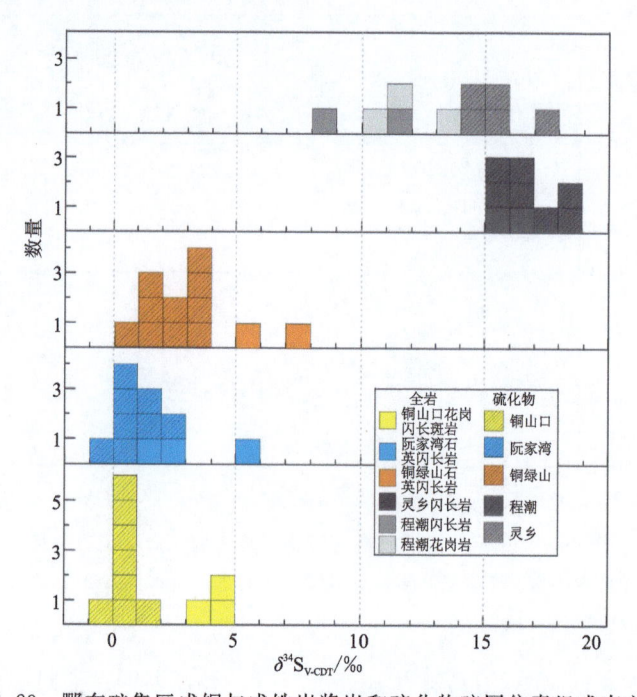

图 4.23　鄂东矿集区成铜与成铁岩浆岩和硫化物硫同位素组成直方图

对成铜与成铁岩体进行了全岩硫同位素分析，成铁岩体硫同位素值为 8.3‰～16.3‰，明显高于成铜岩体的硫同位素组成（2.8‰～7.4‰）。成铜与成铁岩体中硫同位素值的差异也表明成铁岩体在形成过程中混染了含膏盐层的三叠纪碳酸盐岩地层，从而使形成的岩浆岩具有高硫同位素特征。这种铁矿化相关的岩浆演化阶段膏盐层的混染作用是成铁岩体及其结晶的磷灰石中锶同位素组成明显高于成铜岩体及其结晶的磷灰石锶同位素组成的主要原因（图 4.24）。膏盐层中通常富集 Cl^- 和 SO_4^{2-}，岩浆混染膏盐层会增加岩浆中 Cl^- 和 SO_4^{2-} 含量。这些结果也与通过磷灰石计算结晶岩浆中 Cl 元素和 S 元素含量结果一致，成铁岩浆中计算的 Cl 元素含量明显高于成铜岩浆中 Cl 元素含量，同时成铁岩浆中 S 元素变化更大。

通过成矿岩体全岩 Sr/Y 比值、磷灰石中水含量分析以及成矿岩体中不同矿物结晶温度对比，表明铜矿化相关的岩浆具有比铁矿化相关的岩浆更加具有富水特征。这些推断与成矿岩体中锆石微量元素特征一致，成铁岩体中锆石具有低 Yb/Dy（<0.56）和 Eu/Eu* 比值（<0.44），表明成铁岩浆具有贫水特征，岩浆演化过程中以斜长石分异结晶作用为主，成铜岩体中锆石具有高的 Yb/Dy（>0.56）和 Eu/Eu*（>0.44）比值，表明成铜岩浆具有富水特征，岩浆演化过程中以角闪石分异结晶为主（Lu et al.，2016；Wen et al.，2020；Cao et al.，2022）。在矽卡岩型矿床系统中，岩浆混染碳酸盐岩过程以及相关脱碳酸盐化过程会增加硅酸盐熔体中 CO_2 含量，这个过程中会促进 H_2O 分配进入流体中（Holloway，1976；Meinert et al.，2005）。铁矿化相关的岩浆混染含膏盐层碳酸盐岩不仅可以产生大量岩浆流体，同时也可以提供大量 Cl^- 和 SO_4^{2-}，这样 Fe^{2+} 离子能够被有效的转移及随后氧化形成磁铁矿矿石（Bell

81

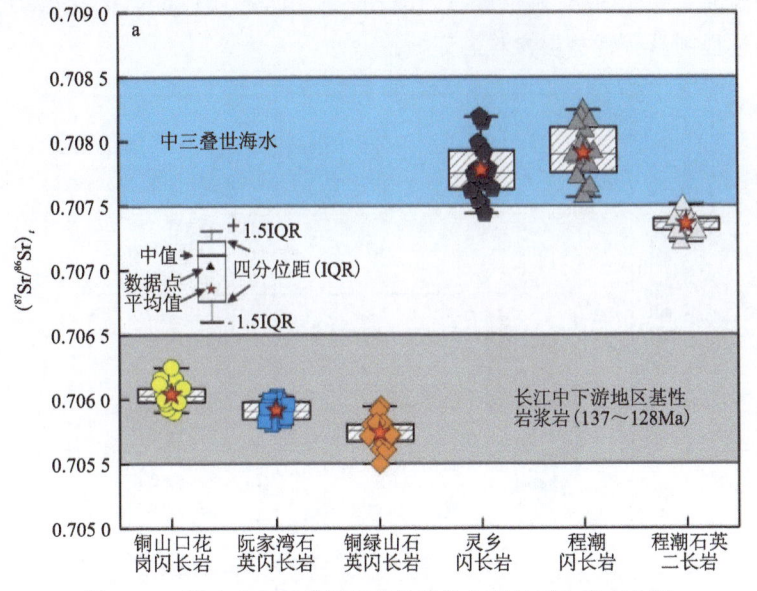

图4.24　鄂东矿集区成铜与成铁岩体中磷灰石比值直方图

[鄂东矿集区岩浆岩[87]Sr/[86]Sr比值区域引自Li et al.(2009)和Xie et al.(2015)，三叠纪海水[87]Sr/[86]Sr比值区域引自Song et al.(2015)]

and Simon,2011；Wen et al.，2017,2020；Scholten et al.，2019）。通过综合流体包裹体及硫同位素研究发现长江中下游成矿带上宁芜矿集区玢岩型铁矿床形成过程中也存在膏盐层的混染作用（Li et al.，2015）。对华北鲁西地区铁矿化相关的岩浆岩进行综合全岩主微量及Sr-Nd-Pb同位素研究发现，矽卡岩型铁矿床在形成过程中也存在明显混染含石膏碳酸盐岩奥陶系特征（Lan et al.，2019）。

四、成铜成铁岩体岩浆过程差异

（一）岩浆分异过程

1. 磷灰石 Sr/Y 及 Eu/Eu* 比值对岩浆分异的指示

岩浆体系中磷灰石组分能够反映熔体组分的变化，同时也保存很多岩浆演化历史信息（Sha and Chappell,1999；Bruand et al.，2016；Nathwani et al.，2020）。岩浆分异作用可以改变熔体的组分，随后被结晶的磷灰石所记录（Bruand et al.，2016；Nathwani et al.，2020；Zhang et al.，2020）。尽管熔体组分、温度等因素可以影响磷灰石-熔体间的分配系数，但这些因素对不同元素分配系数比值影响较小（Prowatke and Klemme,2006）。因此，磷灰石微量元素组成能够有效示踪岩浆演化过程（Nathwani et al.，2020）。

磷灰石微量元素组成受控于磷灰石在岩浆中结晶条件及磷灰石和熔体间的分配系数（Watson and Green,1981；Prowatke and Klemme,2006）。岩浆中分异的矿物相，例如角闪石和斜长石，能够改变熔体中微量元素组成（例如Eu、Sr、Y等），不同组分熔体中结晶的磷灰石

第四章　岩浆岩和磷灰石-锆石地球化学特征

微量元素会有所差异(Sun et al.,2019;Nathwani et al.,2020)。因此磷灰石中微量元素组成可以用来示踪岩浆矿物的分异作用。稀土元素标准化图解中,成铜岩体中磷灰石表现为右倾特征,存在弱铕负异常,而成铁岩体中磷灰石则明显具有高稀土元素含量特征,有很明显的铕负异常(图4.13)。成铜岩体和成铁岩体全岩稀土元素含量差异不大(图4.9、图4.13),一些矿物的分异作用,例如角闪石、榍石和富轻稀土矿物(独居石、褐帘石等),会导致残余岩浆中稀土元素亏损(Bruand et al.,2016;Nathwani et al.,2020)。这种熔体中结晶的磷灰石将会继承熔体稀土元素特征。成铜岩体中磷灰石具有弱铕负异常及高 Sr 元素含量表明母岩浆主要发生了角闪石、榍石和锆石以及较弱斜长石的分异作用(图4.13、图4.14)。但成铁岩体中磷灰石具有富集稀土元素特征,表现出明显铕负异常及低 Sr 元素含量特征,表明母岩浆以分异斜长石为主,而富稀土元素矿物分异作用不明显。

富水岩浆通常具有高 Sr/Y 和 Eu/Eu* 比值,指示了深部地壳中经历角闪石和石榴石分异作用但斜长石分异受到抑制(Defant and Drummond.,1990;Richards and Kerrich.,2007)。这种岩浆结晶的磷灰石通常会继承熔体中高 Sr/Y 和 Eu/Eu* 比值特征,反映了岩浆分异过程影响了全岩-熔体间的元素分配系数,进而对矿物地球化学组成产生影响(Nathwani et al.,2020)。鄂东矿集区成铜岩体中磷灰石比成铁岩体中磷灰石具有高 Sr/Y 和 Eu/Eu* 比值(图4.19),这与成铜岩体比成铁岩体具有高 Sr/Y 和 Eu/Eu* 比值特征一致(图4.11a)。铜矿化相关的岩浆岩中磷灰石具有高 Sr/Y 和 Eu/Eu* 特征,指示了结晶熔体中角闪石和/或石榴石分异作用,这与全岩高 Sr/Y、La/Yb 以及(Dy/Yb)$_N$ 比值指示的矿物分异作用一致(图4.11、图4.21)。Sr 和 Eu 在斜长石中为相容元素,铁矿化相关岩体中磷灰石具有低 Sr/Y 和 Eu/Eu* 比值,表明成铁岩浆以分异斜长石为主。

为进一步通过磷灰石 Sr/Y 和 Eu/Eu* 比值探讨岩浆矿物分异作用,使用 Nathwani 等(2020)的微量元素分馏模型讨论不同成矿岩浆演化过程。这种微量元素分异模型通过不同矿物集合体分异,有深部高压和浅部低压两种演化模型。对于深部高压演化模型矿物集合体为66%角闪石和34%单斜辉石;对于浅部低压演化模型则有30%单斜辉石、10%橄榄石和66%斜长石矿物集合体组成(Nathwani et al.,2020)。根据前文讨论,鄂东矿集区成矿岩浆源区为玄武质熔体,起源于富集岩石圈地幔。因此选择鄂东矿集区近同时形成的金牛盆地玄武岩中磷灰石组分代表了成矿岩体母岩浆中结晶磷灰石组分,并以该组分作为模拟该区岩浆演化的起始端元(图4.25)。尽管这种方法较为简单,但是能够半定量说明成矿岩浆演化过程中的矿物分异作用。成铜岩体中磷灰石 Sr/Y-Eu/Eu* 变化趋势与深部岩浆演化模型一致,以分异角闪石相为主(图4.25)。这种以角闪石为主的分异过程与成铜矿岩体中锆石 Yb/Dy(3.5～8.6,平均值为6.2)和 Eu/Eu*(0.29～0.87,平均值为0.64)比值所表现出的特征一致(图4.18a)。相反,成铁岩体中磷灰石 Sr/Y-Eu/Eu* 变化趋势与浅部岩浆演化模型一致,以分异结晶斜长石集合体为主(图4.25)。这种以斜长石为主的分异结晶过程与成铁矿岩浆岩中锆石 Yb/Dy(2.6～5.6,平均值为3.8)和 Eu/Eu*(0.27～0.44,平均值为0.36)比值所表现出的特征一致(图4.18a)。这种磷灰石模型所指示的岩浆分异过程与全岩以及锆石的微量元素研究所指示的岩浆分异过程相近(图4.11、图4.22)。成铜岩体主要经历了深部地壳角闪石分异作用,而成铁岩体则在地壳浅部经历以斜长石为主的分异作用。

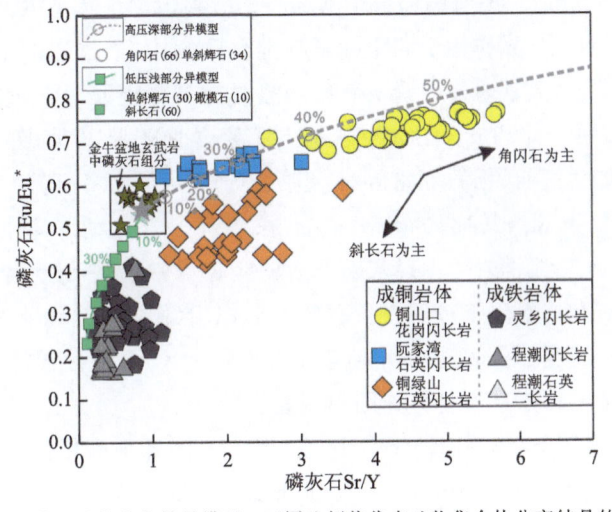

磷灰石 Sr/Y vs. Eu/Eu* 指示矿物分离结晶模型。不同比例值代表矿物集合体分离结晶的百分比。模型起始和分异比例路径据 Nathwani et al.(2020)。为了降低模拟复杂程度,假设岩浆分异的氧逸度条件为 ΔFMQ+2

图 4.25　鄂东矿集区成铜与成铁岩体磷灰石元素组成对岩浆分异作用的指示

2.锆石微量元素特征对岩浆分异的指示

Hf 元素离子半径与 Zr 元素离子半径相近,锆石是理想的 Zr-Hf 固溶体系矿物(Claiborne et al.,2016)。锆石 Hf 元素含量能够指示锆石结晶熔体的分异程度,随着温度降低,结晶锆石 Hf 元素含量将会逐渐增加(Pupin,2000;Watson et al.,2006;Claiborne et al.,2006)。锆石 Hf 元素含量能够反映锆石共结晶平衡熔体中的分异程度,通常随着岩浆分异程度增高,结晶形成的锆石中 Hf 元素含量也会增高(Deering et al.,2016;Wu et al.,2017)。成铜和成铁岩体中锆石 Hf 元素含量与锆石 Ti 温度存在线性关系(图 4.18b),表明随着岩浆演化进行,温度逐渐降低,结晶锆石中 Hf 元素含量逐渐增高。成铁岩体中锆石具有低含量 Hf 元素以及高锆石 Ti 温度(730~850℃)特征,同时富集 U、Th、Y 和稀土元素。而成铜岩体中结晶锆石具有高含量 Hf 元素和较低的结晶温度(610~800℃)特征(图 4.18b)。

锆石稀土元素含量和比值能够指示玄武质岩浆向长英质岩浆演化过程中岩浆的分异作用(Lee et al.,2017)。随着锆石中 Th/U 比值降低,不相容元素 Th 和 U 含量增加,锆石中 Ce/Sm 和 Yb/Gd 比值也逐渐增加。锆石 Ce/Sm 和 Yb/Gd 比值升高表明结晶锆石熔体相对轻稀土元素和重稀土元素更加容易分配中稀土元素(Sm、Gd)。在岩浆演化中,由于磷灰石、榍石和角闪石分异,熔体内中稀土元素(例如 Sm、Gd)逐渐亏损,从而使锆石 Ce/Sm 和 Yb/Gd 比值逐渐升高(Claiborne et al.,2016;Lee et al.,2017)。成铜岩体中铜山口花岗闪长岩、阮家湾石英闪长岩和铜绿山石英闪长岩中锆石具有高 Ce/Sm 和 Yb/Gd 比值(图 4.26a、b),表明这些铜矿化相关的岩浆岩主要经历了角闪石、磷灰石和榍石的分异作用,暗示了岩浆具有富水特征(Grimes et al.,2015)。Lee 等(2017)对智利 EL Salvador 斑岩型铜矿床成矿相关的花岗闪长岩中锆石微量元素研究也发现成矿岩浆经历了角闪石、磷灰石和榍石的分离结晶作用。而铁矿化相关的岩浆岩中锆石具有低 Ce/Sm 和 Yb/Gd 比值,暗示了成铁岩浆演化过

第四章 岩浆岩和磷灰石−锆石地球化学特征

中角闪石分异作用较弱(图 4.26d)。

灵乡和程潮矽卡岩型铁矿床相关岩体到铜绿山、阮家湾和铜山口矽卡岩型铜多金属矿床相关岩体中锆石 Hf 元素含量存在逐渐增高的趋势,反映了岩浆分异程度的增加(图 4.26)。Mo 元素在氧化性熔体中为不相容元素,随着岩浆分异程度增加,熔体中 Mo 元素含量逐渐增加(Lowenstern et al.,1993)。尽管其他因素不能排除(例如热液过程中金属沉淀),但铜山口花岗闪长岩和阮家湾石英闪长岩中存在钼矿化与岩浆分异程度增加,熔体中 Mo 含量增加从而促进 Mo 矿化。Chang 等(2019)汇总了我国不同金属类型的矽卡岩型矿床,发现与 Mo 矿化有关的岩浆岩具有更高的岩浆分异特征。在澳洲东南部也观察到相对于 Cu-Au 矿化岩浆岩,富 Mo 矿化岩浆具有更高的岩浆分异特征(Blevin,2004)。

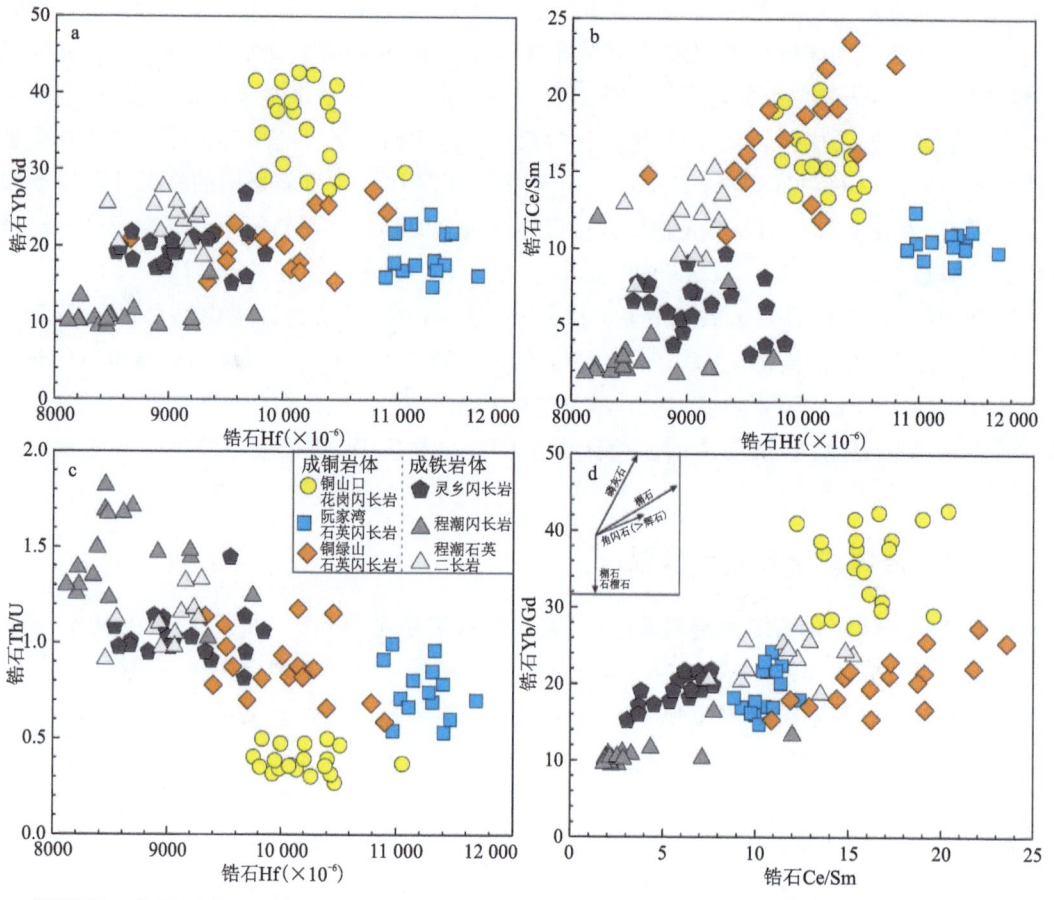

a. 锆石 Hf vs. 锆石 Yb/Gd;b. 锆石 Hf vs. 锆石 Ce/Sn;c. 锆石 Hf vs. 锆石 Th/U 矿物分异底图据 Lee et al.(2017);
d. 锆石 Ce/Sm vs. 锆石 Yb/Gd

图 4.26 鄂东矿集区成铜与成铁岩体锆石元素组成对岩浆分异作用的指示

(二)地壳同化混染作用

成铜和成铁岩体中磷灰石 Sr-Nd 同位素组成表明,这些成矿岩浆起源于富集岩石圈地幔,存在向下地壳和上地壳演化趋势(图 4.19a),反映了岩浆演化过程中部分地壳物质的同化

85

混染作用。为了进一步明确地壳物质的混入比例,Li 等(2009)使用 Faure 1986 中参数方程进行了源区与熔体混染两端元 Sr-Nd 同位素混合模型,从而限定成矿岩浆混染特征。混合双曲线分别通过 N-MORB(Sun and McDonough,1989;Rollinson,2014)与下大陆地壳和上大陆地壳(Rudnick,1995;Rollinson,2014)混染进行模拟。从两条混染双曲线模式发现,铜山口花岗闪长岩、阮家湾石英闪长岩和铜绿山石英闪长岩位于同化下地壳组分曲线附近,而灵乡闪长岩则同化部分上地壳组分,程潮闪长岩和石英二长岩同化下地壳组分的同时也混染部分上地壳物质(图 4.19a)。

成铁岩体中锆石相比成铜岩体中锆石,具有高 Th、U 含量及 Th/U 比值特征(图 4.19c)。随着岩浆演化的进行,岩浆结晶的锆石中 Th、U 含量逐渐升高,这是因为随着岩浆演化,残余岩浆中 U、Th 含量逐渐升高导致的(Miller and Wooden,2004)。Clairborne 等(2006)认为锆石高 Th、U 含量与岩浆接近共晶状态时结晶速率增加或熔体随着含水量的增加,从而使锆石–熔体 Th 和 U 分配系数急剧增加。前文对成铜与成铁岩浆中水含量讨论中提到,成铁岩浆中水含量明显低于成铜岩浆,因为笔者认为成铁岩体中锆石高 Th/U 比值不是由水含量的突然改变所致。Lee 等(2017)对 El Salvador 地区不同演化程度岩浆岩中的锆石 Th、U 含量对比分析,认为混染富 U、Th 地壳物质也可以导致残余熔体中结晶锆石具有高含量 Th、U 比值特征。锆石 Yb/Gd-Th/U 二元图中,元素变化趋势也能够指示岩浆分异过程(Lee et al.,2017)。成铜岩体中锆石具有高 Yb/Gd 和低 Th/U 特征,而成铁岩浆中结晶的锆石具有低 Yb/Gd、高 Th/U 比值特征(图 4.18c,图 4.26c)。结合鄂东矿集区成矿岩体全岩 S 同位素和磷灰石、斜长石 Sr 同位素,笔者认为,成铁岩体在演化阶段混染了少量富集 U、Th、Y 以及稀土元素的上地壳物质,从而使结晶熔体中 U、Th 含量上升,进而使结晶锆石具有高含量 Th、U 特征。

五、成矿岩体的岩石成因模型

近些年对岩浆演化系统的研究表明,岩浆演化系统是延伸到整个地壳的演化过程,而岩浆房只是处于地壳浅部部位,这种岩浆演化系统能够使岩浆在浅部地壳中逐渐积累。岩浆演化系统是开放的岩浆系统概念而非封闭系统,穿地壳岩浆房系统即为支撑这一理论的典型模型(Cashman et al.,2017)。基于这种新的岩浆系统理论,笔者认为鄂东矿集区成铜和成铁岩体属于穿地壳岩浆房系统单元,这些岩浆岩大部分起源于富集地幔,在 150～135Ma 形成的偏中酸性石英闪长岩和花岗岩是通过闪长质岩浆经过不同矿物分异作用形成(Li et al.,2009,2013)。在开放的岩浆演化系统中,经过短暂的岩浆活动平息,下地壳深部产生的幔源岩浆逐渐运移到浅部地壳,在 135～120Ma 岩浆活动中形成的岩体相比于早期岩浆形成的岩体表现出混染更大比例的上地壳物质特征,具有更高$^{87}Sr/^{86}Sr$ 和低 $\varepsilon_{Nd}(t)$ 值。这一过程的转变可能与中国东部岩石圈减薄密切相关。

综合全岩、矿物地球化学和年代学研究,认为鄂东矿集区大规模岩浆作用开始于晚侏罗世,岩浆活动持续了将近 25Ma,从晚侏罗世一直持续到早白垩世(150～120Ma)(图 2.4)。岩浆活动在早白垩世达到了高峰期(140Ma 左右),形成了殷祖、阳新、灵乡等岩体。该期岩浆岩主要有花岗闪长岩、花岗闪长斑岩、石英闪长岩和闪长岩。该期岩浆活动与铜多金属矿床的

第四章　岩浆岩和磷灰石-锆石地球化学特征

形成密切相关,全岩和矿物地球化学特征显示,该期岩浆起源于加厚地壳(>50km),在岩浆深部发生石榴石结晶分异作用,富集石榴石堆晶体密度较大拆沉进入地幔中(Zhang et al.,2013),而残余熔体具有氧化性特征。在随后的岩浆演化过程中结晶分异角闪石、斜长石、磁铁矿、钛铁矿和磷灰石等矿物,同时这类岩浆具有富水特征(图 4.27a)。灵乡岩体形成于144Ma 左右,与成铜岩体时代相近,它们具有相似的大地构造背景。但灵乡岩体位于隆起区最西段边缘位置,其深部幔源岩浆可能快速上侵进入地壳,在深部没有发生显著的石榴石等矿物的分异,因此形成的岩浆氧逸度值低于同期发生石榴石分异作用的岩浆。这些偏还原的岩浆上侵过程中同化混染三叠纪含膏岩地层,使灵乡岩体具有高 $^{87}Sr/^{86}Sr$ 值,这种混染作用对矽卡岩型铁矿床形成具有重要促进作用。

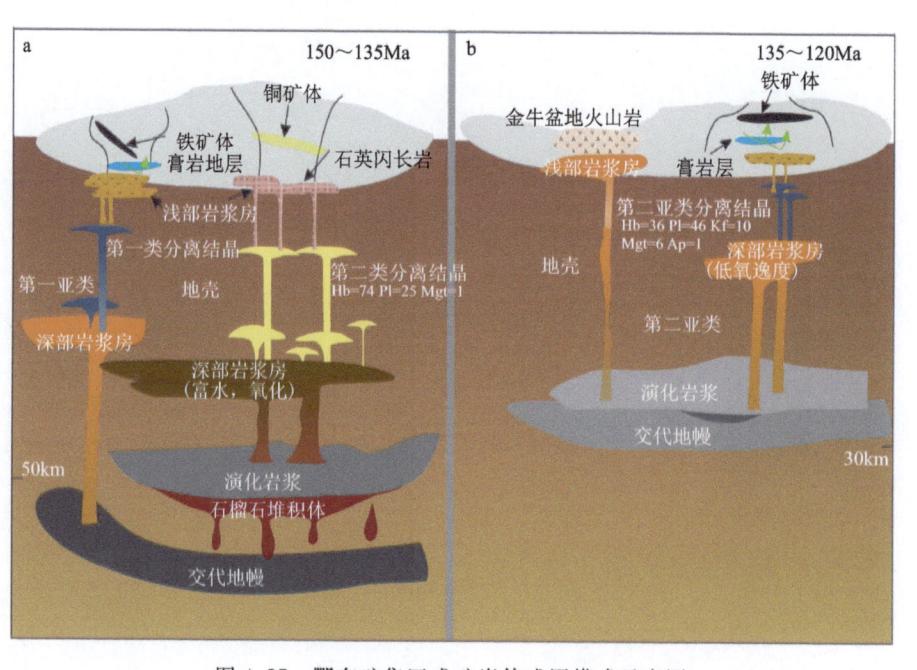

图 4.27　鄂东矿集区成矿岩体成因模式示意图
［岩浆岩第一类与第二类分离结晶作用引自 Li et al.(2009)。岩浆深度为定性估计］

　　岩浆经过短暂间歇后,在早白垩世中晚期(135～120Ma)区域岩浆侵入活动逐渐减弱,形成金山店岩体和鄂城岩体,随之被强烈的火山喷发所取代(图 2.4)。该区主要的矽卡岩型铁矿床与该期岩浆活动密切相关,但该期岩浆活动不发育铜-金多金属矿床(图 2.2、图 2.5)。该期岩浆形成于正常厚度地壳环境中(约 30km),这种压力条件下,未发生石榴石结晶分异作用,成矿岩浆主要在低压条件下结晶分异斜长石,这些成矿岩浆比早期岩浆相对贫水,但在岩浆侵位到浅地表环境过程中,混染围岩地层中膏盐层物质(图 4.27b)。这种岩浆侵位过程中膏盐层的同化混染作用,导致成铁岩体及结晶磷灰石和斜长石锶同位素组成明显高于成铜岩体及结晶磷灰石和斜长石锶同位素组成。岩浆混染膏盐层会增加岩浆中 Cl^- 和 SO_4^{2-} 含量,Cl^- 与 Fe^{2+} 结合搬运 Fe^{2+} 离子,SO_4^{2-} 进一步氧化 Fe^{2+} 转变为 Fe^{3+},最后使这些铁离子富集、沉淀形成磁铁矿。

综合以上研究，认为鄂东矿集区岩浆岩成矿差异性的关键因素并不是岩浆源区，而是岩浆演化过程中矿物分异作用差异导致了成矿岩浆属性差异，这种属性差异的岩浆对 Cu、Fe 等成矿元素具有不同的搬运能力，从而具有不同的矿化能力。铜矿化相关的岩浆形成于加厚地壳环境中，早期岩浆演化阶段存在石榴石分异作用，岩浆相对富水具有高氧逸度特征，随后岩浆演化经历以角闪石为主的矿物分异作用。铁矿化相关的岩浆形成于正常地壳环境，岩浆相对贫水具有偏还原特征，在浅部地壳环境中发生斜长石分异作用，岩浆侵位到浅地表环境中混染了含膏盐层三叠纪碳酸盐岩地层，提供了额外硫和氯源，有利于铁离子搬运、富集、沉淀。

第五章 黄铁矿矿物学特征及其勘查意义

第一节 黄铁矿矿相学特征

黄铁矿的生长形态与外界物理化学条件具有紧密关系,与之相应的,热液型黄铁矿的生长形态对热液环境条件具有良好的指示意义。Murowchick(1987)通过模拟实验控制黄铁矿的生长条件,发现温度和热液的过饱和度是影响热液黄铁矿晶形的主要因素。

一、黄铁矿典型矿床

鄂东矿集区矿产分布存在一定的分带性,自西北向东南部典型矿化元素依次为 Fe、Fe-Cu、Cu-Fe-Au、Cu-Au、W-Cu-Mo(Ag-Pb-Zn)。选择本区铜山口、铜绿山、金山店、蜡烛山、阮家湾 5 个矿床,分别代表了鄂东矿集区铜矿端元、铁-铜-金过渡型矿化端元、铁矿化端元、铜钼元素组合矿化远端,挑选各矿床中不同产状的黄铁矿进行对比研究。

(一)铜山口铜-钼矿床

铜山口矿床的矿化形式为斑岩-矽卡岩复合型矿床,从矿体规模上看,以矽卡岩型矿化为主。为充分了解不同产出环境下黄铁矿的特征,在野外地质调查过程中,严格按照不同蚀变分带进行系统采样。除了露天采坑采集新鲜样品外,还挑选了蚀变分带出露较完整的钻孔B28NZK1,结合钻孔编录,对各蚀变带采集了样品。挑选的蚀变分带主要包括蚀变致矿岩体、绢英岩化、钾化、矽卡岩化、致密块状矿石、大理岩化(图 5.1)。

铜山口致矿岩体为铜山口花岗闪长斑岩体,斑状结构,局部有石英脉穿插,轻度蚀变,石英脉中发育有黄铜矿和黄铁矿等硫化物,但这类硫化物为石英硫化物期的产物,并不为本次研究的对象。本次研究挑选的黄铁矿来自造岩矿物裂隙中包裹或充填的硫化物,手标本尺度难以观察(图 5.1a)。

绢英岩化带样品呈灰白色略偏绿色,为花岗闪长斑岩体经过绢英岩化蚀变而成,为斑状结构的变余结构。除原有造岩矿物外,蚀变产物主要为绢云母和石英,局部有黄铁矿等硫化物发育。样品表面有多组石英脉穿插,石英脉中含有黄铁矿和黄铜矿等硫化物(图 5.1b)。

钾化带样品具有明显的肉红色特征,石英的含量较绢英岩化带要明显增加,石英脉中的硫化物含量也有显著增多,另外,局部还发育浸染状黄铁矿,本次研究挑选浸染状黄铁矿为研究对象(图 5.1c)。

矽卡岩化带样品主要为石榴石透辉石矽卡岩,除了石榴石颗粒发育的部分为焦糖色外,样品整体呈绿色。矿物组合以石榴石、透辉石、金云母等矽卡岩矿物为主。石榴石晶形完好，粒径可达5mm。黄铁矿大量发育，呈浸染状结构和集中分布的团块状（图5.1d）。

致密块状矿石主要由黄铜矿、黄铁矿等金属硫化物组成，局部发育有少量的斑铜矿和磁铁矿，块状构造，品位极高。黄铜矿和黄铁矿相互充填，均无明显晶形，是同一阶段的产物（图5.1e）。

大理岩化带样品是较纯净的大理岩，局部保留原碳酸盐岩的成分，重结晶后的方解石粒径较大。黄铁矿以浸染状的形式赋存于方解石颗粒间，立方体晶形肉眼可见（图5.1f）。

a.蚀变花岗闪长斑岩，表面被石英脉穿插，石英脉和造岩矿物中均含有黄铁矿；b.绢英岩化带，样品整体偏绿色，表面可观察到黄铁矿、黄铜矿等金属硫化物；c.钾长石化带，整体呈肉红色，黄铁矿呈浸染状分布；d.矽卡岩化带，样品表面因透辉石化整体呈绿色，黄铁矿呈浸染状大量分布；e.致密块状矿石，金属硫化物呈团块状大量发育；f.大理岩，样品整体成白色，方解石重结晶结构明显，黄铁矿呈浸染状分布，可以观察到晶形

图5.1 铜山口斑岩-矽卡岩型铜钼矿床不同蚀变带典型样品手标本照片

（二）阮家湾钨-铜-钼矿床

阮家湾钨-铜-钼矿床是鄂东矿集区最重要的钨矿床，其矿化地质特征代表了该地区钨矿化的野外产出特征。在野外地质调查过程中，主要对矿区Ⅰ号、Ⅱ号矿体进行了详细的野外地质调查，并进行了系统的采样，样品主要来自两个矿体的采坑，另外结合钻孔编录，于ZK106岩芯中也补充了部分样品。样品采集按照矽卡岩型矿床的蚀变分带进行，所采集的蚀变分带分别为致矿蚀变岩体、矽卡岩化带、矿化带、大理岩化带。

阮家湾钨-铜-钼矿床的致矿岩体为阮家湾侵入岩，其岩性为一套花岗闪长岩，规模上属于岩株。石英闪长岩呈灰白色，受热液作用的影响，蚀变岩体手标本颜色较深，造岩矿物组合为长石、石英、角闪石、黑云母等，另外还有少量的黄铁矿呈浸染状分布，为本次的研究对象（图5.2a）。

矿区矽卡岩沿阮家湾侵入岩与地层接触带大量分布，矿物组合以石榴石、透辉石、金云母等矽卡岩矿物为主，另外还发育黄铜矿、黄铁矿等金属硫化物。矽卡岩手标本上有粗大石英

第五章 黄铁矿矿物学特征及其勘查意义

脉穿插,部分硫化物分布于石英脉中及两侧,为与石英同阶段产物,有少量方解石与石英共生(图5.2b)。

　　矿化带所采集的样品主要为致密块状矿石,矿物组成以黄铜矿、黄铁矿、磁黄铁矿等金属硫化物为主,品位较高。矿石为致密块状构造,黄铜矿和黄铁矿均没有明显晶形,相互穿插交代,为同阶段产物。其中黄铁矿为本次的重要研究对象(图5.2c)。

　　大理岩化带采集的样品为灰岩热变质重结晶后的产物,岩性为大理岩,颜色为深灰色。方解石的结构并不明显,局部有热液黄铁矿产出,粒状结构,晶形较明显,立方状。黄铁矿为本次的重要研究对象(图5.2d)。

a.蚀变花岗闪长岩,表面有石英脉穿插,黄铁矿呈浸染状分布;b.石榴石透辉石矽卡岩,夹粗大石英脉,表面发育有黄铜矿、黄铁矿等金属硫化物;c.黄铜矿致密块状矿石,金属矿物以黄铜矿、黄铁矿等金属硫化物为主;d.重结晶大理岩,表面有黄铁矿呈粒状结构产出,晶形完整

图5.2　阮家湾矽卡岩型钨-铜-钼矿床不同蚀变带典型样品手标本照片

(三)铜绿山铁-铜-金矿床

　　铜绿山铁-铜-金矿床是鄂东矿集区最重要的矽卡岩型多金属矿床。野外地质调查所采集的样品主要来自钻孔 ZK2705 岩芯 500～735m 段和超深钻 ZK805 岩芯 1000～1210m 段,另外,与 ZK806 岩芯中补充了部分样品,并对这些钻孔进行了详细的编录。采样主要依据各个蚀变带及每隔固定深度系统采样,蚀变带主要包括致矿蚀变岩体、矽卡岩化带、矿化带、大理岩带(图5.3)。

　　铜绿山矿区致矿岩体是一套石英闪长岩,样品颜色整体呈灰色,由于受到一定程度的热液影响,样品略微泛绿色。样品具有不等粒、似斑状的结构特征,块状构造。造岩矿物组合为斜长石、石英、角闪石、钾长石和黑云母等。样品表面有少量浸染状黄铁矿分布,为本次的研究对象,镜下观察较为明显(图5.3a)。

91

矽卡岩的矿物组合包括石榴石、透辉石、绿泥石、金云母等典型的矽卡岩矿物外，还发育黄铜矿、黄铁矿、斑铜矿等金属矿物，呈粗脉状、团块状穿插充填于矽卡岩中，硫化物大部分被氧化。由于透辉石、绿泥石等含量较高，样品颜色整体呈绿色，石榴石部分呈棕色(图5.3b)。

矿化带样品主要是矿区典型致密块状矿石，金属矿物组合除了具有经济效益的磁铁矿、黄铜矿外，还大量发育黄铁矿，其中黄铜矿和黄铁矿的共生关系较好，肉眼观察金属矿物晶形不完整，初步判断是矿化带部位物化条件突变快速结晶形成；非金属矿物主要为透辉石、绿帘石、绿泥石等(图5.3c)。

大理岩化带样品主要为大理岩，重结晶后的大理岩方解石晶形良好，粒径较大，粒状结构，块状构造。样品整体呈白色，局部由于透辉石的发育呈绿色。黄铁矿呈浸染状分布于方解石颗粒间，晶形良好，肉眼可见为立方状晶形(图5.3d)。

a.蚀变的石英闪长岩，仍保留原岩的结构构造，黄铁矿呈浸染状分布于造岩矿物间隙；b.矽卡岩，样品整体呈焦糖色，金属硫化物大多被氧化，形成锖色；c.致密块状磁铁矿矿石，成分主要为磁铁矿，黄铁矿呈团块状分布；d.大理岩，成分纯净，局部发育透辉石，黄铁矿呈浸染状分布，晶形完整

图5.3　铜绿山矽卡岩型铁-铜-金矿床不同蚀变带典型样品手标本照片

(四)金山店铁矿床

金山店矿床为鄂东矿集区重要的矽卡岩型铁矿床之一，野外地质调查对象主要是位于张福山的矿化部位。结合采坑内野外地质现象观察，按照致矿蚀变岩体、矽卡岩化带、矿化带和变余地层等进行系统的采样。

金山店矿区铁矿化的主要致矿岩体为一套石英闪长岩，造岩矿物组合为斜长石、钾长石、石英、角闪石等。样品整体呈似斑状结构，受热液的影响，样品受到一定程度的蚀变，样品表面有黄铁矿呈浸染状分布，同时还有石英呈团块状分布(图5.4a)。

矽卡岩化带样品挑选的是透辉石化矽卡岩，样品中间有团块状石英和方解石穿插。黄铁矿呈浸染状赋存于透辉石矽卡岩中，是本次的研究对象(图5.4b)。

第五章　黄铁矿矿物学特征及其勘查意义

　　矿化带样品为硬石膏磁铁矿矿石,金属矿物组合为磁铁矿、黄铁矿,从两者产出关系上看,黄铁矿要晚于磁铁矿的形成。非金属矿物主要为硬石膏和方解石,呈粗脉状穿插于手标本。样品表面受到一定程度的氧化,但内部仍新鲜,仍可以选作研究对象(图5.4c)。

　　变余角岩带样品为角岩,呈深灰色,受热液作用的影响,略带绿色。样品中有黄铁矿等金属硫化物分布,呈弥散状,切开样品内部发现仍有黄铁矿产出,说明黄铁矿并非晚期淋滤叠加的结果,而是热液期的产物,可以选作本次的研究对象(图5.4d)。

　　a.蚀变石英闪长岩,表面有黄铁矿呈浸染状分布;b.透辉石化矽卡岩,表面发育有石英和方解石,黄铁矿呈浸染状分布;c.硬石膏磁铁矿矿石,金属矿物组合有磁铁矿和黄铁矿,非金属矿物为硬石膏、方解石等;d.变余角岩,成分主要为泥质,黄铁矿有淋滤状和弥散状两种产状

图5.4　金山店矽卡岩型铁矿床不同蚀变带典型样品手标本照片

二、黄铁矿结构特征

(一)黄铁矿结构构造和矿物共生关系

　　黄铁矿岩相学和矿相学研究主要涉及以下几个方面:金属矿物组合、非金属矿物组合、矿物间穿插-交代关系、蚀变特征、单矿物结构等,主要观察特征如下。

1. 铜山口斑岩-矽卡岩型铜-钼矿床

　　铜山口蚀变岩体中矿物组合以造岩矿物为主,黄铁矿主要赋存于造岩矿物间隙或其中,呈浸染状分布。黄铁矿结构在造岩矿物间隙中自形程度较高,在造岩矿物内部自形程度较低,如在黑云母解理中的黄铁矿呈针状。整体观察,黄铁矿的热液特征明显(图5.5a)。

　　绢英岩化带中,非金属矿物主要包括石英和绢云母等,黄铁矿主要呈半自形—他形粒状或条状分布于非金属间隙。黄铁矿表面多孔洞,热液特征明显(图5.5b)。

　　钾化带中,非金属矿物以石英和钾化蚀变的产物为主。黄铁矿呈他形粒状产于非金属矿

93

物间隙之中，表面光滑，粒径较大(图5.5c)。

矽卡岩化带中，非金属矿物主要为典型的石榴石等矽卡岩矿物，金属矿物以黄铁矿和黄铜矿等金属硫化物为主。其中黄铁矿呈他形粒状产于石榴石间隙，受到一定程度的交代(图5.5d)。

致密块状矿石中以金属矿物为主，包括黄铜矿、黄铁矿等金属硫化物，非金属矿物主要有石英、绿泥石等。其中，黄铜矿和黄铁矿均为他形，相互交代，沿对方裂隙充填，表面多孔洞，初步判断为同阶段产物(图5.5e)。

大理岩中非金属矿物主要为方解石，金属矿物只有少量的黄铁矿，呈半自形粒状产于方解石颗粒间隙，粒径大小不一，少量颗粒粒径大于50μm。表面有少许孔洞(图5.5f)。

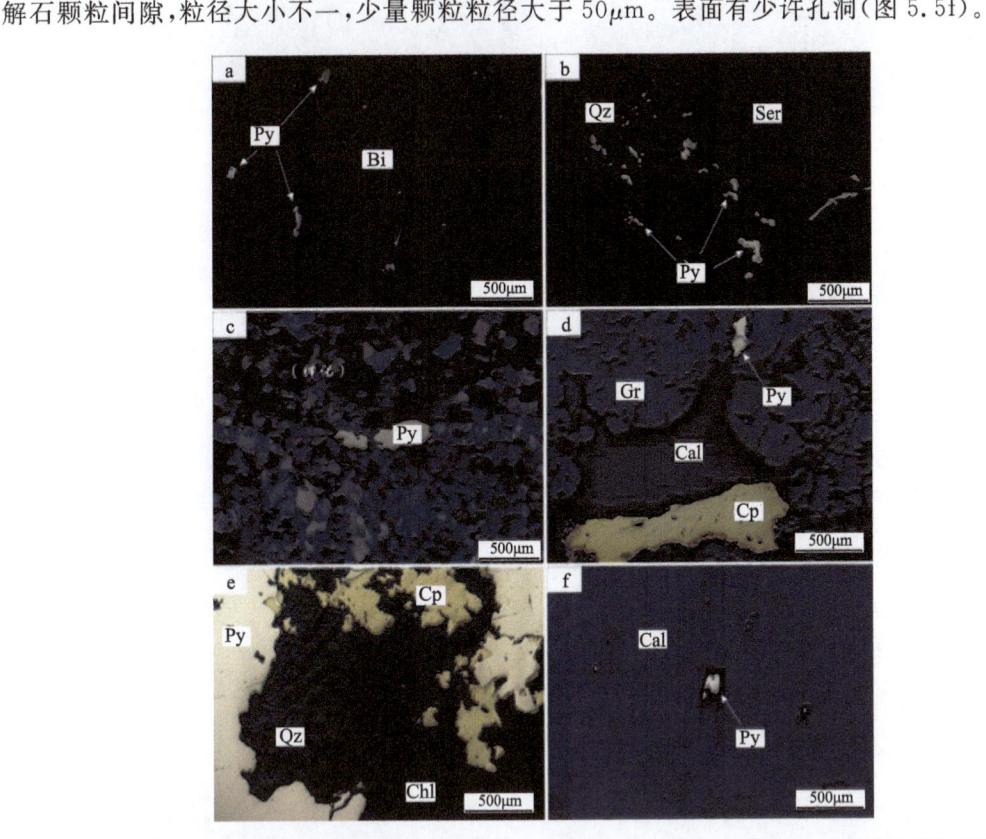

a.蚀变的花岗闪长斑岩中，黄铁矿均以低自形程度产于造岩矿物被蚀变产生的孔隙；b.绢英岩化带中，黄铁矿自形程度低；c.钾长石化带中，黄铁矿产于受到一定程度钾化的石英颗粒间隙；d.矽卡岩中的黄铁矿产于石榴石颗粒间隙；e.矿石中黄铁矿与黄铜矿相互交代；f.大理岩中，黄铁矿颗粒产于方解石颗粒间隙

图5.5　铜山口各蚀变带黄铁矿光学显微镜观察结果

2.阮家湾矽卡岩型钨-铜-钼矿床

阮家湾花岗闪长岩非金属矿物组合主要为造岩矿物，在热液的作用下受到较弱程度的蚀变；非金属矿物组合为黄铁矿、黄铜矿等金属硫化物。黄铁矿为自形—半自形，表面有少量孔洞，黄铜矿充填于黄铁矿的裂隙(图5.6a)。

第五章　黄铁矿矿物学特征及其勘查意义

矽卡岩中矿物组合金属矿物占比例较高,主要包括黄铜矿、磁铁矿、磁黄铁矿等。黄铁矿粒径较大,中央部分光滑平整,边部孔洞较多,黄铁矿与黄铜矿的接触边相对于与磁黄铁矿的接触边要较平整(图 5.6b)。

致密块状矿石中矿物组合以金属矿物组合为主,主要有黄铁矿、黄铜矿、辉钼矿等金属硫化物。金属硫化物均呈不规则状,黄铁矿与黄铜矿接触边缘不平整,黄铜矿交代黄铁矿,有部分残余黄铁矿被包裹在黄铜矿中(图 5.6c)。

大理岩中非金属矿物主要为方解石,金属矿物以黄铁矿为主。黄铁矿呈不规则状,部分颗粒晶形较完整。黄铁矿表面中央部分光滑、边部孔洞较多,部分边缘部位有非金属矿物的包裹物出现(图 5.6d)。

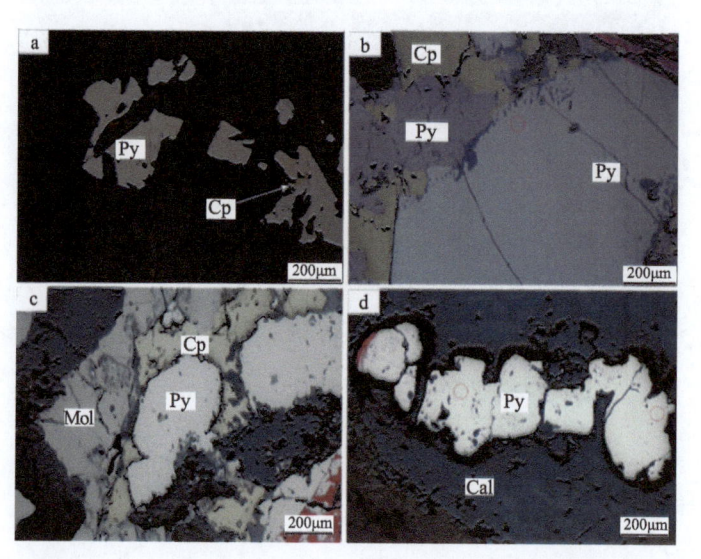

a.花岗闪长岩中,黄铁矿叠加于造岩矿物之上,自形度较高;b.矽卡岩中,黄铁矿与黄铜矿、磁黄铁矿(Py)共同产于矽卡岩矿物颗粒间隙;c.致密块状矿石中,黄铁矿与黄铜矿、辉钼矿(Mol)共同产出;d.大理岩中黄铁矿自形程度较高

图 5.6　阮家湾各蚀变带黄铁矿光学显微镜观察结果

3.铜绿山矽卡岩型铁–铜–金矿床

铜绿山蚀变石英闪长岩中,非金属矿物主要为原有的造岩矿物在热液作用下经历弱蚀变后的产物,金属矿物以少量的黄铁矿为主。黄铁矿主要产于蚀变的造岩矿物内部,如角闪石中,呈自形—半自形粒状,具有热液特征(图 5.7a)。

铜绿山矽卡岩中,非金属矿物以石榴石、透辉石等典型矽卡岩矿物为主;金属矿物主要有黄铜矿、黄铁矿以及少量的斑铜矿。金属矿物他形结构充填于矽卡岩矿物间隙,其中黄铁矿与黄铜矿具有较明显的共生关系(图 5.7b)。

致密块状矿石的矿物组合以金属矿物为主,包括磁铁矿、黄铜矿和黄铁矿,非金属矿物为石榴石和少量的透辉石。其中黄铁矿和黄铜矿以他形粒状充填于磁铁矿间隙(图 5.7c)。

大理岩中,金属矿物组合为黄铁矿、黄铜矿等金属硫化物,非金属矿物主要为方解石。黄铁矿和黄铜矿粒径极大,黄铁矿自形程度良好,两者相互沿对方裂隙充填,发生一定程度的交代,表面粗糙(图5.7d)。

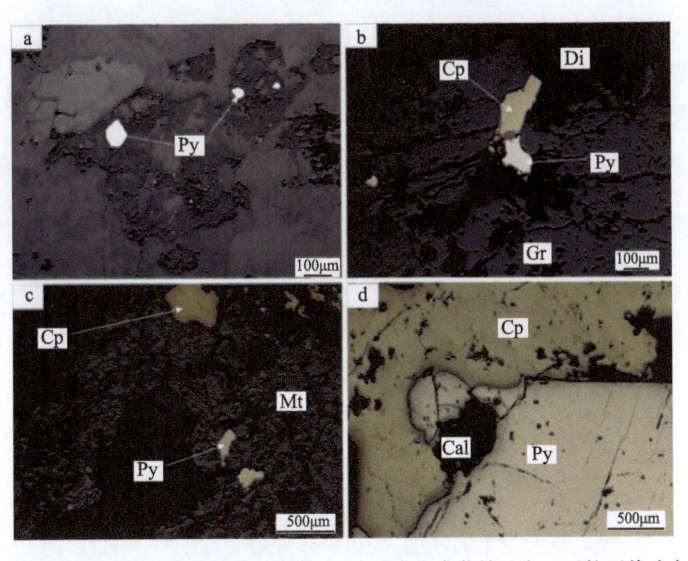

a.蚀变石英闪长岩中,黄铁矿产于造岩矿物孔隙中;b.矽卡岩中黄铁矿产于石榴石等矽卡岩矿物颗粒间隙;c.矿石中黄铁矿、黄铜矿共同产出于磁铁矿颗粒间隙;d.大理岩中,黄铁矿以高自形程度附着于大理岩之上,与黄铜矿共同产出

图5.7　铜绿山各蚀变带黄铁矿光学显微镜观察结果

4.金山店矽卡岩型铁矿床

金山店石英闪长岩中非金属矿物以造岩矿物为主,一定程度上,受到热液作用的影响。有少量的黄铁矿呈半自形粒状产于造岩矿物间隙,部分呈黄铁矿集合体,表面多孔洞,受到一定程度蚀变(图5.8a)。

矽卡岩中非金属矿物以石榴石、透辉石为主,以及少量的绿泥石;金属矿物组合为黄铁矿、黄铜矿等金属硫化物。黄铁矿呈他形,充填于石榴石矿物颗粒间隙,黄铜矿赋存于黄铁矿边部及充填于黄铁矿裂隙中(图5.8b)。

致密块状矿石中,金属矿物组合为磁铁矿和黄铁矿;非金属矿物为硬石膏、绿泥石等。磁铁矿与黄铁矿相互穿插、交代、包含等,磁铁矿中裂隙较多,大多被黄铁矿充填(图5.8c)。

变余角岩中黄铁矿呈不规则结构产出,粒径大小变化范围较大(图5.8d)。

(二)黄铁矿内部结构特征

在系统的光学显微镜观察之后,挑出典型的光薄片进行扫描电子显微镜观察,查明黄铁矿的内部结构特征。

第五章　黄铁矿矿物学特征及其勘查意义

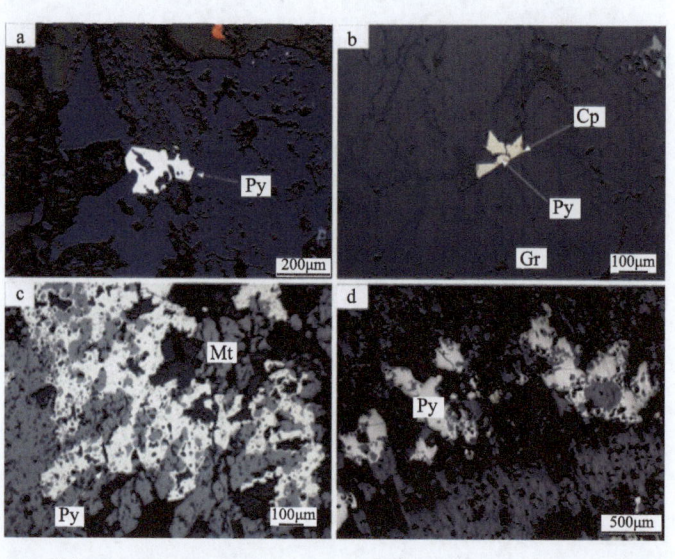

a.蚀变石英闪长岩中，黄铁矿以半自形结构产于造岩矿物间隙；b.矽卡岩中，黄铁矿、黄铜矿充填于石榴石等矽卡岩矿物颗粒间隙；c.致密块状矿石中，黄铁矿与磁铁矿相互交代，共同产出；d.变余角岩中，黄铁矿主要产于泥质成分中，无明显晶形，受到一定程度的交代

图5.8　金山店各蚀变带黄铁矿光学显微镜观察结果

1. 铜山口斑岩-矽卡岩型铜-钼矿床

铜山口花岗闪长斑岩中，黄铁矿与黄铜矿共同存在，黄铁矿表面粗糙多孔洞，局部含有黄铜矿的包裹物(图5.9a)。矽卡岩中黄铁矿受蚀变程度较高，但仍保留了原黄铁矿的部分结构，边部有较多孔洞，表面有粗大裂隙(图5.9b)。致密块状矿石中黄铁矿粒径较大，表面裂隙较多，局部发育带状孔洞，带状孔洞附件及两侧有少量黄铜矿的包裹物(图5.9c)。大理岩中黄铁矿表面光滑，自形程度较高，边部整齐，几乎未收到热液作用的改造，局部部位发育有小孔洞(图5.9d)。整体来看，铜山口地区黄铁矿中有少量发育黄铁矿等显微结构，黄铁矿中包裹物以黄铜矿为主。

2. 阮家湾矽卡岩型钨-铜-钼矿床

阮家湾花岗闪长岩中黄铁矿呈无规则形状，边缘较整齐，表面孔洞极发育，还有部分黄铜矿等硫化物的包裹物(图5.10a)。矽卡岩中黄铁矿为半自形结构，部分以集合体的形式产出，黄铁矿被不均匀交代，被交代部分孔洞发育，边缘粗糙(图5.10b)。致密块状矿石中，黄铁矿主要以集合体的形式产出，黄铁矿的晶形，边缘较平整，孔洞发育，黄铁矿表面能观察到大量黄铜矿等金属硫化物的包裹物(图5.10c)。大理岩中的黄铁矿粒径较小，自形程度较高，表面光滑，孔洞较少，边部平整(图5.10d)。阮家湾矿区黄铁矿蚀变程度并不高，但是金属硫化物的包裹物在黄铁矿中大量发育，仍未观察到环带等显微结构。

97

鄂东矿集区磷灰石-锆石-黄铁矿矿物学特征对成矿作用和找矿勘查的指示

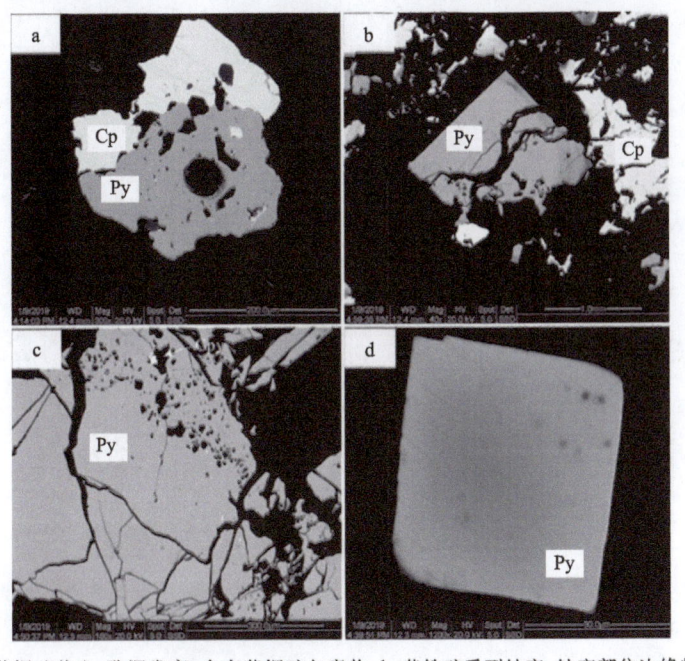

a. 黄铁矿与黄铜矿共生,孔洞发育,含有黄铜矿包裹物;b. 黄铁矿受到蚀变,蚀变部位边缘粗糙;c. 黄铁矿表面裂纹发育,局部孔洞发育;d. 高自形度黄铁矿

图 5.9　铜山口各蚀变带黄铁矿扫描电镜观察结果

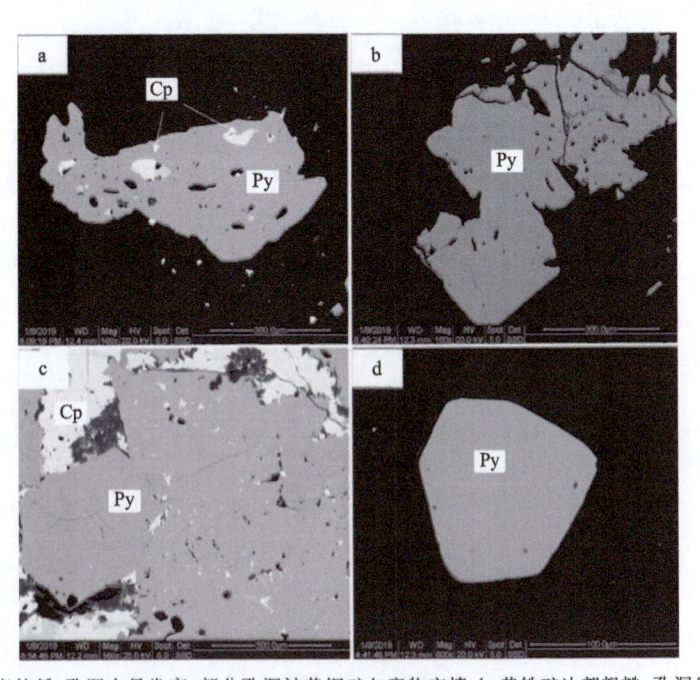

a. 黄铁矿自形度较低,孔洞大量发育,部分孔洞被黄铜矿包裹物充填;b. 黄铁矿边部粗糙,孔洞发育,未见明显包裹物;c. 黄铁矿边部粗糙,表面存在大量黄铜矿包裹物;d. 黄铁矿自形度较高,颗粒完整,表面光滑

图 5.10　阮家湾各蚀变带黄铁矿扫描电镜观察结果

第五章　黄铁矿矿物学特征及其勘查意义

3. 铜绿山矽卡岩型铁-铜-金矿床

铜绿山矿区石英闪长岩中的黄铁矿粒径较小、边缘平整、表面光滑，未见孔洞及金属矿物的包裹物（图5.11a）。矽卡岩中的黄铁矿呈他形结构充填于其他矿物间隙，与黄铜矿共生，表面可见黄铜矿的包裹物（图5.11b）。致密块状矿石中黄铁矿沿磁铁矿空隙生长，到空间大的部位，黄铁矿晶形逐渐成形，边部孔洞发育，表面可见黄铜矿等金属硫化物的包裹物（图5.11c）。大理岩中黄铁矿粒径较大，孔洞发育，裂隙较发育（图5.11d）。铜绿山矿区黄铁矿在扫描电镜的分析下，也未观察到环带之类的显微结构。

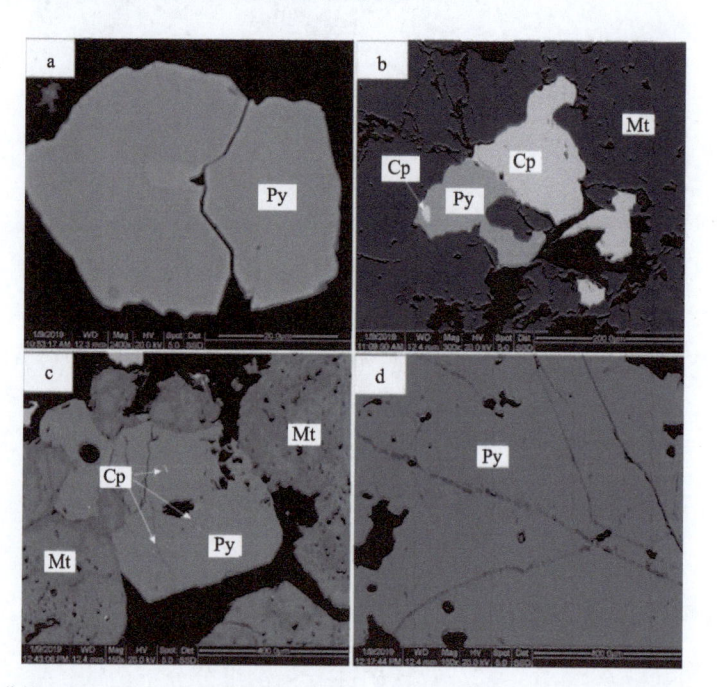

a.黄铁矿表面光滑，未见明显孔洞；b.黄铁矿与黄铜矿共同产出，表面含有黄铜矿的包裹物；c.黄铁矿产于磁铁矿颗粒间隙，发生交代部位孔洞发育，含有黄铜矿的包裹物；d.黄铁矿表面孔洞、裂纹均发育

图5.11　铜绿山各蚀变带黄铁矿扫描电镜观察结果

4. 金山店矽卡岩型铁矿床

金山店石英闪长岩中的黄铁矿以半自形粒状结构产于造岩矿物间隙，表面光滑、孔洞较少，局部边部不平整（图5.12a）。矽卡岩中黄铁矿呈不规则状，表面光滑、空洞较少，但是裂隙较多，边缘平直，另外，大颗粒黄铁矿边缘还发育浸染状的小颗粒黄铁矿（图5.12b）。致密块状矿石中黄铁矿表面发育少量的孔洞，裂纹较多（图5.12c）。变余角岩中，黄铁矿晶形比较完整，但是表面孔洞发育，边缘平直（图5.12d）。金山店黄铁矿在扫描电镜的分析下未观察到环带等显微结构，受其他矿物交代程度较低。

99

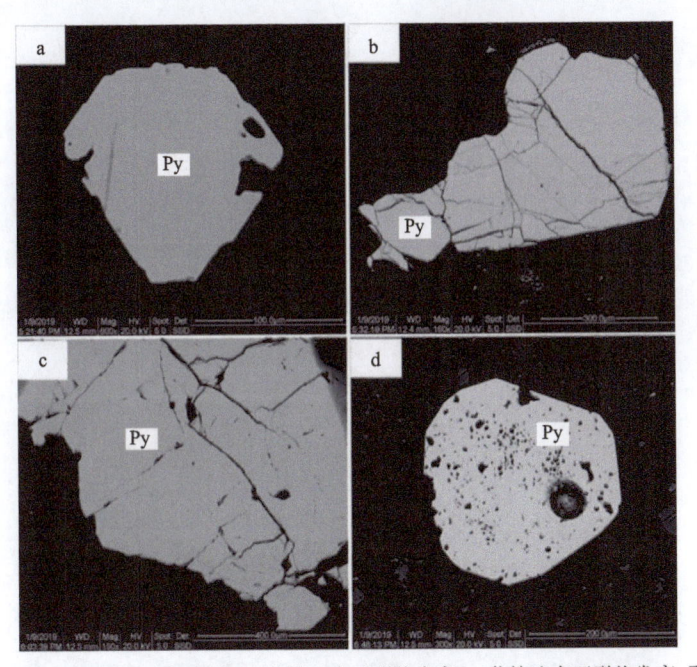

a.黄铁矿自形程度较高,表面光滑;b.黄铁矿表面裂纹发育;c.黄铁矿表面裂纹发育,孔洞较发育,边部较粗糙;d.黄铁矿自形度较高,表面粗糙,孔洞大量发育,未见明显包裹物的存在

图5.12 金山店各蚀变带黄铁矿扫描电镜观察结果

第二节 黄铁矿微量元素地球化学组成

一、致矿岩体中的黄铁矿

在观察结果的基础上,挑选一部分黄铁矿进行化学组分分析测试。致矿岩体部分,选择经历过轻微蚀变的致矿岩体,分别为铜山口花岗闪长斑岩、阮家湾花岗闪长岩、铜绿山石英闪长岩、金山店石英闪长岩、蜡烛山石英二长岩(蜡烛山矿床致矿岩体)。此类产状黄铁矿在挑选过程中均尽量选择产于具有一定程度蚀变的岩体中、粒径较大、与造岩矿物存在交代关系的黄铁矿,确保其为热液成因,避开岩浆成因的黄铁矿。

铜山口花岗闪长斑岩黄铁矿中,Mg(约 328.5×10^{-6})、Al(约 $1\,247.3\times10^{-6}$)、Ca(约 471.8×10^{-6})、Mn(约 22.2×10^{-6})等亲石元素测试点含量分布较离散;Ti、V、Cr 等亲铁元素含量较低,数据集中于 10×10^{-6} 以下;Co 元素平均含量 247.5×10^{-6},标准差 $\sigma=293.9$,Ni 元素平均含量为 50.3×10^{-6}($\sigma=41.8$),Cu 元素平均含量为 156.616×10^{-6}($\sigma=200.7$),As 元素平均含量为 3.5×10^{-6}($\sigma=3.2$),Se 元素平均含量为 35.1×10^{-6}($\sigma=12.2$);Zn 元素平均含量为 74.2×10^{-6}($\sigma=58.0$);Ga(0.6×10^{-6})、Sn(0.3×10^{-6})、Ba(1.3×10^{-6})、Pb(6.5×10^{-6})含量均较低;Ag、Sb、Te、Au、Hg、Bi 等元素中,除 Bi 元素含量为 $0.1\times10^{-6}\sim17.0\times10^{-6}$,其他均处于检出限附近。

阮家湾花岗闪长岩黄铁矿中,Mg、Al、Ca、Mn 等亲石元素以及 Ti、V、Cr 等亲铁元素测试

100

第五章 黄铁矿矿物学特征及其勘查意义

点离散度极高,但主要测试点含量较低;Co元素平均含量为728.6×10^{-6}($\sigma=1\,447.0$),Ni元素平均含量为174.0×10^{-6}($\sigma=129.4$),Cu元素平均含量为602.0×10^{-6}($\sigma=1\,122.4$),As元素平均含量为6.7×10^{-6}($\sigma=5.5$),Se元素平均含量为35.7×10^{-6}($\sigma=29.5$);Zn元素含量较高,平均含量为374.1×10^{-6}($\sigma=592.4$);Ga、Sn含量均位于检出限附近,Ba、Pb个别测试点含量较高;Ag、Sb、Te、Au、Hg、Bi等元素中,Bi元素部分测试点数据较高,个别测试点可达53.6×10^{-6},其他元素含量均位于检出限附近。

铜绿山石英闪长岩黄铁矿中,Mg(约95.5×10^{-6})、Al(约320.9×10^{-6})、Ca(约789.7×10^{-6})、Mn(约16.7×10^{-6})等亲石元素测试点含量分布相对集中;亲铁元素含量均较低,仅Ti元素最高值达20.4×10^{-6};Co元素平均含量为$6\,492.0\times10^{-6}$($\sigma=8\,272.0$),Ni元素平均含量为350.3×10^{-6}($\sigma=230.7$),Cu元素平均含量为490.9×10^{-6}($\sigma=598.2$),As元素平均含量为122.2×10^{-6}($\sigma=134.7$),Se元素平均含量为54.2×10^{-6}($\sigma=29.4$);Zn元素含量相对较高,平均值为226.8×10^{-6}($\sigma=147.4$);Ga(约0.4×10^{-6})、Sn(约0.7×10^{-6})、Ba(约1.7×10^{-6})、Pb(约11.1×10^{-6})等元素含量均较低;Ag、Sb、Te、Au、Hg、Bi等元素中,除Bi元素含量为$0.1\times10^{-6}\sim15.6\times10^{-6}$,其他主要集中在$0\sim2\times10^{-6}$内。

金山店石英闪长岩黄铁矿中,Mg、Al、Ca、Mn等亲石元素含量较高,但离散度较大;Ti、V、Cr等元素含量相对其他矿床较高,除开极异常值,Ti含量可达20.8×10^{-6},V含量达78.8×10^{-6};Co元素平均含量为$3\,203.5\times10^{-6}$($\sigma=5\,624.7$),Ni元素平均含量为$2\,728.4\times10^{-6}$($\sigma=2\,303.8$),Cu元素平均含量为209.0×10^{-6}($\sigma=158.5$),As元素平均含量为50.7×10^{-6}($\sigma=50.1$),Se元素平均含量为33.4×10^{-6}($\sigma=13.3$);Zn元素平均含量为124.6×10^{-6}($\sigma=79.2$);Ga、Sn、Ba等元素含量均较低,Pb元素平均含量达85.5×10^{-6}($\sigma=211.0$);Ag、Sb、Te、Au、Hg、Bi等元素中,Bi元素平均含量为9.8×10^{-6}($\sigma=15.5$),其他元素含量均较低。

蜡烛山石英二长岩(蜡烛山铁矿致矿岩体)黄铁矿中,Mg、Al、Ca、Mn等亲石元素含量极高,但整体比较离散;Ti、V、Cr等亲铁元素含量也较高,除开极异常值,Ti含量可达60.5×10^{-6},V含量达83.4×10^{-6},Cr含量达57.0×10^{-6};Co元素平均含量为$3\,697.2\times10^{-6}$($\sigma=4\,783.2$),Ni元素平均含量为$1\,547.4\times10^{-6}$($\sigma=1\,162.7$),Cu元素平均含量(除开极异常值)为460.4×10^{-6}($\sigma=310.1$),As元素平均含量为16.6×10^{-6}($\sigma=10.7$),Se元素平均含量为30.7($\sigma=11.4$);Zn元素含量较高,平均含量为361.9×10^{-6}($\sigma=620.2$);Ga、Sn元素含量较低,Ba元素个别测试点可达84.0×10^{-6},Pb元素除开极异常点,平均含量为13.2×10^{-6};Ag、Sb、Te、Au、Hg、Bi等元素含量均位于检出限附近。

各个岩体分析样品点数为8~23个,经过数据统计汇总和投图(图5.13、图5.14)可以看出,前文提到的与黄铁矿相容性较弱的元素在各个矿床致矿岩体的热液黄铁矿中在含量上表现出一定差异。铜山口花岗闪长斑岩中的黄铁矿相对于其他矿床,并没有明显富集的元素,反而明显贫Ca、Ti、Pb等元素,Mn元素含量也较低;铜绿山石英闪长岩中的黄铁矿相对于其他矿床同样也没有明显富集的元素,Mg、Al、V、Ga等元素含量明显低于其他矿床,Ba元素与铜山口相当,但明显低于金山店、蜡烛山;金山店作为铁矿化端元,相容性较弱的微量元素与其他矿床相比要明显富集,主要包括Mg、Al、Mn、Ga、Pb等;同样,蜡烛山作为铁矿化端元,相容性较弱的元素也明显富集,如Mg、Ca、Ti、V、Cr、Sn、Ba等;阮家湾花岗闪长岩中的黄铁矿

101

在相容性较弱的元素含量上,相对于其他矿床,并未表现出明显富集的特征,元素含量普遍低于金山店和蜡烛山致矿岩体中的黄铁矿,但是普遍高于铜绿山和铜山口致矿岩体中的黄铁矿。

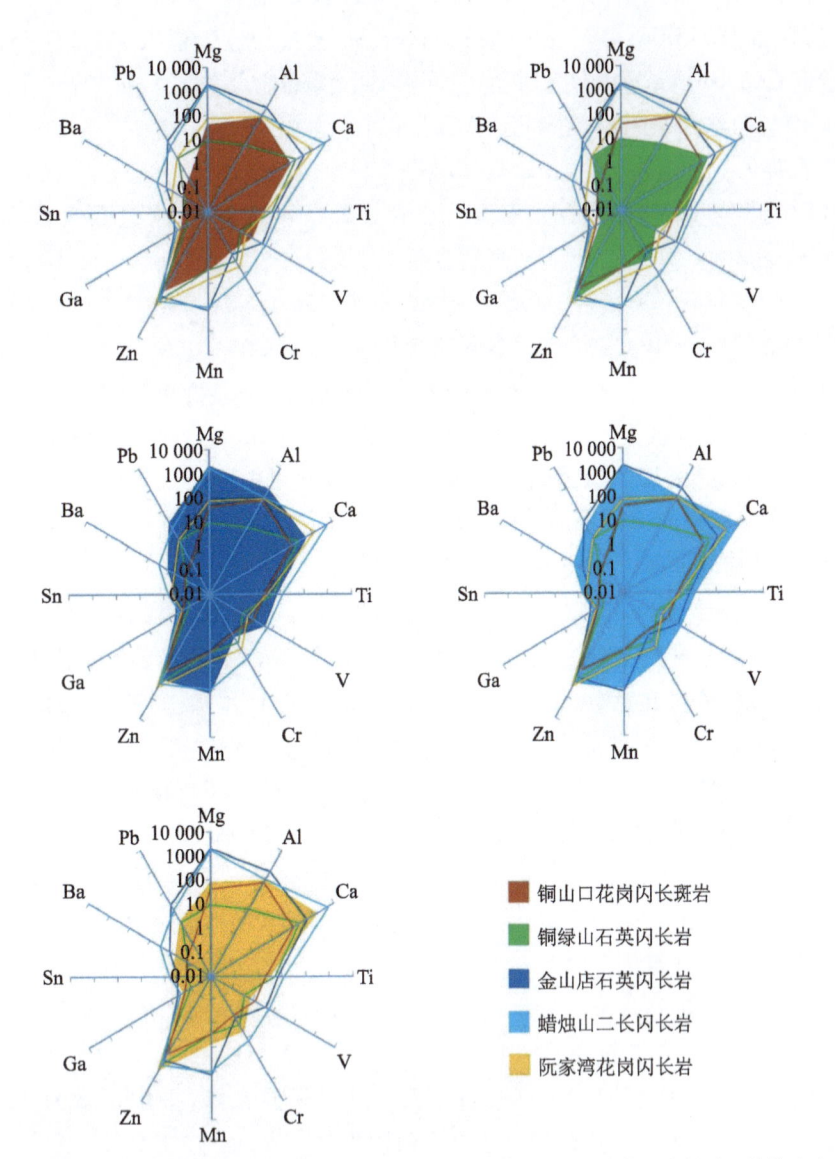

成铁矿的金山店石英闪长岩和蜡烛山二长闪长岩的热液黄铁矿中,该类元素相对于其他矿床的致矿岩体要更为丰富,主要表现在明显富集 Mg、Al、Mn 等亲石元素,Ti、V、Cr 等亲铁元素含量也更高(填色区域代表所填颜色对应样品,未填色区域代表边框颜色对应样品)

图 5.13　致矿岩体中黄铁矿微量元素组成分布图(相容性较弱元素)

　　根据图 5.14,相容性较强的元素在各个矿床致矿岩体的热液黄铁矿中同样表现出一定的差异。铜山口花岗闪长斑岩中的黄铁矿,除了 Hg 元素含量较高外,其他元素相较于其他矿床都偏低,并未表现某种元素相对富集;铜绿山石英闪长岩中的黄铁矿,Co、As、Te、Au 元素明显高于其他矿床,并未表现出某种元素贫化;金山店石英闪长岩和蜡烛山石英二长岩作为

第五章　黄铁矿矿物学特征及其勘查意义

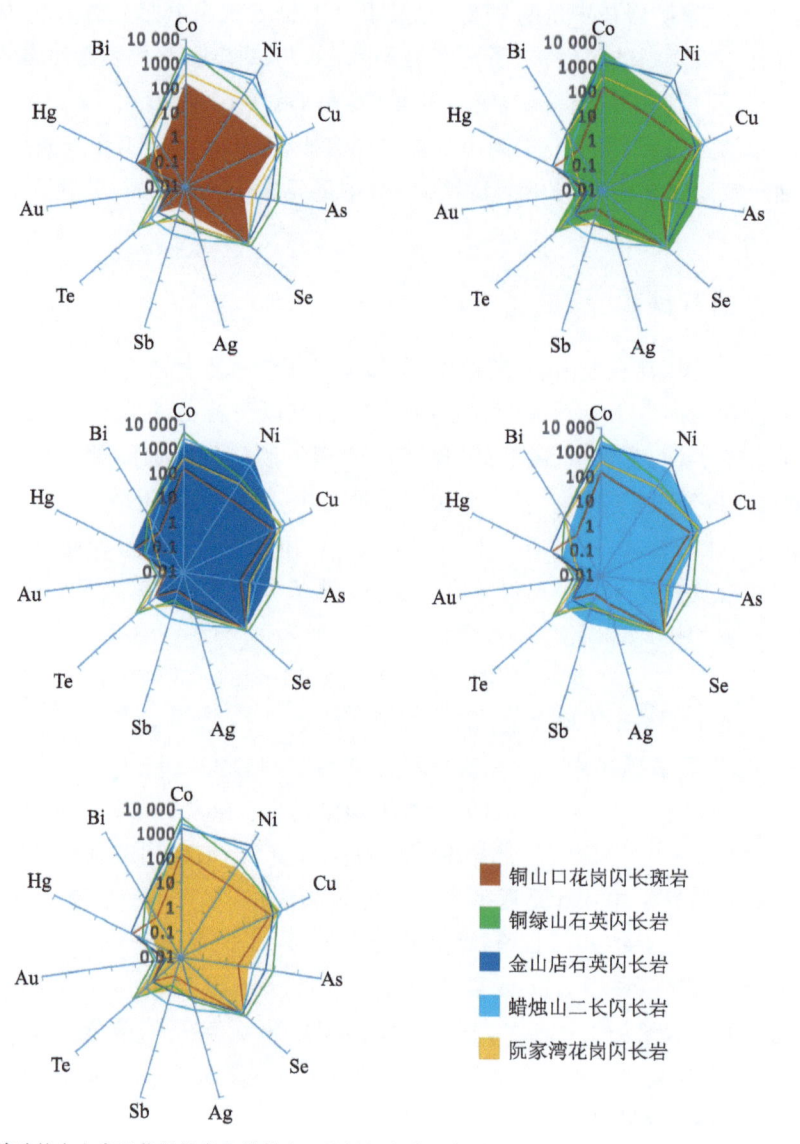

铜山口花岗闪长斑岩

铜绿山石英闪长岩

金山店石英闪长岩

蜡烛山二长闪长岩

阮家湾花岗闪长岩

成铁矿的金山店石英闪长岩和蜡烛山二长闪长岩热液黄铁矿中，Ni元素含量高于其他致矿岩体，铜绿山石英闪长岩黄铁矿中，明显富集Co元素，Te含量也高于其他致矿岩体中的黄铁矿（填色区域代表所填色颜色对应样品，未填色区域代表边框颜色对应样品）

图5.14　致矿岩体中黄铁矿微量元素组成分布图（相容性较强元素）

铁矿床的致矿岩体，两者中的黄铁矿、Ni元素比其他矿床明显富集，分别为 $163.23\times10^{-6}\sim5\,375.30\times10^{-6}$、$185.83\times10^{-6}\sim3\,862.31\times10^{-6}$，并未表现出某种元素的明显贫化；阮家湾花岗闪长岩中的黄铁矿，Cu、Te、Bi含量较高，其他元素含量普遍偏低。

　　整体来看，元素在致矿岩体热液黄铁矿中的分布存在一定的规律性，如元素Ni和Ti，在金山店石英闪长岩和蜡烛山石英二长岩的黄铁矿中含量较高；铜山口花岗闪长斑岩和阮家湾花岗闪长岩，均为铜矿化的致矿岩体，其中黄铁矿Ni和Ti元素含量则较低；铜绿山石英闪长岩，是铜-铁混合矿化的致矿岩体，其中黄铁矿Ni和Ti元素含量居中。除了规律性较强的元

103

素外,各矿化类型的致矿岩体中的黄铁矿,元素组合上也表现出其特征性。金山店石英闪长岩和蜡烛山石英二长岩中的黄铁矿,明显富集 Mg、Al、Ti、V、Mn 等代表基性岩浆热液的元素组合;铜绿山石英闪长岩中的黄铁矿,明显富集 Co 和 As 等元素,另外 Te 和 Au 含量也高于其他致矿岩体中的黄铁矿,可能与铜绿山的金矿化有关,需要进一步工作去验证;而铜山口花岗闪长斑岩和阮家湾花岗闪长岩中的黄铁矿,除主量元素 Fe 和 S 外,其他元素含量均相对较低。

二、矿石中的黄铁矿

分别于铜山口、铜绿山、金山店、蜡烛山、阮家湾矿床中选取代表矿化带的致密块状矿石,结合光学显微镜和扫描电子显微镜的观察,筛选出具有以下特征的黄铁矿:①与矿石矿物共生关系良好的黄铁矿,如黄铜矿、磁铁矿、辉钼矿等,避开晚阶段叠加的黄铁矿;②表面包裹物较少;③不具有环带等微观结构。各矿床矿石黄铁矿中,微量元素还是以 Co、Ni、Cu、As、Se、Te、Bi 为主,Mg、Al、Ca、Mn 等亲石元素相对于致矿岩体黄铁矿中含量较低。

铜山口铜矿石黄铁矿中,Co 元素平均含量为 264.5×10^{-6}($\sigma=479.3$),Ni 元素平均含量为 28.2×10^{-6}($\sigma=21.9$),Cu 元素平均含量为 $1\,349.5\times10^{-6}$($\sigma=1\,871.1$),As 元素平均含量为 12.3×10^{-6}($\sigma=15.5$),Se 元素平均含量为 173.4×10^{-6}($\sigma=184.6$);Te、Bi 含量较高,Te 平均含量达 59.4×10^{-6},Bi 平均含量达 16.8×10^{-6}。

铜绿山铁-铜矿石黄铁矿中,Co 元素平均含量为 $8\,746.2\times10^{-6}$($\sigma=14\,435.8$),Ni 元素平均含量为 332.0×10^{-6}($\sigma=531.6$),Cu 元素平均含量为 $1\,068.5\times10^{-6}$($\sigma=1\,336.7$),As 元素平均含量为 173.3×10^{-6}($\sigma=341.5$),Se 元素平均含量为 74.8×10^{-6}($\sigma=47.9$)。

金山店铁矿石黄铁矿中,Co 元素平均含量为 $2\,697.1\times10^{-6}$($\sigma=5\,180.7$),Ni 元素平均含量为 $1\,055.5\times10^{-6}$($\sigma=990.1$),Cu 元素平均含量为 185.5×10^{-6}($\sigma=153.0$),As 元素平均含量为 27.0×10^{-6}($\sigma=9.9$),Se 元素平均含量为 29.8×10^{-6}($\sigma=9.9$)。蜡烛山铁矿石黄铁矿中,Co 元素平均含量为 294.5×10^{-6}($\sigma=219.2$),Ni 元素平均含量为 52.2×10^{-6}($\sigma=51.0$),Cu 元素平均含量为 189.4×10^{-6}($\sigma=123.6$),As 元素平均含量为 86.0×10^{-6}($\sigma=266.1$),Se 元素平均含量为 16.5×10^{-6}($\sigma=5.0$)。

阮家湾铜-钼矿石中测试样品较少,这里只描述平均值,Co 元素平均含量为 27.3×10^{-6},Ni 元素平均含量为 31.5×10^{-6},Cu 元素平均含量为 57.3×10^{-6},As 元素平均含量为 36.9×10^{-6},Se 元素平均含量为 97.5×10^{-6}。

各个矿床分析样品点数为 $3\sim26$ 个,经过数据统计汇总,再次投图(图 5.15、图 5.16)。从图 5.15 中,我们可以看出,与黄铁矿相容性较弱的元素在各矿床矿石黄铁矿组分中在含量上表现出一定差异。铜山口矿床块状矿石中,黄铁矿要富 V(约 16.09×10^{-6})、Sn(约 7.19×10^{-6}),未发现明显贫化的元素;铜绿山矿床矿石中黄铁矿相对于其他矿床黄铁矿富集的元素有 Mn(约 503.94×10^{-6})、Zn($3.00\times10^{-6}\sim997.89\times10^{-6}$);金山店矿床矿石中,黄铁矿富Cr($0.20\times10^{-6}\sim119.83\times10^{-6}$)、Pb($0.17\times10^{-6}\sim69.72\times10^{-6}$)等元素,贫 V、Mn 等元素;蜡烛山矿床矿石中黄铁矿明显富 Mg 元素;相对于其他矿床,阮家湾矿床矿石中,黄铁矿无明显富集元素,各元素含量均较低。

第五章　黄铁矿矿物学特征及其勘查意义

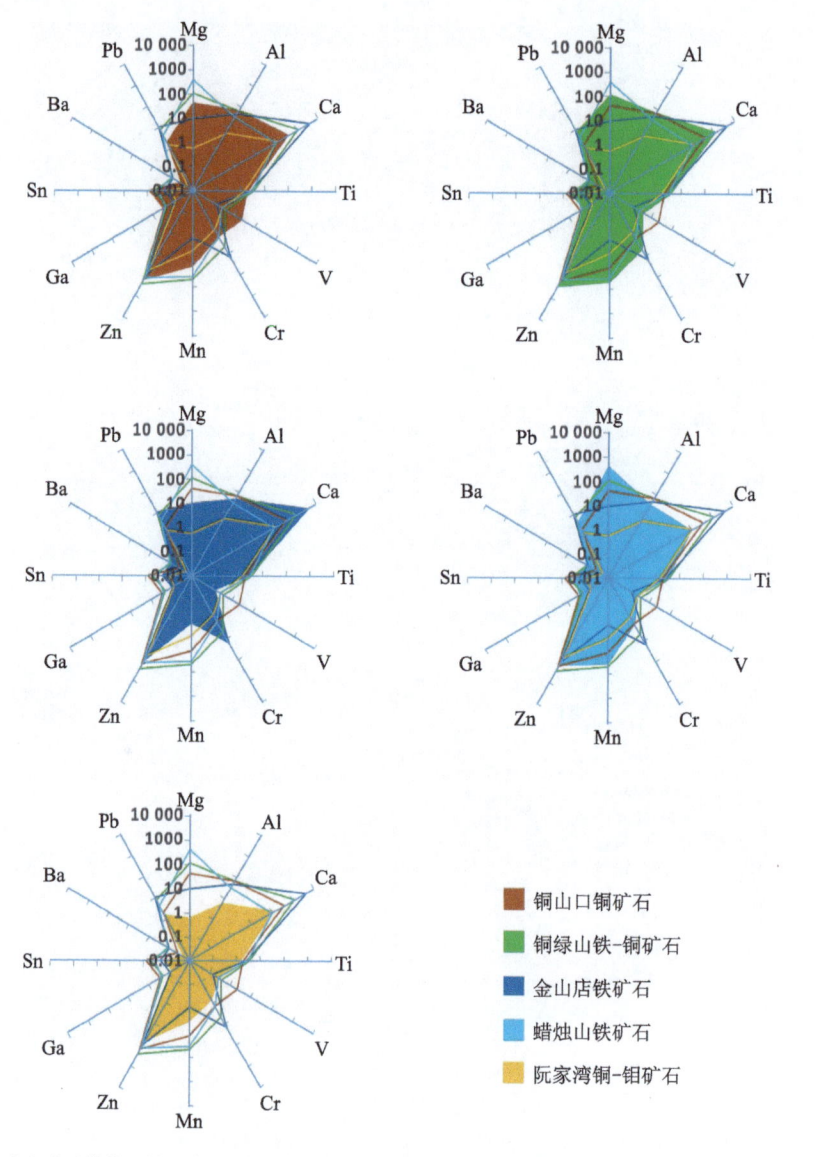

各矿床矿石黄铁矿样品中,该类元素含量相对较均一,仅阮家湾铜-钼矿石黄铁矿中该类元素相对贫乏(填色区域代表所填颜色对应样品,未填色区域代表边框颜色对应样品)

图5.15　矿石中黄铁矿微量元素组成分布图(相容性较弱元素)

　　由图5.16可知,黄铁矿相容元素在各矿床矿石样品中也表现出含量上的差异。铜山口矿床矿石中的黄铁矿富$Cu(16.33×10^{-6}～5\,074.90×10^{-6})$、$Se(23.74×10^{-6}～658.49×10^{-6})$、$Sb(0.05×10^{-6}～7.05×10^{-6})$、$Te(约445.232×10^{-6})$等元素,贫$Co$、$Ni$、$As$等元素;铜绿山矿床矿石中,黄铁矿各元素含量普遍较高,富Co、Cu、As、Ag、Te、Au、Bi等,并未发现某种元素明显贫化;金山店矿床矿石中,仅$Ni(15.18×10^{-6}～3\,005.73×10^{-6})$元素明显富集,$Au$元素含量极低;蜡烛山矿床矿石中黄铁矿并未发现与其他矿床相比明显富集的元素;阮家湾矿床矿石中,除Se、Hg外,各元素含量均较低。

105

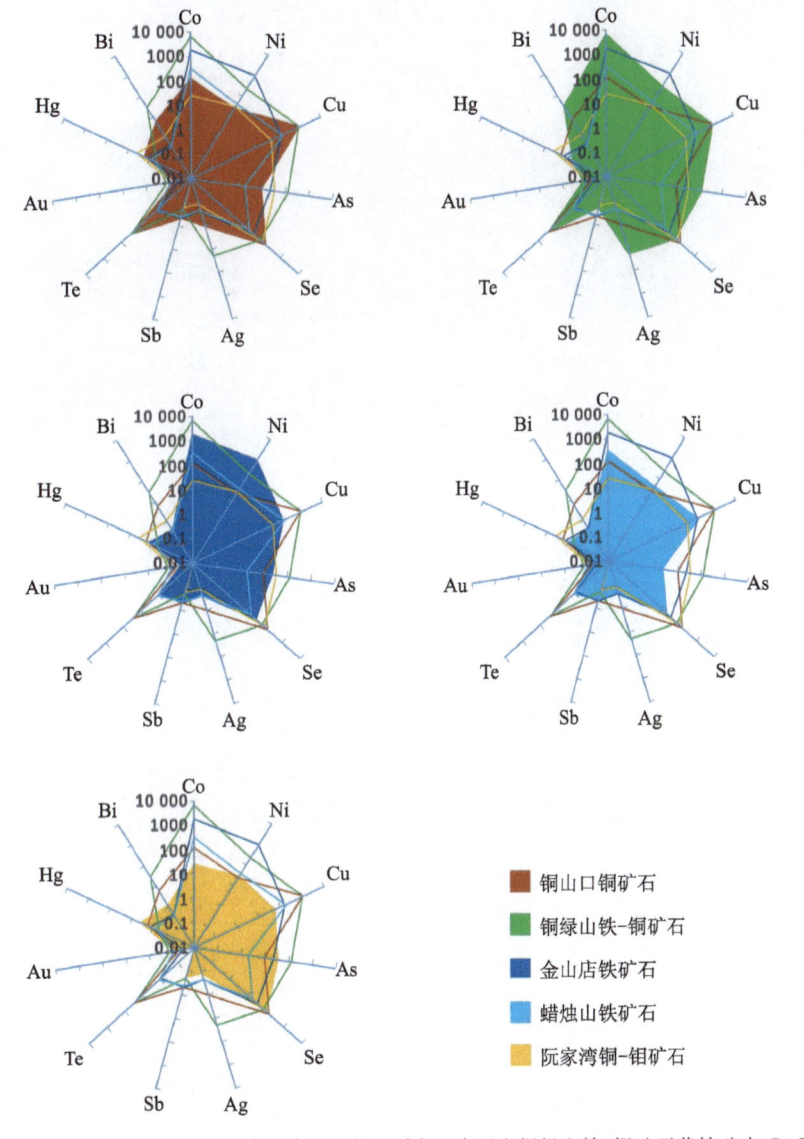

各矿床矿石黄铁矿样品中,该类元素含量的差别主要表现在铜绿山铁-铜矿石黄铁矿中Co元素含量明显高于其他矿石,而金山店和蜡烛山铁矿石中,Se元素含量相对其他矿石较低,铜绿山铁-铜矿石和铜山口铜矿石黄铁矿中Cu含量高于其他矿石(填色区域代表所填颜色对应样品,未填色区域代表边框颜色对应样品)

图5.16 矿石中黄铁矿微量元素组成分布图(相容性较强元素)

整体观察,各矿床矿石中,黄铁矿元素组合与主要矿化元素(Cu、Fe、Cu-Fe等)的对应关系并未表现出明显递变性规律,仅Se元素含量表现出一定规律性,在铜山口、阮家湾两个与铜矿化为主要矿化元素的矿床矿石黄铁矿组分中含量较高,在金山店和蜡烛山中含量较低,在铜绿山Fe-Cu过渡型矿化矿床中,含量居中,但整体区别不大。各个矿床矿石中的黄铁矿仍有其特征元素组合。铜山口矿床矿石黄铁矿的特征元素有Se、Sn;铜绿山矿床矿石黄铁矿的特征元素有Co、Cu、Zn、As,以及与金矿化关系密切的Ag、Te、Au、Bi等元素组合;金山店

第五章　黄铁矿矿物学特征及其勘查意义

矿床矿石黄铁矿的特征元素以 Cr、Ni 为代表,另外还有 Ca、Pb 元素;蜡烛山矿床矿石黄铁矿特征元素组分以 Mg 为代表;阮家湾矿床矿石黄铁矿的微量元素仅低温元素 Hg 含量较高。另外,铜绿山和铜山口均有铜矿化的矿床中,矿石中黄铁矿的 Cu 含量均较高。

三、围岩地层中的黄铁矿

分别在铜山口、铜绿山、金山店、阮家湾矿床中选取地层的样品,需要挑选受到热液发生一定程度变质作用的地层样品,如大理岩、变余砂岩等。结合光学显微镜和扫描电子显微镜的观察,筛选出热液成因的黄铁矿。各个矿床分析样品点数为 3～15 个,各矿床地层黄铁矿样品中,Mg、Al、Ca、Mn 等亲石元素测试点含量分布极为离散,Ti、V、Cr 等元素含量整体相对其他蚀变带黄铁矿含量较高,主要微量元素组成为 Co、Ni、Cu、As、Se、Zn,以及少量的 Te、Bi。

铜山口矿区大理岩黄铁矿中,Co 元素平均含量为 216.2×10^{-6}($\sigma = 635.2$),Ni 元素平均含量为 48.7×10^{-6}($\sigma = 85.8$),Cu 元素平均含量为 635.3×10^{-6}($\sigma = 914.2$),As 元素平均含量为 73.3×10^{-6}($\sigma = 157.0$),Se 元素平均含量为 79.1×10^{-6}($\sigma = 83.0$);Te、Bi 元素部分测试点数据可超过 100×10^{-6}。

铜绿山大理岩黄铁矿样品测试点较少,这里只对元素含量平均值做说明,黄铁矿中 Co 元素平均含量为 169.5×10^{-6},Ni 元素平均含量为 34.9×10^{-6},Cu 元素平均含量为 211.2×10^{-6},As 元素平均含量为 19.5×10^{-6},Se 元素平均含量为 6.0×10^{-6};Te 元素含量较高,平均值达 408.4×10^{-6}。

金山店变余角岩黄铁矿中,Co 元素平均含量为 $2\,514.1 \times 10^{-6}$($\sigma = 2\,658.9$),Ni 元素平均含量为 260.6×10^{-6}($\sigma = 346.5$),Cu 元素平均含量为 189.0×10^{-6}($\sigma = 130.8$),As 元素平均含量为 88.3×10^{-6}($\sigma = 78.3$),Se 元素平均含量为 22.4×10^{-6}($\sigma = 15.1$)。

阮家湾大理岩黄铁矿中,Co 元素平均含量为 327.1×10^{-6}($\sigma = 594.0$),Ni 元素平均含量为 201.1×10^{-6}($\sigma = 248.8$),Cu 元素平均含量为 140.2×10^{-6}($\sigma = 59.3$),As 元素平均含量为 672.7×10^{-6}($\sigma = 800.6$),Se 元素平均含量为 19.8×10^{-6}($\sigma = 12.6$);部分测试点中 Sb、Te、Bi 的含量较高。

经过数据统计汇总,再次投图(图 5.17)。对于相容性较弱的元素,铜山口大理岩中的黄铁矿主要相对于其他地区要更富集 Ca、Cr 等元素,贫 Sn 元素;铜绿山大理岩中的黄铁矿要更富集 Zn 等元素,Mg、Al、Ca、Ti、V 元素相对于其他地区含量要更低;金山店变余角岩中的黄铁矿相对于其他地区,无明显富集的元素,而 Cr 元素含量要更低;阮家湾大理岩黄铁矿中的各元素含量均较高,其中 Mg、Al、V、Mn、Sn、Pb 含量要明显高于其他地区。

对于相容性较强的元素,铜山口大理岩中的黄铁矿相对于其他地区,Cu、Se、Bi 等元素含量更高;铜绿山大理岩中黄铁矿明显要富集 Te 元素,而 As、Se、Sb 等元素的含量相对于其他地区要较低;金山店地区变余角岩中的黄铁矿,Co、Ni 含量明显高于其他地区,而 Ag、Te、Hg、Bi 等低温元素组合要明显更低;阮家湾大理岩黄铁矿中,As、Sb 两种元素明显富集。

107

鄂东矿集区磷灰石-锆石-黄铁矿矿物学特征对成矿作用和找矿勘查的指示

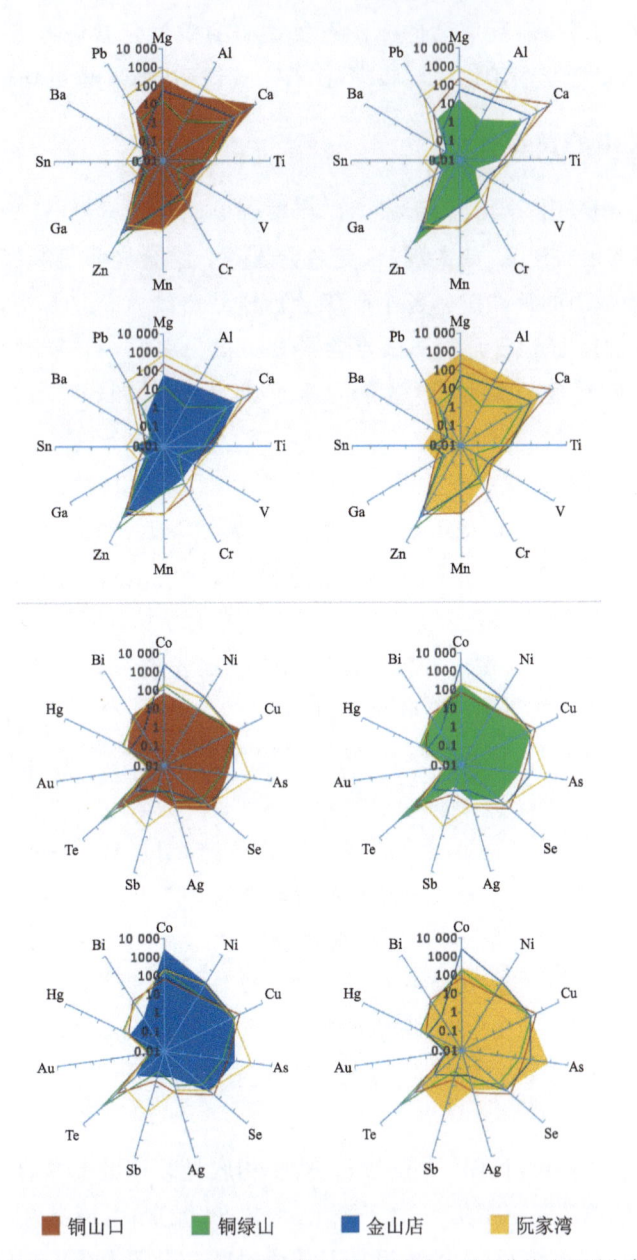

■ 铜山口   ■ 铜绿山   ■ 金山店   ■ 阮家湾

各矿区地层黄铁矿样品中,对于相容性较弱的元素,阮家湾大理岩黄铁矿要更为富集,对于相容性较强的元素,铜山口大理岩黄铁矿富集 Cu 元素,铜绿山大理岩富集 Te 元素,金山店变余角岩黄铁矿中 Co、Ni 含量相对更高,阮家湾大理岩黄铁矿中 As、Sb 含量更高(填色区域代表所填颜色对应样品,未填色区域代表边框颜色对应样品)

图 5.17 地层中黄铁矿微量元素组成分布图

整体上看,各个矿区地层中黄铁矿元素组合与主要矿化元素的对应关系并未表现出明显的递变性规律,但各个矿床地层中黄铁矿仍有其特征元素组合:铜山口大理岩中黄铁矿的特征元素组合为 Ca、Cr、Cu、Se;铜绿山大理岩中黄铁矿的特征元素为 Zn、Te;金山店变余角岩

108

第五章　黄铁矿矿物学特征及其勘查意义

中黄铁矿的特征元素为 Co、Ni；阮家湾大理岩中黄铁矿的特征元素组合为 Mg、Al、As、Sb。其中，Cr 元素在铜山口大理岩黄铁矿和阮家湾大理岩黄铁矿中含量较高，在金山店变余角岩黄铁矿中的含量较低，在铜绿山大理岩黄铁矿中的含量较低，但整体差别并不明显。

四、黄铁矿地球化学特征小结

鄂东矿集区多金属矿床大多产于侵入岩体内部及侵入岩与地层围岩接触带部位，且矿床成因大多与侵入岩体有关，包括成矿物质来源和流体来源等方面。值得注意的是，鄂东矿集区还存在较多侵入岩体未见矿，且矿产勘查程度和研究程度均较低，因此，查明致矿侵入岩中热液黄铁矿微量元素组成，对在该类未见矿岩体内部及周缘的找矿勘查工作具有方向性指导意义。

铜山口、阮家湾、铜绿山、金山店、蜡烛山 5 个矿床中，金山店和蜡烛山是以铁矿化为主的矿床，其致矿岩体岩性分别为偏中基性的石英闪长岩和二长闪长岩，铜山口和阮家湾矿床是以 Cu 等元素矿化为主的矿床，其致矿岩体岩性分别为偏酸性的花岗闪长斑岩和花岗闪长岩，金山店和蜡烛山致矿岩体黄铁矿中富 Mg、Ti、V、Mn、Pb、Ni 等元素，而铜山口和阮家湾致矿岩体黄铁矿中却没有表现出某种元素的明显富集。初步推测其原因为：中基性岩浆岩分异出的岩浆热液中富含 Mg、V、Mn 等元素，黄铁矿在该化学条件下形成，导致元素组合表现出该类元素的富集。Ni 元素在金山店和蜡烛山致矿岩体黄铁矿中含量较高，在铜山口和阮家湾致矿岩体黄铁矿中含量较低，铜绿山为 Fe-Cu 过渡型矿化，Ni 在其致矿岩体黄铁矿中含量居中，可初步推测，Ni 元素与 Fe 元素矿化的关系密切。

Deditius（2009a）对热液黄铁矿进行研究发现，黄铁矿在沉淀过程中，对 Cu 和 As 选择性吸收，两种元素互耦。Reich 等（2013）在显微结构观察的基础上，对德兴斑岩铜矿中黄铁矿的微量元素组分进行分析，发现黄铁矿的环带结构中，富 Cu-贫 As 环带和富 As-贫 Cu 环带交替出现，暗示了热液黄铁矿中 Cu、As 两种元素在斑岩型矿床系统中，存在解耦关系。

在前文对致矿岩体黄铁矿中微量元素统计的基础上，本次研究对样品分析测试点进行散点投图，横坐标选用在各矿种黄铁矿中差异较大的 Ni 元素，纵坐标选取 Cu、As 两种亲硫元素之和。由于 Cu、As 两种元素相对原子质量存在差异，另外，两者虽然在热液系统中存在解耦关系，但化学性不可能完全一致，因此，需要对其中一个元素赋予系数。经过试验，赋予 As 元素含量乘 10 的系数时，各群样品点分布相对集中，并且，同作为 Fe 矿化端元的金山店和蜡烛山矿床的两群样品点重合性较好（图 5.18）。从图中可以看出，作为 Cu 矿化端元的铜山口样品点与作为 Fe 矿化端元的金山店、蜡烛山样品点分为截然的两群，而铜绿山和阮家湾矿床样品点则位于交会部位。另外，铜山口、阮家湾、铜绿山 3 个矿床，致矿岩体黄铁矿中的 Cu＋10 * As 的含量呈依次升高的趋势。

仍选取 Ni 元素含量为横坐标，纵坐标选取 Ti、V、Cr 3 种亲铁元素之和，另外经过试验，当赋予 Ti 元素乘 10 的系数时，各类别测试点数据分布相对集中（图 5.19）。从图中可以看出，作为 Cu 矿化端元的铜山口矿床样品点与作为 Fe 矿化端元的金山店、蜡烛山样品点同样可分为截然的两群，铜绿山和阮家湾样品点则处于过渡部位，金山店和蜡烛山的样品点 10 *

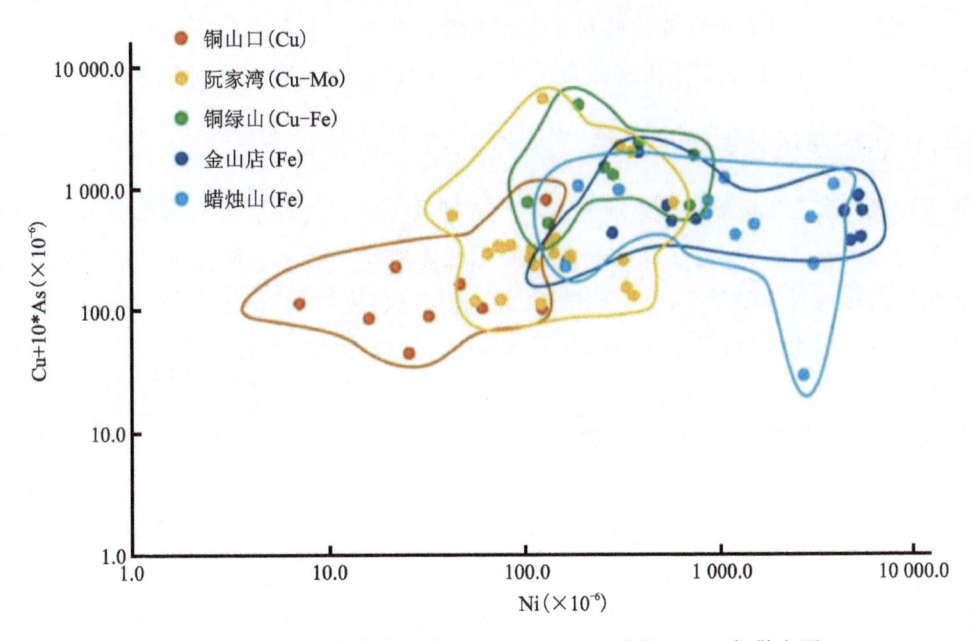

图 5.18　致矿岩体黄铁矿中 Ni-Cu+10 * As 含量(×10^{-6})散点图

Ti+V+Cr 值可以达到 $100×10^{-6}$ 以上。

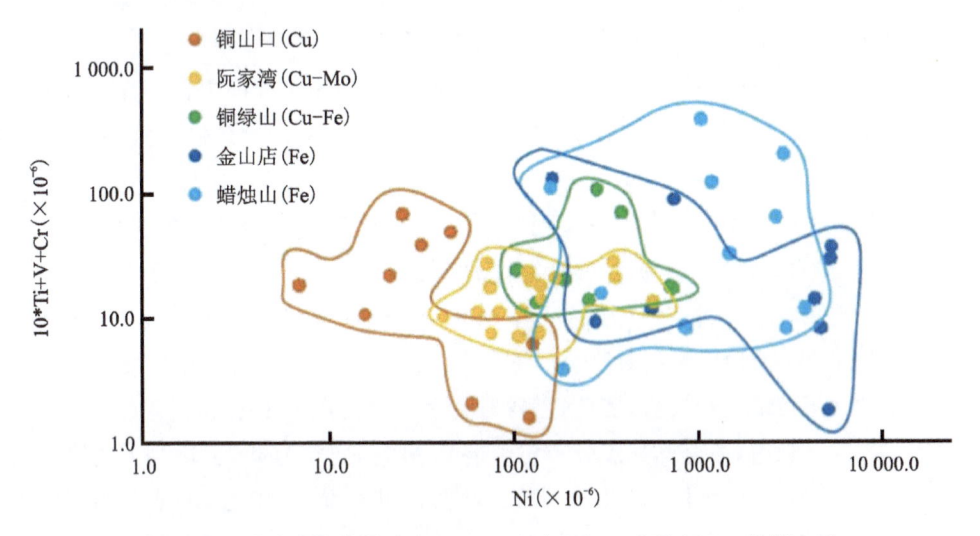

图 5.19　致矿岩体黄铁矿中 Ni-10 * Ti+V+Cr 含量(×10^{-6})散点图

各矿床矿石中黄铁矿元素组合间没有明显的变化规律,仅铜绿山和铜山口矿床矿石中,黄铁矿相对于其他矿床明显富 Cu 元素。原因可能是,矿石和矽卡岩中,黄铁矿形成过程中,热液与早阶段矿物发生水-岩反应和物质交换,使得黄铁矿元素组合受早阶段矿物组合的影响较大。如铜绿山、金山店、蜡烛山矿石中,黄铁矿主要与磁铁矿共同产出,Ni 含量高于铜山口和阮家湾矿石中的黄铁矿。

第五章 黄铁矿矿物学特征及其勘查意义

第三节 黄铁矿微量元素组成变化规律

一、侧向变化规律

近年来,随着短波红外光谱分析技术(SWIR)和激光剥蚀电感耦合等离子质谱(LA-ICP-MS)分析技术的迅速发展,热液蚀变矿物地球化学勘查技术已逐渐演变成国际上重要的勘查技术之一。目前,该技术主要运用到斑岩型和浅成低温热液型金属矿床中,并取得了理想的效果,技术原理是通过分析热液成矿过程中所形成的典型热液矿物,分析其化学组成,获得矿物微量元素组成随蚀变带变化规律,提取与矿化相关的信息,进一步指导矿产勘查工作。这其中运用到的蚀变矿物主要包括绿泥石族、白云母族、高岭石族和蒙脱石族等含水黏土矿物。本次研究选定在岩浆-热液型矿床中普遍发育的黄铁矿作为研究对象,分析其化学组分,总结其化学组分在各蚀变分带中的变化规律,探讨其指导矿产勘查工作的可行性。

(一)铜山口斑岩-矽卡岩型铜-钼矿床

在野外地质调查过程中,结合详细系统的钻孔编录,将铜山口矿区从岩体中央相至外围依次划分为以下几个相带:蚀变岩体、钾化带、绢英岩化带、矽卡岩化带、致密块状矿石、大理岩化带。选取各个蚀变带中的黄铁矿,利用 LA-ICP-MS 分析技术对黄铁矿化学组分进行分析,分析结果如图 5.20 所示。

对于与黄铁矿相容性较弱的元素,主要分布特征如下:Mg 元素在各蚀变带黄铁矿中递变性规律较强,主要表现为除致密块状矿石中外,在其他蚀变带黄铁矿中含量由岩体向外侧逐渐呈上升趋势,且跨度较大;Al、Ca、Mn、Pb 等元素在黄铁矿中含量加高,随蚀变带的变化,其在黄铁矿中的含量变化跨度也较大,但是未表现出明显的递变性规律,Ca 元素从中央相岩体到矽卡岩化带有逐渐升高的趋势,但是矿石中含量又降低,Mn、Pb 元素在矽卡岩化带黄铁矿中含量明显高于其他蚀变带;Ti、V、Cr、Ga、Ba 元素在黄铁矿中的含量较低,且随蚀变带变化,元素在各蚀变带黄铁矿中的含量较稳定,并没有大的变化;Zn 元素在各蚀变带中含量较高,均在 100×10^{-6} 左右,且在各蚀变带中含量比较均衡;Sn 元素虽然在黄铁矿中含量低,但是在各蚀变带中存在一定规律性变化,由蚀变岩体到绢英岩化带黄铁矿中 Sn 含量逐渐降低,矽卡岩黄铁矿中 Sn 含量升高,但到大理岩化带时,黄铁矿再次逐渐降低。

对于与黄铁矿相容性更强的元素,主要表现出如下分布特征:Co 元素在黄铁矿中含量极高,基本都在 100×10^{-6} 以上,少数测试点可达 $10\ 000 \times 10^{-6}$,除蚀变岩体带黄铁矿中 Co 含量相对较低外,从钾化带到大理岩化带,黄铁矿中 Co 含量呈逐渐降低趋势;Ni 元素在黄铁矿中含量极高,且在各蚀变带黄铁矿中表现出明显的递变规律,自岩体中央相至边缘,黄铁矿中的 Ni 含量呈逐渐降低的趋势;Cu 元素在黄铁矿中的含量主要集中在 $100 \times 10^{-6} \sim 1000 \times 10^{-6}$ 段,在各蚀变带中,黄铁矿中的 Cu 含量也呈现出一定的规律,除蚀变岩体外,其他蚀变带,由中央相至边缘,黄铁矿中的 Cu 元素含量逐渐升高;As、Se 元素在黄铁矿中含量较高,但在各蚀变带中并没有表现出明显的规律性,由蚀变岩体到绢英岩化带,黄铁矿中 As 元素逐渐降

111

鄂东矿集区磷灰石-锆石-黄铁矿矿物学特征对成矿作用和找矿勘查的指示

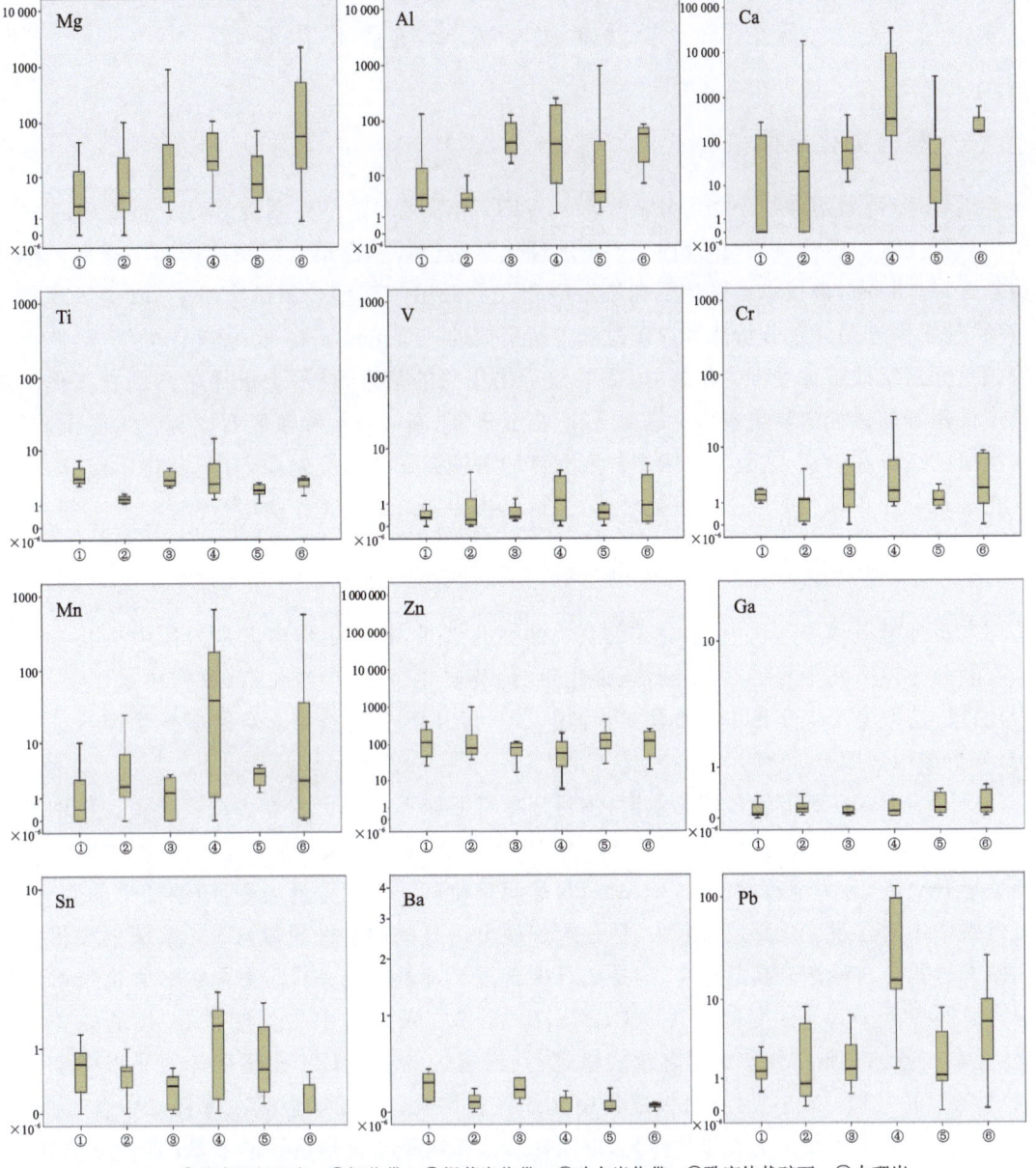

①花岗闪长斑岩；②钾化带；③绢英岩化带；④矽卡岩化带；⑤致密块状矿石；⑥大理岩

致矿岩体中央相至外围地层，热液黄铁矿中 Mg、Al、Ca 元素大致呈逐渐升高的趋势，Mn、Pb 元素在矽卡岩化带黄铁矿中含量相对较高，在其他蚀变带中分布相对均一，Zn 元素在各蚀变带黄铁矿中无明显变化，Ti、V、Cr、Ga、Sn、Ba 等元素含量均位于检出限附近

图 5.20　铜山口各蚀变分带元素分布箱图（$\times 10^{-6}$）（与黄铁矿相容性较弱的元素）

低，到矽卡岩化带，回到最高值，由矽卡岩化带到大理岩化带，再次逐渐降低；Ag、Sb、Au、Hg 低温元素组合，在黄铁矿中的含量均较低，且在各蚀变带中无明显变化规律；岩体中央相到绢英岩化带，黄铁矿中 Te 元素逐渐降低，到大理岩化带中，黄铁矿中 Te 元素逐渐升高；Bi 元素在矽卡岩化带至大理岩化带黄铁矿中含量较高，岩体中央相至绢英岩化带黄铁矿中含量较低。

第五章　黄铁矿矿物学特征及其勘查意义

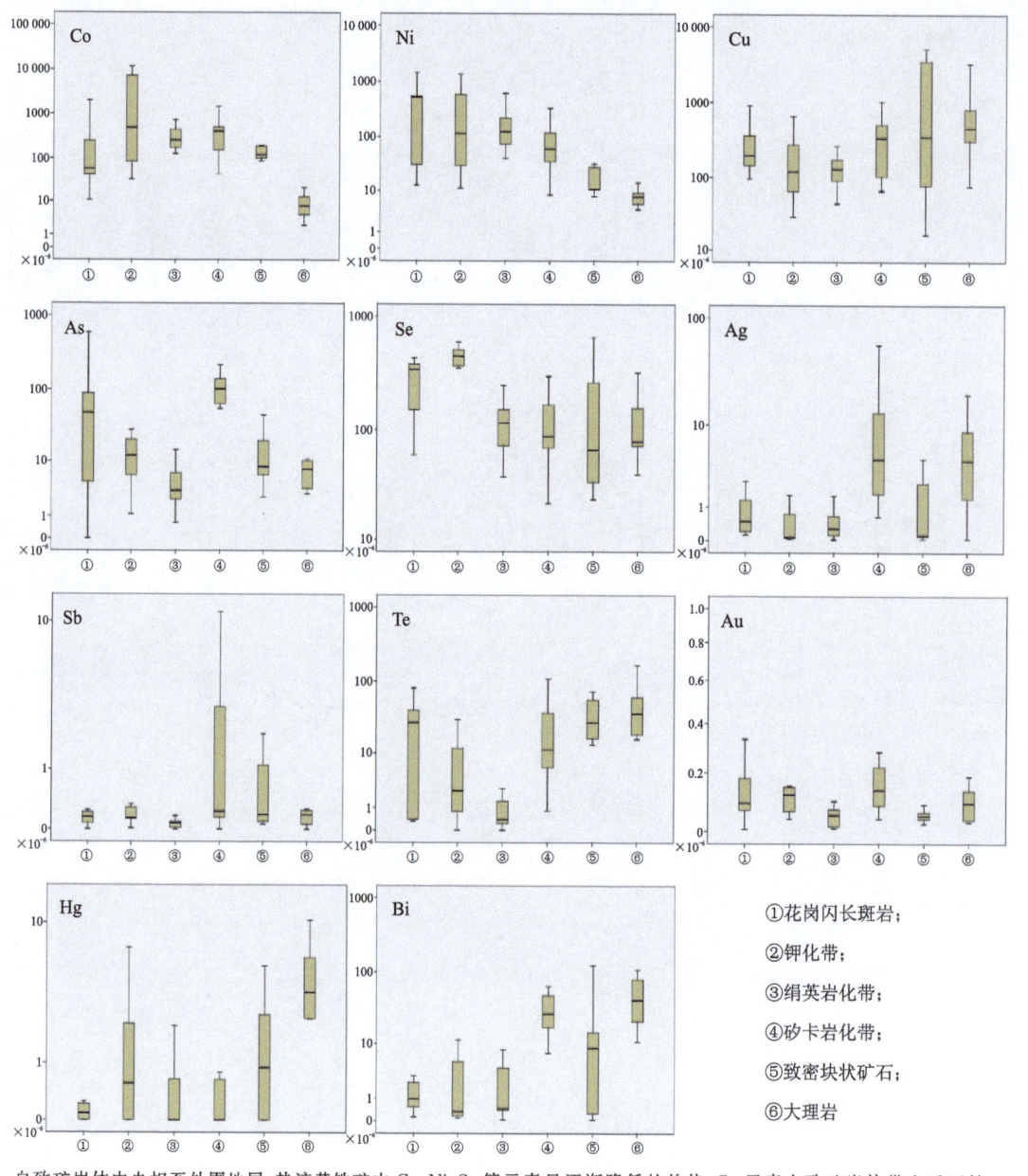

①花岗闪长斑岩；

②钾化带；

③绢英岩化带；

④矽卡岩化带；

⑤致密块状矿石；

⑥大理岩

自致矿岩体中央相至外围地层，热液黄铁矿中 Co、Ni、Se 等元素呈逐渐降低的趋势，Cu 元素自致矿岩体带之后开始，呈逐渐升高的趋势，Ag、Au、Bi 等元素表现出相似的变化规律

图 5.21　铜山口各蚀变分带元素分布箱图（$\times 10^{-6}$）（与黄铁矿相容性较强的元素）

（二）阮家湾矽卡岩型钨-铜-钼矿床

对阮家湾Ⅰ号和Ⅱ号矿体进行了详细的野外地质调查，并进行了系统的岩芯编录，两个矿体均属于矽卡岩型矿化，结合前人研究资料将两处矿化划分为以下几个蚀变分带：弱蚀变花岗闪长岩带、蚀变花岗闪长岩、矽卡岩化带、致密块状矿石、大理岩化带。样品主要来自露

113

天采坑,并与钻孔岩芯中,补充少量样品。对各蚀变带中黄铁矿进行化学组分分析测试,测试结果如图 5.22 所示。

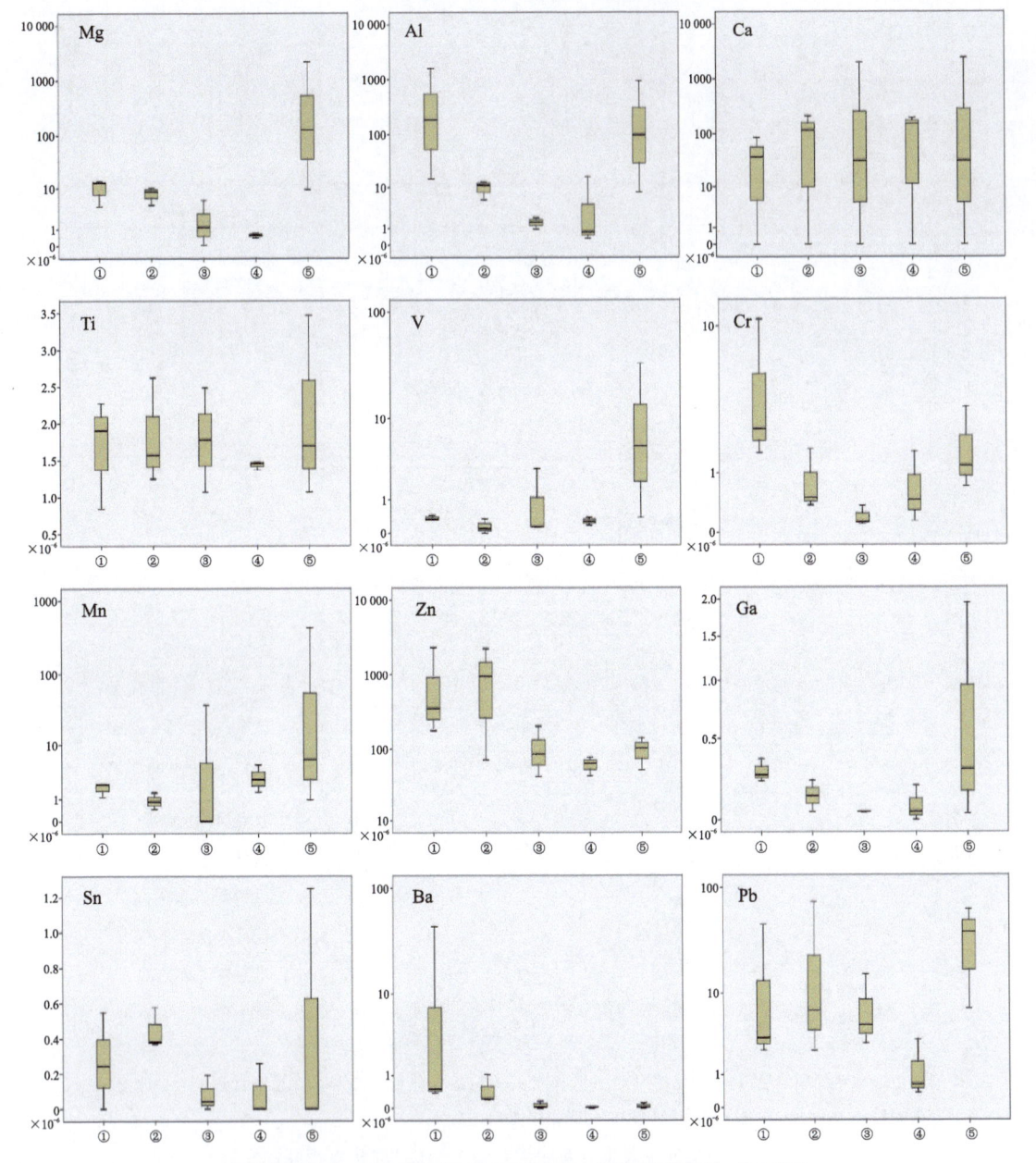

①花岗闪长岩；②蚀变岩带；③矽卡岩化带；④致密块状矿石；⑤大理岩

自致矿岩体中央相至外围大理岩化带,黄铁矿中 Mg、Al 元素含量逐渐降低,但在大理岩黄铁矿中再次升高,Ca、Ti 元素含量在各蚀变带黄铁矿中相对均一,Cr、Mn、Ga 元素表现出相似的变化规律,V、Zn、Ba 元素含量均位于检测限附近,Pb 元素在大理岩化带黄铁矿中含量较高

图 5.22　阮家湾各蚀变分带元素分布箱图(×10⁻⁶)(与黄铁矿相容性较弱的元素)

第五章　黄铁矿矿物学特征及其勘查意义

对于相容性较弱的元素,阮家湾矿区黄铁矿各蚀变带中,表现出一定的差异,具体表现为:Mg、Al 元素含量较高,从弱蚀变花岗闪长岩至致密块状矿石,黄铁矿中 Mg、Al 含量逐渐降低,大理岩黄铁矿中,含量再次升高,Ga 元素含量低,处于检出限附近,在不同蚀变带黄铁矿中也表现出相似的变化规律;Ca 元素在各蚀变带黄铁矿中的含量集中于 $10 \times 10^{-6} \sim 100 \times 10^{-6}$ 之间,变化规律不明显;Ti、V、Sn、Ba 元素在黄铁矿中的含量均较小,大部分测试点数据均小于 1×10^{-6},且在各蚀变带中无明显变化规律;Cr、Mn 在黄铁矿中含量较低,集中于 1×10^{-6} 附近,但从弱蚀变花岗闪长岩至大理岩化带,黄铁矿中的 Cr、Mn 含量呈先下降再上升的趋势;Zn 元素在黄铁矿中含量集中于 $100 \times 10^{-6} \sim 1000 \times 10^{-6}$ 之间,Pb 元素在黄铁矿中的含量集中于 $1 \times 10^{-6} \sim 100 \times 10^{-6}$ 之间,从蚀变花岗闪长岩到致密块状矿石,黄铁矿中的 Zn、Pb 含量均表现出逐渐下降的趋势。

对于相容性较强的元素,阮家湾矿区各个蚀变带黄铁矿中,均表现出一定程度的变化规律,具体表现为:Co、Ni、Cu 元素含量都极高,各测试点均分布于 $10 \times 10^{-6} \sim 1000 \times 10^{-6}$ 范围内,个别测试点 Co、Cu 元素含量超过 1000×10^{-6},另外,从弱蚀变花岗闪长岩到致密块状矿石,Co、Ni、Cu 元素在黄铁矿中的含量均表现出逐渐降低的趋势;As、Se 元素在黄铁矿中的含量在 $1 \times 10^{-6} \sim 100 \times 10^{-6}$ 范围内,As、Se 元素在黄铁矿中的含量,自岩体中央相至外侧有略微升高的趋势,Se 在大理岩化带黄铁矿中再次降低;Ag、Sb、Te、Au、Hg 等低温元素在黄铁矿中的含量均较低,且随蚀变带变化,黄铁矿中元素含量上未表现出明显的变化规律;Bi 元素在黄铁矿中的含量集中于 $1 \times 10^{-6} \sim 10 \times 10^{-6}$ 之间,大理岩化带黄铁矿中 Bi 元素含量相对较高,大于 10×10^{-6}。

（三）铜绿山矽卡岩型铁-铜-金矿床

对铜绿山矿区进行野外地质考察,结合钻孔岩芯编录,将铜绿山矿区从铜绿山石英闪长岩体至外侧依次划分以下几个蚀变带:较新鲜石英闪长岩、蚀变石英闪长岩、矽卡岩化带、致密块状矿石、大理岩化带。选取各蚀变带中的黄铁矿,测试其化学组成,结果如图 5.24、图 5.25 所示。

对于相容性较弱的元素,各蚀变带黄铁矿中的含量并没有表现出很强的规律性:Mg、Al、Ca、Ti 元素在各蚀变带黄铁矿中含量比较均衡,并未表现出明显的变化,其中 Mg、Al 含量均在 10×10^{-6} 左右,Ca 元素在致密块状矿石黄铁矿中的含量相对于其他蚀变分带明显要更低,Ti 元素在各蚀变带黄铁矿中的含量集中于 $1 \times 10^{-6} \sim 10 \times 10^{-6}$ 之间;V 元素在黄铁矿中的含量整体小于 1×10^{-6},在蚀变岩带和矽卡岩化带中相对含量相对稍高;Cr、Mn 元素在黄铁矿中的含量整体小于 10×10^{-6},其中 Cr 元素在较新鲜石英闪长岩带黄铁矿中含量相对于其他蚀变带要较高,Mn 元素在矽卡岩化带黄铁矿中含量相对于其他蚀变带较高;Zn 元素在黄铁矿中的含量普遍大于 100×10^{-6},自蚀变岩体到致密块状矿石黄铁矿中,Zn 含量逐渐降低,大理岩化带黄铁矿中再次升高;Ga、Sn、Pb 元素在黄铁矿中的含量均较低,在检出限附近;从弱蚀变石英闪长岩到大理岩化带中,Ba 元素在黄铁矿中的含量呈逐渐降低的趋势,但是含量均较低。

115

鄂东矿集区磷灰石-锆石-黄铁矿矿物学特征对成矿作用和找矿勘查的指示

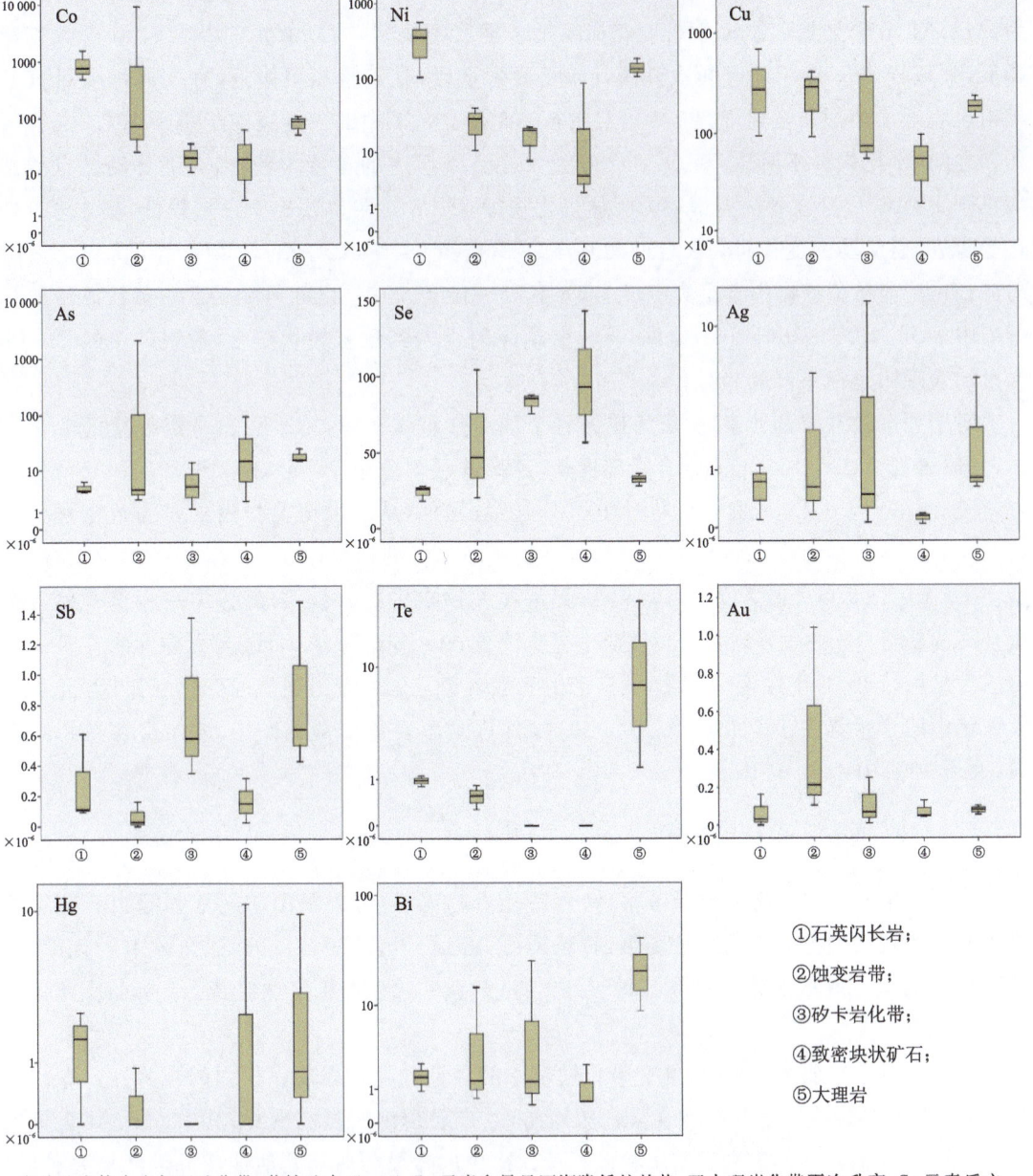

①石英闪长岩；

②蚀变岩带；

③矽卡岩化带；

④致密块状矿石；

⑤大理岩

自致矿岩体中央相至矿化带，黄铁矿中 Co、Ni、Cu 元素含量呈逐渐降低的趋势，至大理岩化带再次升高，Se 元素反之，As 元素变化不大，Ag、Bi 元素在黄铁矿中的含量表现出相似的变化规律

图 5.23 阮家湾各蚀变分带元素分布箱图（$\times 10^{-6}$）（与黄铁矿相容性较强的元素）

对于与黄铁矿相容性较强的元素，在黄铁矿中的含量普遍较高，且在各蚀变带中表现出一定的变化规律。Co 元素在黄铁矿中含量极高，其中最大值可大于 $10\ 000\times 10^{-6}$，规律性比较明显，Co 元素由弱蚀变石英闪长岩到矽卡岩化带黄铁矿中含量呈指数级升高，再至大理岩化带又呈指数级降低；Ni 元素在黄铁矿中含量变化较大，范围为 $10\times 10^{-6}\sim 1000\times 10^{-6}$，Ni 元素在矿体带黄铁矿中的含量明显高于其他蚀变带；Cu 元素含量较高，变化幅度较大，石英

116

第五章　黄铁矿矿物学特征及其勘查意义

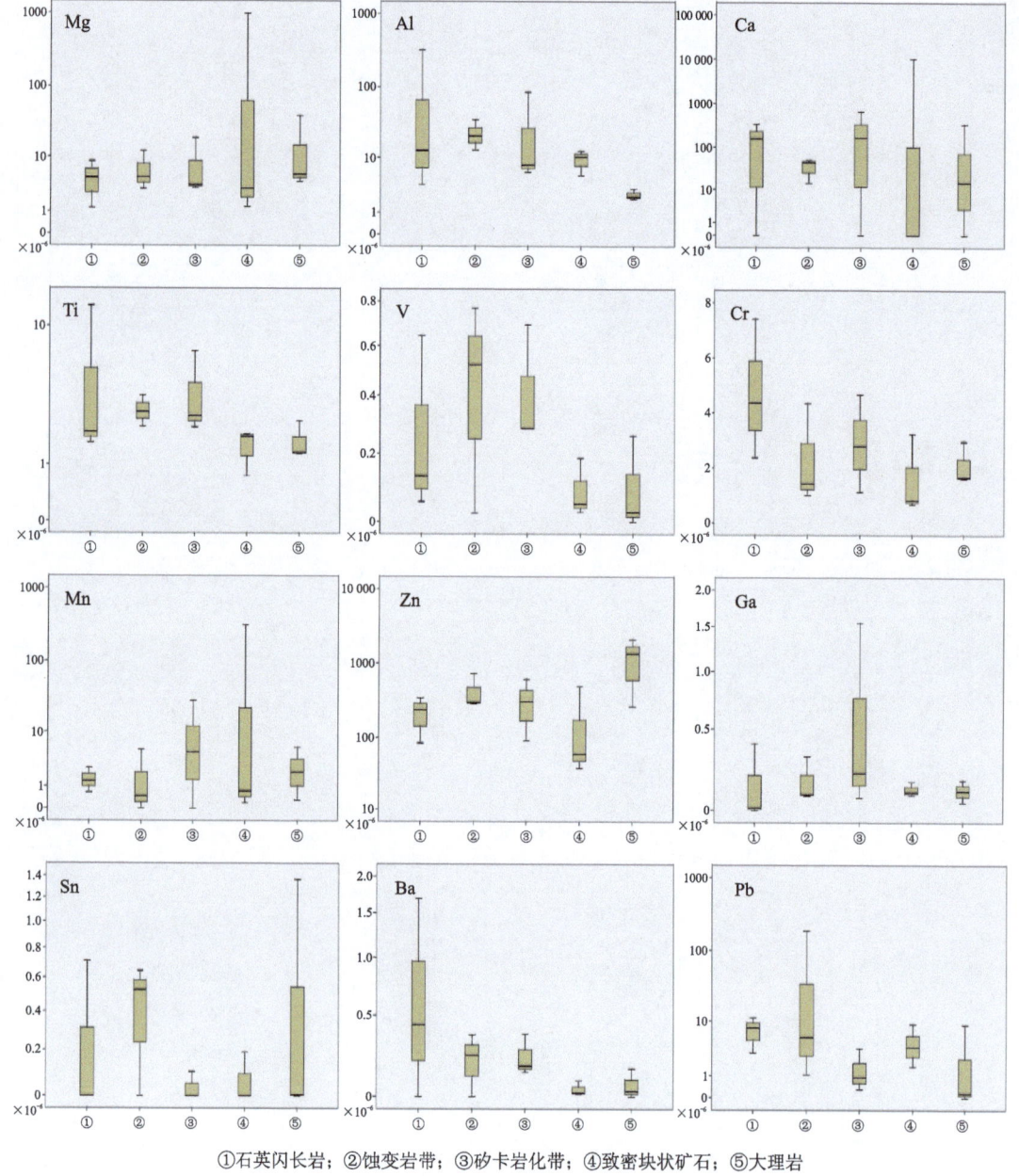

①石英闪长岩；②蚀变岩带；③矽卡岩化带；④致密块状矿石；⑤大理岩

各蚀变带黄铁矿中，Mg、Al、Ca等元素呈现相对较高的含量，其中Al元素自致矿岩体中央相至外围地层在黄铁矿中的含量呈逐渐降低的趋势，Zn元素在大理岩黄铁矿中的含量相对高于其他蚀变带，Ti、V、Cr、Mn、Ga等元素在黄铁矿中的含量位于检出限附近

图5.24　铜绿山各蚀变分带元素分布箱图（$\times 10^{-6}$）（与黄铁矿相容性较弱的元素）

闪长岩和大理岩化带中，黄铁矿中的Cu含量相对较低，矽卡岩化带和矿体带黄铁矿中的Cu含量相对较高；As元素在黄铁矿中的含量较高，集中于$10\times 10^{-6}\sim 100\times 10^{-6}$之间，但随着蚀变带变化，未表现出明显的变化规律；Se元素在黄铁矿中的含量普遍大于10×10^{-6}，矽卡岩化带黄铁矿中，大于100×10^{-6}，自弱蚀变石英闪长岩至大理岩化带，黄铁矿中的Se含量呈先

鄂东矿集区磷灰石-锆石-黄铁矿矿物学特征对成矿作用和找矿勘查的指示

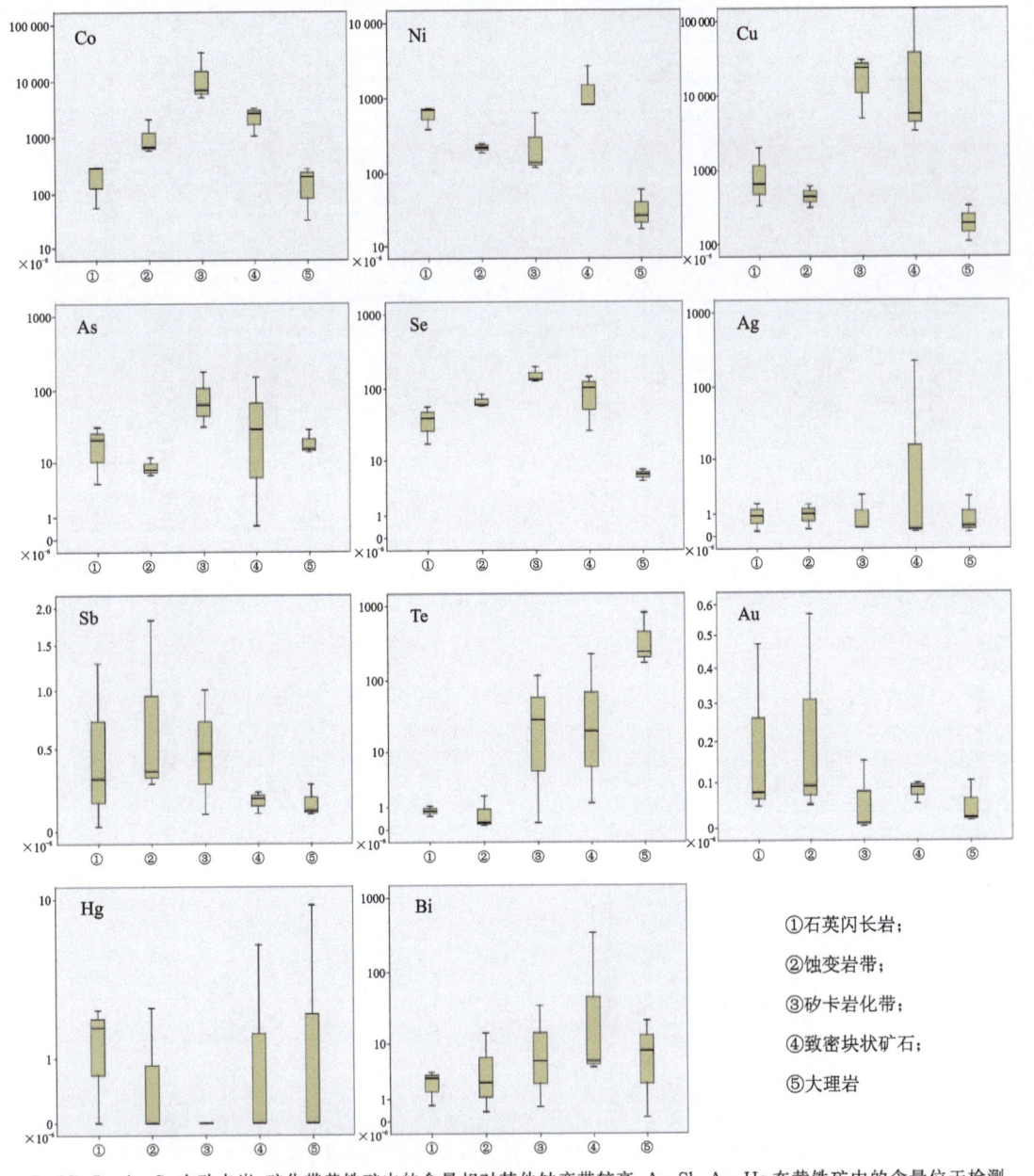

Co、Ni、Cu、As、Se 在矽卡岩-矿化带黄铁矿中的含量相对其他蚀变带较高，Ag、Sb、Au、Hg 在黄铁矿中的含量位于检测限附近，自致矿岩体中央相至外围大理岩化带，Te、Bi 在黄铁矿中的含量呈逐渐升高的趋势

图 5.25　铜绿山各蚀变分带元素分布箱图（$\times 10^{-6}$）（与黄铁矿相容性较强的元素）

升高后降低的趋势；Ag、Sb、Au、Hg、Bi 低温元素组合，在黄铁矿中的含量普遍较低，且并未表现出明显的变化规律；Te 元素在黄铁矿中的含量变化幅度较大，在弱蚀变石英闪长岩和蚀变岩带黄铁矿中，Te 含量在 1×10^{-6} 附近，在矽卡岩化带和致密块状矿石黄铁矿中 Te 含量分布于 $1 \sim 100 \times 10^{-6}$，在大理岩化带中黄铁矿，Te 含量大于 100×10^{-6}。

第五章　黄铁矿矿物学特征及其勘查意义

（四）金山店矽卡岩型铁矿床

本次研究对金山店张福山矿区进行了详细的野外地质调查，结合前人探究获得的地质资料，将金山店矿区划分为以下几个蚀变带：弱蚀变石英闪长岩带、蚀变石英闪长岩、矽卡岩化带、致密块状矿石、变余角岩带。各蚀变带样品主要来自野外采坑，对各蚀变带中黄铁矿组分进行分析测试，测试结果如图 5.26、图 5.27 所示。

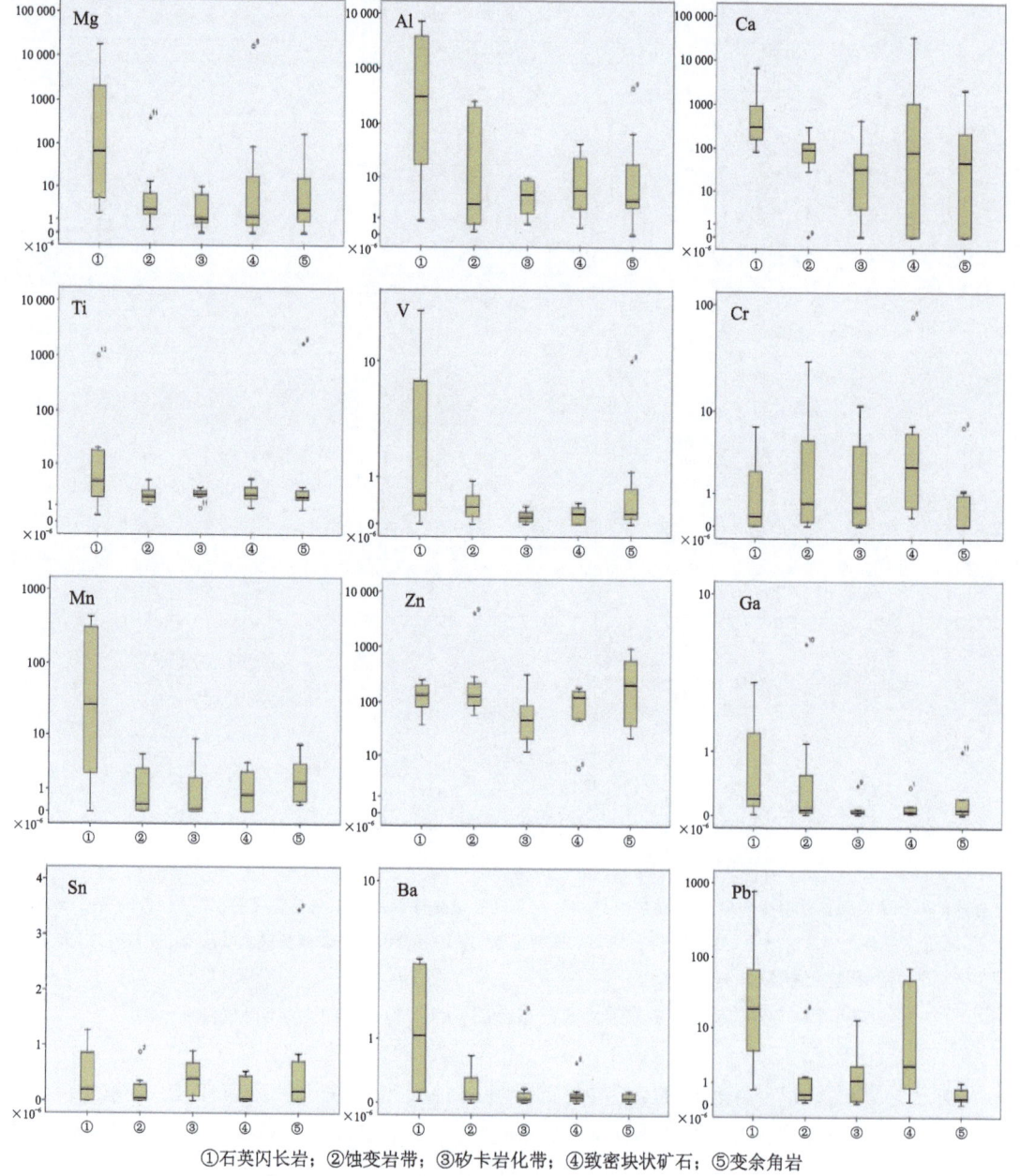

①石英闪长岩；②蚀变岩带；③矽卡岩化带；④致密块状矿石；⑤变余角岩

Mg、Al、V、Mn、Ba、Pb 等元素在致矿岩体黄铁矿中的含量相对其他蚀变带较高，自致矿岩体中央至外围变余角岩，Ca 元素在黄铁矿中的含量呈逐渐降低的趋势，其他元素在各蚀变带中含量较均一

图 5.26　金山店各蚀变分带元素分布箱图（$\times 10^{-6}$）（与黄铁矿相容性较弱的元素）

119

鄂东矿集区磷灰石-锆石-黄铁矿矿物学特征对成矿作用和找矿勘查的指示

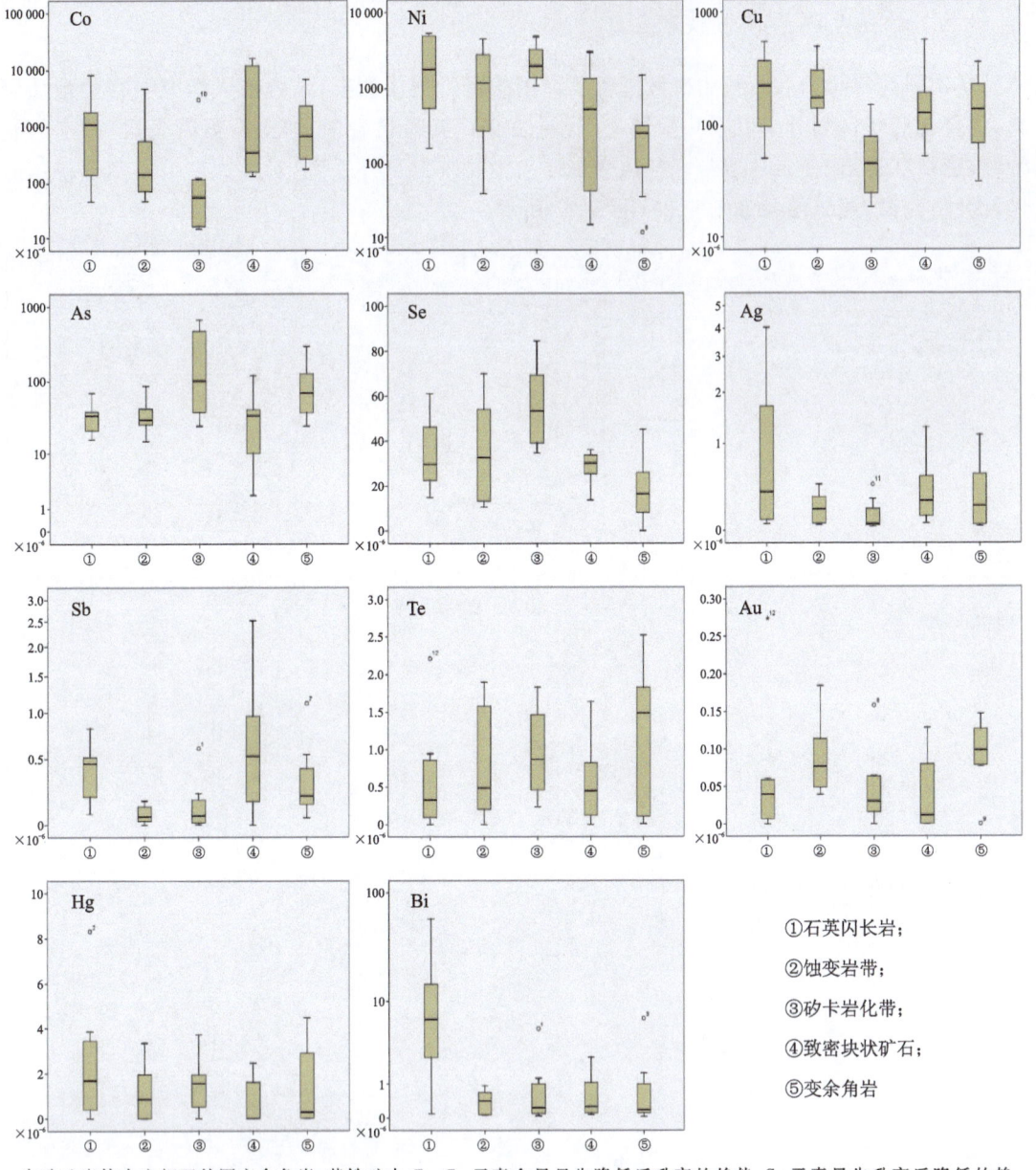

①石英闪长岩；

②蚀变岩带；

③矽卡岩化带；

④致密块状矿石；

⑤变余角岩

自致矿岩体中央相至外围变余角岩，黄铁矿中 Co、Cu 元素含量呈先降低后升高的趋势，Se 元素呈先升高后降低的趋势，Ni 元素呈逐渐降低的趋势，Ag、Sb、Te、Au、Hg、Bi 等元素，除 Bi 元素在致矿岩体黄铁矿中含量相对较高外，其他均位于检出限附近，且含量较均一

图 5.27　金山店各蚀变分带元素分布箱图（$\times 10^{-6}$）（与黄铁矿相容性较强的元素）

对于与黄铁矿相容性较弱的元素，大部分在各蚀变带黄铁矿中分布较均一，差异并不太明显，具体表现为：Mg、Al、Ca、Mn、Ga、Sn、Ba 元素，仅在弱蚀变石英闪长岩黄铁矿中含量相对其他蚀变带要较高，其中 Ga、Sn、Ba 在黄铁矿中含量极低，处于检出限附近；Ti、V 元素在各蚀变带黄铁矿中分布较均一，且含量较低，Ti 元素集中于 $1 \times 10^{-6} \sim 10 \times 10^{-6}$ 之间，V 元素

普遍小于 1×10^{-6}，处于检出限附近；Cr 元素在致密块状矿石黄铁矿中相对于其他蚀变带黄铁矿中含量较高；Zn 元素在黄铁矿中含量较高，而在矽卡岩化带黄铁矿中，主要集中于 100×10^{-6} 以下，其他蚀变带黄铁矿中，主要集中于 100×10^{-6} 以上；Pb 元素在弱蚀变石英闪长岩黄铁矿中含量较高，集中于 10×10^{-6} 以上，其他蚀变带中集中于 1×10^{-6} 附近，且由蚀变石英闪长岩至致密块状矿石，黄铁矿中的 Pb 含量呈逐渐升高的趋势。

对于与黄铁矿相容性较强的元素，在各蚀变带黄铁矿中含量差异表现出一定的规律性，具体表现为：Co 元素含量极高，个别测试点可以达到 $10\,000\times10^{-6}$ 以上，从弱石英闪长岩到矽卡岩化带，黄铁矿中的 Co 元素含量逐渐降低，再到变余角岩带逐渐升高；Ni 元素在黄铁矿中的含量也很高，大部分测试点高于 1000×10^{-6}，且在各蚀变带中表现出明显的递变规律，自弱蚀变石英闪长岩带至变余角岩带，黄铁矿中的 Ni 含量呈逐渐降低的趋势；Cu 元素在矽卡岩化带黄铁矿中含量相对较低，集中于 100×10^{-6} 以下，其他蚀变带黄铁矿 Cu 含量较高，且分布均一，集中于 100×10^{-6} 以上；矽卡岩化带黄铁矿和变余角岩黄铁矿中，As 含量集中于 100×10^{-6} 附近，其余蚀变带黄铁矿中，As 含量分布于 $10\times10^{-6}\sim100\times10^{-6}$ 之间；从弱蚀变石英闪长岩带至矽卡岩化带，黄铁矿中 Se 含量逐渐升高，而矽卡岩化带至变余角岩带，黄铁矿中 Se 含量逐渐降低，Ag、Sb、Te、Au、Hg、Bi 等低温元素含量较低，均位于检出限附近，其中，Ag 和 Sb 元素在各蚀变带黄铁矿中变化规律相似，两元素均在蚀变岩带和矽卡岩化带黄铁矿中含量较低，在石英闪长岩和矿石中的黄铁矿中含量较高；Te 和 Au 元素在各蚀变带黄铁矿中具有相似的变化规律；Hg 元素在各蚀变带黄铁矿中含量比较均衡，Bi 元素在石英闪长岩黄铁矿中含量相对于其他蚀变带黄铁矿中较高。

二、垂向变化规律：以铜绿山 ZK805 为例

1. 铜绿山ⅩⅣ号矿体简介

21 世纪初，鄂东南多金属矿集区找矿勘查工作进入瓶颈期，限制找矿工作进展的最主要因素是找矿深度严重不足。近年来，随着找矿深度不断增加，湖北省地质局第一地质大队在鄂东矿集区深部找矿工作不断取得重大突破，铜绿山ⅩⅣ号矿体便是近年来新取得的找矿成果之一。铜绿山ⅩⅣ号矿体受钻孔 ZK802、ZK805、ZK806 控制，其中钻孔 ZK805 见矿厚度最大，矿体厚度 65.92m。钻孔 ZK805 工程总长度为 1 204.15m，是目前鄂东矿集区重要的超深钻工程之一。ⅩⅣ号矿体铜平均品位 0.6%～1.37%，铁品位 34.89%～52.15%。主矿体主要受接触带的控制，矿体顶板为重结晶大理岩，矿体底板为蚀变的石英闪长岩，接触带为矽卡岩，接触带矽卡岩与矿体部分并无明显界线，两者近乎重合，矿石类型按储量由高到低依次有铁矿石、铁铜矿石、铜矿石（湖北省鄂东南地质大队，2010）。

2. 黄铁矿微量元素垂向变化规律

对钻孔 ZK805 岩芯进行了详细的编录和系统的采样。重点针对 1000～1210m 段样品进行了系统的分析研究工作，研究对象为热液黄铁矿，包括光学显微镜观察、扫描电子显微镜分析、激光原位（LA-ICP-MS）测试黄铁矿成分等。

鄂东矿集区磷灰石-锆石-黄铁矿矿物学特征对成矿作用和找矿勘查的指示

选取的样品有：TLS-58(1 010.5m)重结晶大理岩,大理岩较纯净,黄铁矿粒径极大,晶形完整；TLS-56(1 036.5m)含矽卡岩矿物矿石,黄铁矿有两种产状,一种分布于方解石脉中,一种与铁的氧化物或氢氧化物共生,本次选取后者为研究对象；TLS-59(1 041.0m)块状含硫化物透辉石磁铁矿矿石,黄铁矿分布于透辉石颗粒间隙,与磁铁矿产出于类似部位；TLS-66(1 060.0m)致密块状透辉石磁铁矿矿石,黄铁矿等硫化物较多,且受改造程度低；TLS-68(1 063.5m)透辉石矽卡岩,局部有磁铁矿发育,含少量的黄铁矿、黄铜矿等硫化物；TLS-71(1 072.0m)致密块状磁铁矿矿石,含黄铁矿、黄铜矿等金属硫化物,其中黄铁矿有两种产状,一种分布于磁铁矿中,一种呈粗脉状穿插在样品表面,与方解石脉共同产出,可判断为同阶段产物,本次选取前者为研究对象；TLS-74(1080m)致密块状磁铁矿矿石,磁铁矿晶形由肉眼不可观察到晶形较大不等粒产出,黄铁矿呈浸染状分布于磁铁矿间隙中；TLS-86(1113m)矽卡岩化石英闪长岩,矿物组合以造岩矿物和矽卡岩矿物为主,黄铁矿呈浸染状分布；TLS-90(1140m)、TLS-91(1156m)透辉石化石英闪长岩,矿物组合整体被蚀变,但仍保留原石英闪长岩结构,黄铁矿呈浸染状分布；TLS-97(1202m)透辉石化石英闪长岩,透辉石化程度较高,样品整体偏绿色,保留有原来石英闪长岩的结构,黄铁矿呈浸染状分布。经过光学显微镜观察,挑选各样品中能代表热液期成矿期产状的黄铁矿,进一步利用扫描电子显微镜分析技术,确保挑选的黄铁矿不具有环带等微观结构,进而采用激光原位分析测试技术对黄铁矿的化学组分进行分析测试。

随着钻孔中岩性不断变化,各元素含量在黄铁矿中的含量表现出不同程度的变化(图5.28),这里主要讨论与黄铁矿相容性较高的几种元素,具体表现如下。

Co元素在矿体-矽卡岩段黄铁矿中含量较高,可超过 $50\ 000×10^{-6}$,而在大理岩和石英闪长岩带中的含量明显要较低,小于 $10\ 000×10^{-6}$。钻孔 ZK805 岩芯从 1000m 至 1200m,黄铁矿重点 Co 元素先增高后降低,峰值部位与矽卡岩-矿体段岩芯套合性较高。

Ni元素在矿体-矽卡岩段黄铁矿中含量较高,个别测试点中 Ni 含量值可达 $1000×10^{-6}$ 以上,石英闪长岩黄铁矿中 Ni 含量集中分布于 $10×10^{-6}～200×10^{-6}$ 之间,大理岩带黄铁矿中 Ni 含量低于 $100×10^{-6}$。钻孔 ZK805 岩芯从 1000m 至 1200m,黄铁矿中 Ni 含量先增高后降低,峰值部位与矿体-矽卡岩段岩芯套合性极高。

Cu元素在黄铁矿中存在多种形式,包括固溶体形式、黄铜矿包裹物形式等,其中包裹物在黄铁矿中可能在镜下难以观察,甚至不可见。激光原位测试过程中,若激光束斑涵盖了黄铜矿包裹物,将会对黄铁矿的元素组合信息造成极大的干扰。因此,为排除测试过程中黄铜矿包裹物的影响,本次数据投图选取 Cu 元素含量在 $8000×10^{-6}$ 以下的测试点。从钻孔 ZK805 岩芯 1000～1200m 段,矿体-矽卡岩段黄铁矿中 Cu 元素含量相对较高,大理岩和石英闪长岩黄铁矿中 Cu 元素含量较低,集中于 $1000×10^{-6}$ 以下。采样段中,黄铁矿中 Cu 元素表现出两处峰值,与矿体-矽卡岩段套合性较高。

As元素分布情况与Co元素类似,矿体-矽卡岩段岩芯样品中的黄铁矿 As 含量较高,少数黄铁矿测试点中 As 含量大于 $1000×10^{-6}$,大理岩和石英闪长岩黄铁矿中的 As 含量主要集中于 $100×10^{-6}$ 以下,两者存在指数级跨度。岩芯段中,As 元素分布表现出两处峰值,峰值处与 Cu 元素分布重合,也与岩性段中矿体-矽卡岩段表现出一定的套合性。

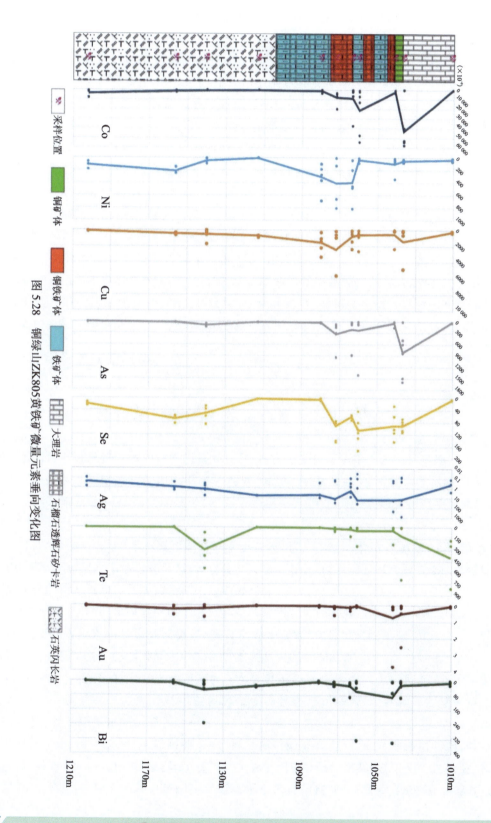

图 5.28 铜绿山ZK805黄铁矿微量元素垂向变化图

Se 元素在矿体-矽卡岩和石英闪长岩黄铁矿中含量均较高,在大理岩黄铁矿中含量较低,其中矿体-矽卡岩黄铁矿中 Se 含量集中在 $100×10^{-6}$ 附近。整体来看,钻孔 ZK805 岩芯 1000～1200m 岩性段中,由浅至深,黄铁矿的 Se 含量表现出两处峰值,其中浅部峰值与岩性段中矿体-矽卡岩段套合性较高。

Ag 元素在钻孔 ZK805 岩性各个部位黄铁矿中含量较均一,除部分黄铁矿测试点中 Ag 含量在 $100×10^{-6}$ 以上外,各样品中黄铁矿 Ag 含量主要集中于 $10×10^{-6}$ 附近,整体上看,变化曲线并不明显,矿体-矽卡岩岩性段部分也未表现出明显的峰值。

Te 元素在黄铁矿中含量跨度较大,测试点结果显示,从检出限附近到 $500×10^{-6}$ 以上均有分布,整体看,大理岩化带黄铁矿中 Te 元素含量较高。在钻孔 ZK805 中,黄铁矿中 Te 的变化规律与矿体的空间位置并未表现出明显套合性。

Au 元素在黄铁矿中含量极低,整体处于 $1×10^{-6}$ 以下,仅个别测试点中 Au 含量超过 $1×10^{-6}$。另外,黄铁矿中 Au 含量变化曲线并不明显,钻孔 ZK805 中各部位黄铁矿中 Au 含量差别不大。

Bi 元素在黄铁矿中含量跨度较大,从检出限附近到 $100×10^{-6}$,均有测试点分布。整体来看,矿体-矽卡岩段黄铁矿中 Bi 元素含量较高,其余部分黄铁矿 Bi 元素含量较低,黄铁矿中 Bi 元素含量随钻孔深度变化曲线峰值处与矿体-矽卡岩部位表现出一定的套合性。

第四节 黄铁矿对找矿勘查的指导意义

一、分带规律成因讨论

在铜山口矿床各蚀变带中,黄铁矿中微量元素的含量存在一定程度的差异,且由中央相到外侧,表现出一定的规律性,尤其 Mg、Co、Ni 等元素,递变规律较明显。具体表现为,自中央相到外围大理岩相带,Mg 元素呈逐渐升高的趋势。整体看,Mg 元素在矽卡岩化带、矿体带、大理岩化带等蚀变带黄铁矿中的含量相对于其他蚀变带含量较高,可推测,黄铁矿中的 Mg 来自碳酸盐岩地层中的 Mg,热液在流经碳酸盐岩的过程中发生水岩反应,萃取 Mg 元素与黄铁矿同时沉淀,与 Mg 元素同时被萃取的可能还有 Ca、Mn、Sn 等元素,这些元素均在与碳酸盐岩地层有关的蚀变带黄铁矿中含量更高。Co、Ni 元素在黄铁矿中的含量,自中央相至外围大理岩带,含量大致呈逐渐降低的趋势,证明两种元素在流体迁移过程中不断被消耗,致使越靠外围蚀变带,黄铁矿中 Co、Ni 元素含量越低。另外 Pb、Bi、Ag、Au 等元素在各蚀变带中,表现出近似的变化趋势,暗示了这些元素在热液活动过程中,表现出相似的化学行为。Cu 元素在矽卡岩化带、矿体带和大理岩等蚀变带黄铁矿中,含量相近,暗示了 Cu 在流体迁移过程中,均处于过饱和状态,在铜山口矿区特有的物理化学条件下,Cu 在黄铁矿中的含量均接近最大容纳能力。

在铜绿山矿床各蚀变带中,黄铁矿化学组分中的元素含量随蚀变分带变化表现出了一定的变化规律,如 Co、Ni、Cu、Se 等,这些元素在矽卡岩化带和矿体带黄铁矿中含量明显更高,尤其 Ni 元素最为明显。具体表现为:铜绿山矿区热液黄铁矿的相对比较纯净,与黄铁矿相容

第五章　黄铁矿矿物学特征及其勘查意义

性较弱的一批元素,含量均比较低。Co、Se在各蚀变带黄铁矿中,含量表现出相似的变化规律,自致矿岩体中央相到外围大理岩相,呈先升高后降低的趋势,矽卡岩化带黄铁矿中,含量达到最高,证明矽卡岩化带的物理化学条件最有利于该类元素进入黄铁矿中,之后随着流体继续往外围迁移,条件发生变化,元素在黄铁矿中的含量逐渐降低。Cu、As在各蚀变带黄铁矿中,含量也表现出相似的变化规律,暗示两者有近似的化学行为。Ni在矿化带黄铁矿中的含量较高,可能是因为该蚀变带中,Fe元素以磁铁矿大量沉淀,吸收大量的Ni元素,而后续沉淀的黄铁矿交代磁铁矿的过程中,萃取了Ni元素,导致黄铁矿中的Ni元素含量升高。Ag、Sb、Te、Au、Hg、Bi等低温元素组合在各蚀变带黄铁矿中含量均较低。

与铜绿山矿床相似,金山店矿床中的黄铁矿组分同样比较单一。在与黄铁矿相容性比较弱的一类元素中,仅致矿岩体黄铁矿中的Mg、Al、Ca等元素含量相对较高,推测这些元素均是由黄铁矿交代造岩矿物获得。自致矿岩体中央相至外围变余角岩,Co、Cu等元素在黄铁矿中的含量先降低后增高,在矽卡岩化带降到最低,Se元素则反之,其成因有待进一步研究讨论,Ni元素呈逐渐降低的趋势,可能是在流体运移过程中随着磁铁矿的沉淀,慢慢被消耗,黄铁矿吸收的Ni元素逐渐减少。

阮家湾矿床各个蚀变带中,黄铁矿的微量元素组合比较丰富。具体表现为:在大理岩化带中,黄铁矿中的Mg、Al元素含量明显较高,其成因是热液迁移到外围地层,黄铁矿沉淀过程中,萃取了地层中的Mg、Al以及少量的Mn等元素。由致矿岩体中央相至矿化带,黄铁矿中Co、Ni、Cu等元素在呈逐渐降低的趋势,大理岩化带中,再次升高,Se元素则反之,大理岩化带黄铁矿在这些元素中表现出反常规律的原因有待进一步探究讨论。

二、对找矿勘查的指导

根据前文总结的鄂东矿集区热液黄铁矿中微量元素组分在平面分带上的变化,可以总结出以下几点规律对找矿勘查进行指导。对于铜山口矿区,由致矿岩体中央相至外围大理岩相,黄铁矿中Mg元素含量呈升高趋势,而Co、Ni含量呈降低趋势,依此规律,当发现大理岩中黄铁矿Mg元素含量随勘查进行持续升高,而Co、Ni含量反之时,可以判断,再次出现矽卡岩化-矿化带的概率较低;对于铜绿山矿区,矽卡岩化-矿化带中,热液黄铁矿中Co、Ni、Cu、As含量相对于其他蚀变带较高,依此规律,可以在区内开展一定网度的热液黄铁矿采样分析测试,圈定这类元素的异常区,结合其他勘查手段,评价其可行性;对于金山店矿区,自致矿岩体中央相至外围变余角岩,热液黄铁矿中,仅Ni元素含量表现出逐渐降低的递变规律,依此规律,当遇到变余角岩中热液黄铁矿Ni元素含量较低,且随着勘查进行含量进一步降低时,可以判断再次出现矽卡岩化-矿化带的概率较低;对于阮家湾矿区,自致矿岩体中央相至矿化带,热液黄铁矿中Mg、Al、Co、Ni、Cu等元素含量逐渐降低,但是到大理岩化带中,再次升高,Se元素则反之,由于大理岩化带中黄铁矿元素含量在变化趋势上出现反转的原因不确定,因此,利用该变化规律指导找矿可信度较低。

垂直分带方面,从铜绿山矿区钻孔ZK805各部位黄铁矿中元素组分和变化规律来看,Ni元素富集段与矿体赋存部位套合性最高,另外,Co、Cu、As等元素在钻孔岩芯不同部位黄铁矿中也表现出与矿体赋存部位具有较好的套合性。前文已经对铜绿山矿区黄铁矿中元素分

125

布规律进行了统计,该结果在 ZK805 中得到一定程度的验证。

　　铜绿山铁-铜-金矿床是典型的矽卡岩型多金属矿床,矿体主要赋存于石英闪长岩与大冶组碳酸盐岩的接触带,矿体往往与矽卡岩共存,本次研究中,研究对象钻孔 ZK805 见矿段便是矿体段与矽卡岩共同产出。因此,在铜绿山深部找矿勘查过程中,矽卡岩在钻孔中的出露与高品位矿体的出露应给予同等程度的重视。统计铜绿山矿区各类型岩石样品黄铁矿中的结果显示:Co、Ni、Cu、As 在矽卡岩黄铁矿中和矿石黄铁矿中的含量相对于其他类型样品其含量较高(图 5.29),另外,元素含量峰值与矿体-矽卡岩段岩芯具有较高的套合性,暗示了这一规律可以运用到铜绿山深部找矿工作中。

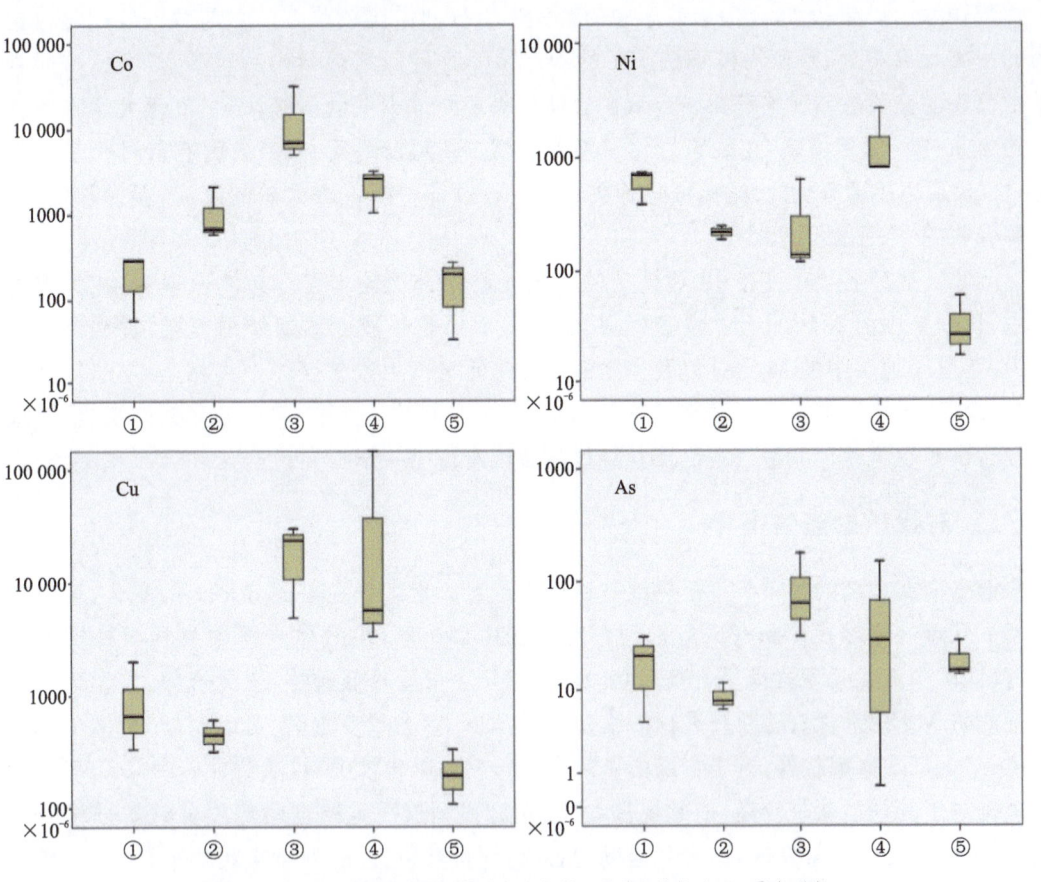

①石英闪长岩;②蚀变岩带;③矽卡岩化带;④致密块状矿石;⑤大理岩

图 5.29　铜绿山 Co、Ni、Cu、As 在各类型黄铁矿中的统计结果

第六章 结 论

第六章 结 论

第一节 主要认识和结论

本书系统总结了鄂东地区岩体和矿床中的磷灰石、锆石和黄铁矿矿物学和地球化学特征,在收集汇总前人研究资料的基础上,深入探讨了成铜岩体和成铁岩体在岩浆源区、氧逸度特征、挥发分组成及岩浆演化过程的异同点,查明该地区岩浆岩成矿差异性的主要控制因素,总结矿物(磷灰石、锆石和黄铁矿)元素组合特征,初步建立了岩浆成矿潜力和矿床类型判别的矿物化学标志。

主要认识及结论如下:

(1)鄂东矿集区与铜矿化相关的花岗岩类和灵山矽卡岩型铁矿床相关的闪长岩中磷灰石具有均一的 Nd 同位素值和锆石 Hf 同位素值,与该区同时期基性岩浆岩中 Nd 同位素及锆石 Hf 同位素组成相近,表明这些成矿岩浆岩起源于富集岩石圈地幔。与上述岩体显著不同的是,程潮矽卡岩型铁矿床相关的闪长岩和石英二长岩中磷灰石 $\varepsilon_{Nd}(t)$ 值和锆石 $\varepsilon_{Hf}(t)$ 值明显偏低,暗示这些岩浆岩侵位过程中同化了更多的地壳物质。总之,鄂东矿集区成铜和成铁岩体都起源于富集岩石圈地幔,但在岩浆演化过程中发生了不同程度的地壳混染。

(2)成铜与成铁岩体中磷灰石和锆石微量元素组成表明成铜与成铁岩浆演化过程中经历了不同的矿物分异作用。成铜岩浆主要发生在高压富水条件下的角闪石分异作用中,而成铁岩浆则主要表现为低压贫水条件下斜长石的分异作用。其中磷灰石和锆石中的 Eu 异常大小能较好地区分成铜与成铁岩体。全岩硫同位素、磷灰石和锶同位素表明相比成铜岩浆,成铁岩浆在侵位到上地壳过程中同化混染了上地壳物质,而成铜岩体侵位过程中这种地壳混染强度较小。成铜与成铁岩体中斜长石结构和组成表明这两种成矿岩浆在形成过程中都经历了深部基性岩浆注入过程。

(3)锆石和磷灰石的成分可以指示岩浆的氧逸度特征。成铜岩体比成铁岩体在岩浆演化早期具有更高的氧逸度。这种氧逸度差异受控于源区部分熔融时地壳厚度,其中成铜岩体的源区部分熔融时地壳厚度较大(>50km),初始玄武质岩浆在深部发生石榴石的分离结晶作用,导致演化的岩浆具有高氧逸度特征;而成铁岩体的源区部分熔融时地壳厚度显著减薄(30~40km),无石榴石的分离结晶作用,岩浆的氧逸度较低。

(4)对于铜山口、铜绿山、金山店、蜡烛山、阮家湾矿床,致矿岩体中的黄铁矿在化学组成上存在一定的差异,具体表现为:一方面,金山店和蜡烛山致矿岩体中的黄铁矿,Mg、V、Mn、Pb 等元素含量很高,两矿床致矿岩体岩性分别为偏中基性的石英闪长岩和二长闪长岩,可能与其分异的富基性元素岩浆热液有关,而铜山口和铜绿山的致矿岩体分别为偏中酸性的花岗闪长斑岩和花岗闪长岩,其中热液黄铁矿化学组分相对于金山店和蜡烛山,并不存在该类元素的富集;另一方面,与铁矿化有关的致矿岩体中,如铜绿山石英闪长岩、金山店石英闪长岩、蜡烛山石英二长岩(蜡烛山),黄铁矿中的 Co、Ni 含量相对较高。对鄂东地区侵入岩体中热液黄铁矿的微量元素组分进行分析测试,统计投图,利用 Ni-(Cu+10 * As)、Ni-(10 * Ti+V+Cr)散点图,一定程度上可以对岩体致矿能力(在矿种方面)作出判定,对指导找矿具有一定意义。

(5)铜山口矿床中,自花岗闪长斑岩中央相至外侧大理岩化带,黄铁矿中 Mg 含量呈逐渐升高的趋势,Co、Ni 等元素呈逐渐降低的趋势;铜绿山矿床中,各蚀变带黄铁矿元素组合进行对比,Co、Ni、Cu、Se 等元素在矽卡岩化带黄铁矿和矿体带黄铁矿中的含量明显高于其他蚀变带黄铁矿;金山店矿床中,自石英闪长岩中央相至外侧变余角岩,黄铁矿中 Ni 元素呈逐渐降低的趋势;阮家湾矿床中,除大理岩化带外,自花岗闪长岩中央相至矿体带,黄铁矿中 Mg、Al、Co、Ni、Cu 元素含量呈逐渐降低的趋势,在大理岩化带黄铁矿中,含量再次升高。依据这些规律,在铜山口矿区勘查过程中,当发现大理岩中 Mg 元素含量随勘查推进持续升高,而 Co、Ni 元素含量持续降低时,可以判断再次出现矽卡岩化-矿化带的概率较低;在铜绿山矿区勘查工作中,可开展一定网度的热液黄铁矿采样分析测试,提取 Co、Ni、Cu、Se 等元素异常;在金山店矿区,当围岩地层热液黄铁矿中 Ni 含量较低,且随着勘查工作推进进一步降低时,可以判断再次出现矽卡岩化-矿化带的概率较低。

第二节　研究展望

磷灰石-锆石-黄铁矿矿物学和地球化学的研究能为成岩成矿作用与找矿勘查提供依据。磷灰石-锆石-黄铁矿的微量元素组成对岩浆岩的成矿属性具有较好的判别效果,如利用磷灰石和锆石的 Eu 异常可以明显区分鄂东地区成铜与成铁的岩体,但这些矿物学的指标目前还难以对矿床的成矿规模作出判断。随着显微观察手段和微区原位分析技术的发展,磷灰石-锆石-黄铁矿矿物学和地球化学积累的数据量也日益增大。展望未来,在大量数据积累的基础上,运用大数据和人工智能等先进技术,建立矿床的成矿规模和矿物微量元素组成之间的定量关系,磷灰石-锆石-黄铁矿矿物学和地球化学有望在成岩成矿作用研究与找矿勘查上得到更大的应用。

主要参考文献

边建华,2016.鄂东金山店—灵乡地区矽卡岩型铁矿床构造控矿规律研究[D].武汉:中国地质大学(武汉).

蔡本俊,1980.长江中下游地区内生铁铜矿床与膏盐的关系[J].地球化学(2):193-199.

常印佛,1991.长江中下游铜铁成矿带[M].北京:地质出版社.

段登飞,2019.鄂东南阳新岩体周缘矽卡岩型铜多金属矿床地质特征及矿床成因.[D].武汉:中国地质大学(武汉).

和吉豫,2020.阮家湾矽卡岩钨矿床的矿物学特征[D].北京:中国地质大学(北京).

侯可军,秦燕,李延河,等,2013.磷灰石 Sr-Nd 同位素的激光剥蚀-多接收器电感耦合等离子体质谱微区分析[J].岩矿测试,32(4):547-554.

湖北省地质调查院,2021.中国区域地质志·湖北志[M].北京:地质出版社.

胡浩,2014.大冶地区矽卡岩型铁矿床的组成、特征与成因:矿物学、年代学和地球化学研究[D].武汉:中国地质大学(武汉).

李朋,周向辉,李忠林,等,2014.鄂西地区早三叠世大冶组蠕虫状灰岩沉积特征及其成因分析[J].资源环境与工程,28(S1):31-34.

李伟,2015.鄂东南程潮矽卡岩铁矿成矿机制探讨[D].北京:中国地质大学(北京).

李延河,谢桂青,段超,等,2013.膏盐层在矽卡岩型铁矿成矿中的作用[J].地质学报.87(9):1324-1334.

马光,2005.鄂东南铜绿山铜铁金矿床地质特征、成因模式及找矿方向[D].长沙:中南大学.

舒全安,陈培良,程建荣,1992.鄂东铁铜矿产地质[M].北京:冶金工业出版社.

王继华,1981.斑岩型铜(钼)矿床黄铁矿中微量元素分配特征[J].地质与勘探,7:61-66.

王彦博,2012.湖北铜绿山铜铁矿床地球化学特征与矿床成因[D].北京:中国地质大学(北京).

魏克涛,2022.鄂东南铜铁金矿集区岩浆-热液成矿作用与深部找矿[M].武汉:中国地质大学出版社.

吴福元,李献华,郑永飞,等,2007.Lu-Hf 同位素体系及其岩石学应用[J].岩石学报,23(2):185-220.

吴元保,郑永飞,2004.锆石成因矿物学研究及其对 U-Pb 年龄解释的制约[J].科学通报,49(16):1589-1604.

夏金龙,2010.湖北大冶灵乡铁矿床接触带构造及其成矿控矿意义[D].武汉:中国地质大学(武汉).

谢桂青,2016.湖北大冶式铁矿地质[M].北京:地质出版社.

薛迪康,1997.鄂东南铜金矿床成矿模式与找矿模型[M].武汉:中国地质大学出版社.

颜代蓉,2013.湖北阳新阮家湾钨-铜-钼矿床和银山铅-锌-银矿床地质特征及矿床成因[D].武汉:中国地质大学(武汉).

余元昌,李刚,肖国荃,1985.湖北省大冶县铜绿山接触交代铜铁矿床[R].黄石:鄂东南地质大队.

翟裕生,姚书振,林新多,等,1992.长江中下游地区铁铜(金)成矿规律[M].北京:地质出版社.

张宗保,2011.湖北铜绿山矿田成矿系统研究[D].北京:中国地质大学(北京).

赵海杰,2010.湖北铜绿山矽卡岩型铜铁矿床地球化学及成矿机制[D].北京:中国地质科学院.

周润杰,2022.鄂东矿集区岩浆岩成矿差异性研究及其找矿勘查意义[D].武汉:中国地质大学(武汉).

朱乔乔,2016.湖北金山店矽卡岩型铁矿成矿作用[D].北京:中国地质科学院.

BALLARD J R,PALIN J M,CAMPBELL I H,2002. Relative oxidation states of magmas inferred from Ce(Ⅳ)/Ce(Ⅲ) in zircon:Application to porphyry copper deposits of northern Chile[J]. Contributions to Mineralogy and Petrology,144(3):347-364.

BELL A S,SIMON A,2011. Experimental evidence for the alteration of the $Fe^{3+}/\Sigma Fe$ of silicate melt caused by the degassing of chlorine-bearing aqueous volatiles[J]. Geology,39(5):499-502.

BELOUSOVA E A,GRIFFIN W L,O'REILLY S Y,et al. ,2002. Apatite as an indicator mineral for mineral exploration:Trace-element compositions and their relationship to host rock type[J]. Journal of Geochemical Exploration,76(1):45-69.

BLEVIN P L,2004. Redox and compositional parameters for interpreting the granitoid metallogeny of eastern Australia:Implications for gold-rich ore systems[J]. Resource Geology,54(3):241-252.

BOTCHARNIKOV R E,LINNEN R L,WILKE M,et al. ,2011. High gold concentrations in sulphide-bearing magma under oxidizing conditions[J]. Nature Geoscience,4(2):112-115.

BOUZARI F,HART C J R,BISSIG T,et al. ,2016. Hydrothermal alteration revealed by apatite luminescence and chemistry:A potential indicator mineral for exploring covered porphyry copper deposits[J]. Economic Geology,111(6):1397-1410.

BRALIA A,SABATINI G,TROJA F,1979. A revaluation of the Co/Ni ratio in pyrite as geochemical tool in ore genesis problems:Evidences from southern Tuscany pyritic deposits[J]. Mineralium Deposita,14:353-374.

BRUAND E, STOREY C, FOWLER M, 2016. An apatite for progress: Inclusions in zircon and titanite constrain petrogenesis and provenance[J]. Geology, 44(2):91-94.

BURNHAM A D, BERRY A J, 2012. An experimental study of trace element partitioning between zircon and melt as a function of oxygen fugacity[J]. Geochimica Et Cosmochimica Acta, 95:196-212.

BURNHAM C W, 1979. Magmas and hydrothermal fluids[J]. Geochemistry of Hydrothermal Ore Deposits, 2:71-136.

CAO K, YANG Z M, HOU Z Q, et al., 2021. Contrasting porphyry Cu fertilities in the Yidun Arc, Eastern Tibet: Insights from zircon and apatite compositions and implications for exploration[J]. Tectonomagmatic Influences on Metallogeny and Hydrothermal Ore Deposits, 24(2):231-255.

CAO K, YANG Z M, WHITE N C, et al., 2022. Generation of the giant porphyry Cu-Au deposit by repeated recharge of mafic magmas at Pulang in Eastern Tibet[J]. Economic Geology, 117(1):57-90.

CAO M J, LI G M, QIN K Z, et al., 2012. Major and trace element characteristics of apatites in granitoids from Central Kazakhstan: Implications for petrogenesis and mineralization[J]. Resource Geology, 62(1):63-83.

CARMICHAEL I S E, 1991. The redox states of basic and silicic magmas: A reflection of their source regions[J]. Contributions to Mineralogy and Petrology, 106(2):129-141.

CARROLL M R, RUTHERFORD M J, 1985. Sulfide and sulfate saturation in hydrous silicate melts[J]. Journal of Geophysical Research, 90:601-612.

CASHMAN K V, SPARKS R S J, BLUNDY J D, 2017. Volcanology vertically extensive and unstable magmatic systems: A unified view of igneous processes[J]. Science, 35(6):3055-3061.

CHAMBEFORT I, DILLES J H, KENT A J R, 2008. Anhydrite-bearing andesite and dacite as a source for sulfur in magmatic-hydrothermal mineral deposits[J]. Geology, 36(9):719-722.

CHANG Z S, SHU Q H, MEINERT L D, 2019. Skarn deposits of China society of economic geologists[J]. Mineral Deposits of China, 3(2):220-234.

CHEN L, ZHANG Y, 2018. In situ major-, trace-elements and Sr-Nd isotopic compositions of apatite from the Luming porphyry Mo deposit, NE China: Constraints on the petrogenetic-metallogenic features[J]. Ore Geology Reviews, 94:93-103.

CHIARADIA M, 2014. Copper enrichment in arc magmas controlled by overriding plate thickness[J]. Nature Geoscience, 7(1):43-46.

CHIARADIA M, MERINO D, SPIKINGS R, 2009. Rapid transition to long-lived deep crustal magmatic maturation and the formation of giant porphyry-related mineralization (Yanacocha, Peru)[J]. Earth and Planetary Science Letters, 288(3-4):505-515.

CLAIBORNE L L, MILLER C F, WALKER B A, et al., 2006. Tracking magmatic processes through Zr/Hf ratios in rocks and Hf and Ti zoning in zircons: An example from the Spirit Mountain batholith, Nevada[J]. Mineralogical Magazine, 70(5): 517-543.

CLARK C, GRGURIC B, MUMM A S, 2004. Genetic implications of pyrite chemistry from the palaeoproterozoic olary domain and overlying neoproterozoic adelaidean sequences, northeastern South Australia[J]. Ore Geology Reviews, 25(3-4): 237-257.

CLINE J S, HOFSTRA A H, MUNTEAN J L, et al., 2005. Carlin-type gold deposits in nevada: Critical geologic characteristics and viable models[J]. Society of Economic Geologists: 82-95.

COOK N J, CHRYSSOULIS S L, 1990. Concentrations of invisible gold in the common sulfides[J]. Canadian Mineralogist, 28: 1-16.

COTTRELL E, KELLEY K A, LANZIROTTI T, et al., 2009. Water and the oxidation state of subduction zone magmas[J]. Science, 326(54): 798-798.

DAUPHAS N, CRADDOCK P R, ASIMOW P D, et al., 2009. Iron isotopes may reveal the redox conditions of mantle melting from Archean to Present[J]. Earth and Planetary Science Letters, 288(1-2): 255-267.

DAVIDSON J, TURNER S, HANDLEY H, et al., 2007. Amphibole "sponge" in arc crust? [J]. Geology, 35(9): 787-790.

DEDITIUS A P, UTSUNOMIYA S, EWING R C, et al., 2009. Nanoscale "liquid" inclusions of As-Fe-S in arsenian pyrite[J]. American Mineralogist, 94(2-3): 391-394.

DEDITIUS A P, UTSUNOMIYA S, EWING R C, et al., 2009. Decoupled geochemical behavior of As and Cu in hydrothermal systems[J]. Geology, 37(8): 707-710.

DEDITIUS A P, UTSUNOMIYA S, REICH M, et al., 2011. Trace metal nanoparticles in pyrite[J]. Ore Geology Reviews, 42(1): 32-46.

DEDITIUS A P, UTSUNOMIYA S, RENOCK D, et al., 2008. A proposed new type of arsenian pyrite: Composition, nanostructure and geological significance[J]. Geochimica Et Cosmochimica Acta, 72(12): 2919-2933.

DEERING C D, KELLER B, SCHOENE B, et al., 2016. Zircon record of the plutonic-volcanic connection and protracted rhyolite melt evolution[J]. Geology, 44(4): 267-270.

DEFANT M J, DRUMMOND M S, 1990. Derivation of some modern arc magmas by melting of young subducted lithosphere[J]. Nature, 347(6294): 662-665.

DILLES J H, KENT A J R, WOODEN J L, et al., 2015. Zircon compositional evidence for sulfur-degassing from ore-forming arc magmas[J]. Economic Geology, 110(1): 241-251.

FERRY J M, WATSON E B, 2007. New thermodynamic models and revised calibrations for the Ti-in-zircon and Zr-in-rutile thermometers[J]. Contributions to Mineralogy and Petrology, 154(4): 429-437.

FIELD C W, ZHANG L, DILLES J H, et al., 2005. Sulfur and oxygen isotopic record in sulfate and sulfide minerals of early, deep, pre-main stage porphyry Cu-Mo and late main stage base-metal mineral deposits, Butte District, Montana[J]. Chemical Geology, 215(1-4): 61-93.

FLEET M E, CHRYSSOULIS S L, MACLEAN P J, et al., 1993. Arsenian pyrite from gold deposits - Au and As distribution investigated by SIMS and EMP, and color staining and surface oxidation by XPS and LIMS[J]. Canadian Mineralogist, 31:1-17.

FU B, PAGE F Z, CAVOSIE A J, et al., 2008. Ti-in-zircon thermometry: Applications and limitations[J]. Contributions to Mineralogy and Petrology, 156(2):197-215.

GIORDANO D, ROMANO C, DINGWELL D B, et al., 2004. The combined effects of water and fluorine on the viscosity of silicic magmas[J]. Lithos, 73(1-2):41-45.

GREEN, T H, RINGWOOD A E, 1968. Genesis of the calc alkaline igneous rock suite [J]. Contributions to Mineralogy and Petrology, 18(2):105-162.

GRIFFIN W L, PEARSON N J, BELOUSOVA E A, et al., 2006. Comment: Hf-isotope heterogeneity in zircon[J]. Chemical Geology, 233(3-4):358-363.

GRIMES C B, WOODEN J L, CHEADLE M J, et al., 2015. "Fingerprinting" tectono-magmatic provenance using trace elements in igneous zircon[J]. Contributions to Mineralogy and Petrology, 170(5-6):46.

HAWLEY J, NICHOL I, 1961. Trace elements in pyrite, pyrrhotite and chalcopyrite of different ores[J]. Economic Geology, 56(3):467-487.

HEINRICH C A, DRIESNER T, STEFÁNSSON A, et al., 2004. Magmatic vapor contraction and the transport of gold from the porphyry environment to epithermal ore deposits [J]. Geology, 32(9):761-764.

HEINRICH C A, GUNTHER D AUDÉTAT A, et al., 1999. Metal fractionation between magmatic brine and vapor, determined by microanalysis of fluid inclusions[J]. Geology, 27(8):755-758.

HOLLOWAY J R, 1976. Fluids in the evolution of granitic magmas: Consequences of finite CO_2 solubility[J]. Geological Society of America Bulletin, 87(10):1513-1518.

HOSKIN P W O, Kinny P D, Wyborn D, et al., 2000. Identifying accessory mineral saturation during differentiation in granitoid magmas: An integrated approach[J]. Journal of Petrology, 41(9):1365-1396.

JAHN B M, WU F Y, LO C H, et al., 1999. Crust-mantle interaction induced by deep subduction of the continental crust: Geochemical and Sr-Nd isotopic evidence from post-collisional mafic ultramafic intrusions of the northern Dabie complex, central China[J]. Chemical Geology, 157(1-2):119-146.

JENNER F E, O'NEILL H S C, ARCULUS R J, et al., 2010. The magnetite crisis in the evolution of arc-related magmas and the initial concentration of Au, Ag and Cu[J]. Journal of Petrology, 51(12):2445-2464.

JIANG G M,ZHANG G B,LÜ Q T,et al.,2013. 3-D velocity model beneath the Middle-Lower Yangtze River and its implication to the deep geodynamics[J]. Tectonophysics, 606:36-47.

JUGO P J,LUTH R W,RICHARDS J P,2005. An experimental study of the sulfur content in basaltic melts saturated with immiscible sulfide or sulfate liquids at 1300℃ and 1GPa[J]. Journal of Petrology,46(4):783-798.

KETCHAM R A,2015. Technical note:Calculation of stoichiometry from EMP data for apatite and other phases with mixing on monovalent anion sites[J]. American Mineralogist, 100(7):1620-1623.

KLEMME S,DALPÉ C,2003. Trace-element partitioning between apatite and carbonatite melt[J]. American Mineralogist,88(4):639-646.

KONECK B A,FIEGE A,SIMON A C,et al.,2019. An experimental calibration of a sulfur-in-apatite oxybarometer for mafic systems[J]. Geochimica Et Cosmochimica Acta, 265:242-258.

KONECKE B A,FIEGE A,SIMON A C,et al.,2017. Co-variability of S^{6+},S^{4+},and S^{2-} in apatite as a function of oxidation state:Implications for a new oxybarometer[J]. American Mineralogist,102(3):548-557.

LAN T G,HU R Z,CHEN Y H,et al.,2019. Generation of high-Mg diorites and associated iron mineralization within an intracontinental setting:Insights from ore-barren and ore-bearing intrusions in the eastern North China Craton[J]. Gondwana Research,72: 97-119.

LARGE S J E,BURET Y,WOTZLAW J F,et al.,2021. Copper-mineralised porphyries sample the evolution of a large-volume silicic magma reservoir from rapid assembly to solidification[J]. Earth and Planetary Science Letters,563:78-93.

LAURENT O,ZEH A,GERDES A,et al.,2017. How do granitoid magmas mix with each other? Insights from textures,trace element and Sr-Nd isotopic composition of apatite and titanite from the Matok Pluton (South Africa)[J]. Contributions to Mineralogy and Petrology,172(9):80-85.

LEE C T A,LEEMAN W P,CANIL D,et al.,2005. Similar V/Sc systematics in morb and arc basalts:Implications for the oxygen fugacities of their mantle source regions[J]. Journal of Petrology,46(11):2313-2336.

LEE C T A,LUFFI P,CHIN E J,et al.,2012. Copper systematics in arc magmas and implications for crust-mantle differentiation[J]. Science,336(6077):64-68.

LEE C T A,LUFFI P,LE ROUX V,et al.,2010. The redox state of arc mantle using Zn/Fe systematics[J]. Nature,468(7324):681-685.

LEE C T A,TANG M,2020. How to make porphyry copper deposits[J]. Earth and Planetary Science Letters,529(21):121-134.

LEE R G,BYRNE K,D'ANGELO M,et al. ,2021. Using zircon trace element composition to assess porphyry copper potential of the Guichon Creek batholith and Highland Valley Copper deposit,south-central British Columbia[J]. Mineralium Deposita,56(2):215-238.

LEE R G,DILLES J H,TOSDAL R M,et al. ,2017. Magmatic evolution of granodiorite intrusions at the El salvador porphyry copper deposit,chile,based on trace element composition and U/Pb age of zircons[J]. Economic Geology,112(2):245-273.

LI J W,DENG X D,ZHOU M F,et al. ,2010. Laser ablation ICP-MS titanite U-Th-Pb dating of hydrothermal ore deposits:A case study of the Tonglüshan Cu-Fe-Au skarn deposit, SE Hubei Province,China[J]. Chemical Geology,270(1-4):56-67.

LI J W,VASCONCELOS P,ZHOU M F,et al. ,2014. Longevity of magmatic-hydrothermal systems in the Daye Cu-Fe-Au district,Eastern China with implications for mineral exploration[J]. Ore Geology Reviews,57:375-392.

LI J W,ZHAO X F,ZHOU M F,et al. ,2008. Origin of the Tongshankou porphyryskarn Cu-Mo deposit,eastern Yangtze craton,Eastern China:Geochronological,geochemical, and Sr-Nd-Hf isotopic constraints[J]. Mineralium Deposita,43:315-336.

LI J W,ZHAO X F,ZHOU M F,et al. ,2009. Late Mesozoic magmatism from the Daye region,eastern China:U-Pb ages,petrogenesis,and geodynamic implications[J]. Contributions to Mineralogy and Petrology,157:383-409.

LI W R,COSTA F,2020. A thermodynamic model for F-Cl-OH partitioning between silicate melts and apatite including non-ideal mixing with application to constraining melt volatile budgets[J]. Geochimica Et Cosmochimica Acta,269:203-222.

LI X H,LI Z X,LI W X,et al. ,2013. Revisiting the "C-type adakites" of the Lower Yangtze River Belt,central eastern China:In-situ zircon Hf-O isotope and geochemical constraints[J]. Chemical Geology,345:1-15.

LI Z X,1994. Collision between the North and South China blocks:A crustal-detachment model for suturing in the region east of the Tanlu fault[J]. Geology,22(8):739-742.

LOUCKS R R,2014. Distinctive composition of copper-ore-forming arcmagmas[J]. Australian Journal of Earth Sciences,61(1):5-16.

LOUCKS R R,FIORENTINI M L,HENRÍQUEZ G J,2020. New magmatic oxybarometer using trace elements in zircon[J]. Journal of Petrology,61(3):13-22.

LOWELL J D,GUILBERT J M,1970. Lateral and vertical alteration-mineralization zoning in porphyry ore deposits[J]. Economic Geology,65(4):373-408.

LOWENSTERN J B,MAHOOD G A,HERVIG R L,et al. ,1993. The occurrence and distribution of Mo and molybdenite in unaltered peralkaline rhyolites from pantelleria,Italy [J]. Contributions to Mineralogy and Petrology,114(1):119-129.

LU Y J,LOUCKS R R,FIORENTINI M,et al. ,2016. Zircon compositions as a pathfinder for porphyry Cu±Mo±Au deposits[J]. Tectonics and Metallogeny of the Tethyan Orogenic Belt,19:42-54.

MACPHERSON C G, DREHER S T, THIRLWALL M F, 2006. Adakites without slab melting: High pressure differentiation of island arc magma, Mindanao, the Philippines[J]. Earth and Planetary Science Letters, 243(3-4): 581-593.

MAO J, XIE G, DUAN C, et al., 2011. A tectono-genetic model for porphyry-skarn-stratabound Cu-Au-Mo-Fe and magnetite-apatite deposits along the Middle-Lower Yangtze River valley, eastern China[J]. Ore Geology Reviews, 43(1): 294-314.

MAO M, RUKHLOV A S, ROWINS S M, et al., 2016. Apatite trace element compositions: A robust new tool for mineral exploration[J]. Economic Geology, 111(5): 1187-1222.

MARKS M A W, SCHARRER M, LADENBURGER S, et al., 2016. Comment on "Apatite: A new redox proxy for silicic magmas?" [J]. Geochimica Et Cosmochimica Acta, 183: 267-270.

MEINERT L D, DIPPLE G M, NICOLESCU S, 2005. World skarn deposits[C]. Society of Economic Geologists, 100: 134-148.

MENG X, MAO J, ZHANG C, et al., 2018. Melt recharge, f_{O_2}-T conditions, and metal fertility of felsic magmas: Zircon trace element chemistry of Cu-Au porphyries in the Sanjiang orogenic belt, Southwest China[J]. Mineralium Deposita, 53: 649-663.

MILES A J, GRAHAM C M, HAWKESWORTH C J, et al., 2014. Apatite: A new redox proxy for silicic magmas? [J]. Geochimica Et Cosmochimica Acta, 132: 101-119.

MILLER J S, WOODEN J L, 2004. Residence, resorption and recycling of zircons in Devils Kitchen Rhyolite, Coso Volcanic field, California[J]. Journal of Petrology, 45(11): 2155-2170.

MUNGALL J E, 2002. Roasting the mantle: Slab melting and the genesis of major Au and Au-rich Cu deposits[J]. Geology, 30(10): 915-918.

MUNTEAN J L, CLINE J S, SIMON A C, et al., 2011. Magmatic-hydrothermal origin of Nevada's Carlin-type gold deposits[J]. Nature Geoscience, 4(2): 122-127.

MUROWCHICK J B, BARNES H L, 1987. Effects of temperature and degree of super-saturation on pyrite morphology[J]. American Mineralogist, 72(11-12): 1241-1250.

MÜNTENER O, KELEMEN P B, GROVE T L, 2001. The role of H_2O during crystallization of primitive arc magmas under uppermost mantle conditions and genesis of igneous pyroxenites: An experimental study[J]. Contributions to Mineralogy and Petrology, 141(6): 643-658.

NATHWANI C L, LOADER M A, WILKINSON J J, et al., 2020. Multi-stage arc magma evolution recorded by apatite in volcanic rocks[J]. Geology, 48(4): 323-327.

PAN L C, HU R Z, OYEBAMIJI A, et al., 2021. Contrasting magma compositions between Cu and Au mineralized granodiorite intrusions in the Tongling ore district in South China using apatite chemical composition and Sr-Nd isotopes[J]. American Mineralogist, 106(12): 1873-1889.

PAN L C,HU R Z,WANG X S,et al. ,2016. Apatite trace element and halogen compositions as petrogenetic-metallogenic indicators:Examples from four granite plutons in the Sanjiang region,SW China[J]. Lithos,254:118-130.

PAN Y M,FLEET M E,2002. Compositions of the apatite-group minerals:Substitution mechanisms and controlling factors [J]. Phosphates:Geochemical, Geobiological, and Materials Importance,48:13-49.

PARAT F,HOLTZ F,2004. Sulfur partitioning between apatite and melt and effect of sulfur on apatite solubility at oxidizing conditions[J]. Contributions to Mineralogy and Petrology,147(2):201-212.

PARAT F,HOLTZ F,KLÜGEL A,2011. S-rich apatite-hosted glass inclusions in xenoliths from La Palma:Constraints on the volatile partitioning in evolved alkaline magmas[J]. Contributions to Mineralogy and Petrology,162(3):463-478.

PENG G Y,LUHR J F,MCGEE J J,1997. Factors controlling sulfur concentrations in volcanic apatite[J]. American Mineralogist,82(11-12):1210-1224.

PICCOLI P,CANDELA P,1994. Apatite in felsic rocks:a model for the estimation of initial halogen concentrations in the Bishop Tuff (Long Valley) and Tuolumne Intrusive Suite (Sierra Nevada Batholith) magmas[J]. American Journal of Science,294(1):92-135.

PROWATKE S, KLEMME S, 2006. Trace element partitioning between apatite and silicate melts[J]. Geochimica Et Cosmochimica Acta,70(17):4513-4527.

PUPIN J P, 2000. Granite genesis related to geodynamics from Hf-Y in zircon[J]. Transactions of the Royal Society of Edinburgh-Earth Sciences,91:245-256.

REICH M,DEDITIUS A,CHRYSSOULIS S,et al. ,2013. Pyrite as a record of hydrothermal fluid evolution in a porphyry copper system:A SIMS/EMPA trace element study [J]. Geochimica Et Cosmochimica Acta,104:42-62.

REZEAU H,MORITZ R,WOTZLAW J F,et al. ,2019. Zircon petrochronology of the meghri-ordubad pluton, lesser caucasus:Fingerprinting igneous processes and implications for the exploration of porphyry Cu-Mo deposits[J]. Economic Geology,114(7):1365-1388.

RICHARDS J P,2011. High Sr/Y arc magmas and porphyry Cu $\pm$ Mo $\pm$ Au deposits: Just add water[J]. Economic Geology,106(7):1075-1081.

RICHARDS J P,2015. The oxidation state,and sulfur and Cu contents of arc magmas: Implications for metallogeny[J]. Lithos,233:27-45.

RICHARDS J R,KERRICH R,2007. Special paper:A dakite-like rocks their diverse origins and questionable role in metallogenesis[J]. Economic Geology,102(4):537-576.

RICHARDS J,2003. Tectono-magmatic precursors for porphyry Cu-(Mo-Au) deposit formation[J]. Economic Geology,98(8):1515-1533.

ROLLINSON H R,2014. Using geochemical data:Evaluation,presentation,interpretation[J]. Routledge,32(3):7-23.

RUDNICK R L,1995. Making continental-crust[J]. Nature,378(6557):571-578.

RYE R O,2005. A review of the stable-isotope geochemistry of sulfate minerals in selected igneous environments and related hydrothermal systems[J]. Chemical Geology,215 (1-4):5-36.

SCHOLTEN L,SCHMIDT C,LECUMBERRI S P,et al. ,2019. Solubility and speciation of iron in hydrothermal fluids[J]. Geochimica Et Cosmochimica Acta,252:126-143.

SEEDORFF ,DILLES J H,PROFFET J M,et al. ,2005. Porphyry deposits:Characteristics and origin of hypogene features[J]. Society of Economic Geologists:251-298.

SHA L K, CHAPPELL B W, 1999. Apatite chemical composition, determined by electron microprobe and laser-ablation inductively coupled plasma mass spectrometry,as a probe into granite petrogenesis[J]. Geochimica Et Cosmochimica Acta,63(22):3861-3881.

SHANNON R,1976. Revised effective ionic radii and systematic studies of interatomic distances in halides and chalcogenides[J]. Acta Crystallographica,32(5):751-767.

SHEN P,HATTORI K,PAN H D,et al. ,2015. Oxidation condition and metal fertility of granitic magmas:Zircon trace-element data from porphyry Cu deposits in the central Asian orogenic belt[J]. Economic Geology,110(7):1861-1878.

SILLITOE R H,2010. Porphyry copper systems[J]. Economic Geology,105(1):3-41.

SILLITOE R H,2013. Role of porphyry copper models in exploration and discovery [C]. 12th Biennial SGA Meeting on Mineral Deposit Research for a High-Tech World. Pittsburgh:Academin Press.

SILLITOE R,2000. Styles of high-sulphidation gold,silver and copper mineralisation in porphyry and epithermal environments [J]. Proceedings of the Australasian Institute of Mining and Metallurgy,305(1):19-34.

SIMON A C,PETTKE T,CANDELA P A,et al. ,2004. Magnetite solubility and iron transport in magmatic-hydrothermal environments[J]. Geochimica Et Cosmochimica Acta,68 (23):4905-4914.

SMYTHE D J,BRENAN J M,2015. Cerium oxidation state in silicate melts:Combined f_{O_2} ,temperature and compositional effects [J]. Geochimica Et Cosmochimica Acta, 170: 173-187.

SMYTHE D J,BRENAN J M,2016. Magmatic oxygen fugacity estimated using zircon-melt partitioning of cerium[J]. Earth and Planetary Science Letters,453:260-266.

SUN J F,YANG J H,ZHANG J H,et al. ,2021. Apatite geochemical and Sr-Nd isotopic insights into granitoid petrogenesis[J]. Chemical Geology,566:312-323. .

SUN S J,YANG X Y,WANG G J,et al. ,2019. In situ elemental and Sr-O isotopic studies on apatite from the Xu-Huai intrusion at the southern margin of the North China Craton:

Implications for petrogenesis and metallogeny[J]. Chemical Geology,510:200-214.

SUN S S,MCDONOUGH W F,1989. Chemical and isotopic systematics of oceanic basalts:Implications for mantle composition and processes[J]. Geological Society, London, Special Publications,42(1):313-345.

SUN W D,LING M X,DING X,et al. ,2012. The genetic association of adakites and Cu-Au ore deposits:A reply[J]. International Geology Review,54(3):370-372.

TANG M, ERDMAN M, ELDRIDGE G, et al. , 2018. The redox "filter" beneath magmatic orogens and the formation of continental crust[J]. Science Advances, 4 (5): 121-135.

ULMER P,KAEGI R,MÜNTENER O,2018. Experimentally derived intermediate to silica-rich arc magmas by fractional and equilibrium crystallization at 1. 0 GPa:An evaluation of phase relationships,compositions,liquid lines of descent and oxygen fugacity[J]. Journal of Petrology,59(1):11-58.

ULRICH T,LONG D G F,KAMBER B S,et al. ,2011. In situ trace element and sulfur isotope analysis of pyrite in a paleoproterozoic gold placer deposit, Pardo and Clement Townships,Ontario,Canada[J]. Economic Geology,106(4):667-686.

WANG L X,MA C Q,ZHANG C,et al. ,2018. Halogen geochemistry of I- and A-type granites from Jiuhuashan region (South China):Insights into the elevated fluorine in A-type granite[J]. Chemical Geology,478:164-182.

WANG R,RICHARDS J P,HOU Z Q,et al. ,2014. Increasing magmatic oxidation state from Paleocene to Miocene in the Eastern Gangdese belt, Tibet:Implication for collision-related porphyry Cu-Mo±Au mineralization[J]. Economic Geology,109(7):1943-1965.

WATSON E B,GREEN T H,1981. Apatite/liquid partition coefficients for the rare earth elements and strontium[J]. Earth and Planetary Science Letters,56:405-421.

WATSON E B,HARRISON T M,2005. Zircon thermometer reveals minimum melting conditions on earliest earth[J]. Science,308(5723):841-844.

WATSON E B, WARK D A, THOMAS J B, 2006. Crystallization thermometers for zircon and rutile[J]. Contributions to Mineralogy and Petrology,151(4):413-433.

WEBSTER J D, TAPPEN C M, MANDEVILLE C W, 2009. Partitioning behavior of chlorine and fluorine in the system apatite-melt-fluid. Ⅱ:Felsic silicate systems at 200 MPa [J]. Geochimica Et Cosmochimica Acta,73(3):559-581.

WEN G,BI S J,LI J W,2017. Role of evaporitic sulfates in iron skarn mineralization:A fluid inclusion and sulfur isotope study from the Xishimen deposit,Handan-Xingtai district, North China Craton[J]. Mineralium Deposita,52(4):495-514.

WEN G,ZHOU R J,LI J W,et al. ,2020. Skarn metallogeny through zircon record:An example from the Daye Cu-Au-Fe-Mo district,eastern China[J]. Lithos,378-379:105807.

WILKINSON J J,SIMMONS S F,STOFFELL B,2013. How metalliferous brines line Mexican epithermal veins with silver[J]. Scientific Reports,3(1):2057.

WILLIAMS S A,CESBRON F P,1977. Rutile and apatite:Useful prospecting guides for porphyry copper deposits[J]. Mineralogical Magazine,41(318):288-292.

WU F Y,LIU X C,JI W Q,et al.,2017. Highly fractionated granites:Recognition and research[J]. Science China-Earth Sciences,60(7):1201-1219.

XIE G Q,MaO J W,ZHU Q Q,et al.,2015. Geochemical constraints on Cu-Fe and Fe skarn deposits in the E'dong district,Middle-Lower Yangtze River metallogenic belt,China [J]. Ore Geology Reviews,64:425-444.

XIE G Q,MaO J W,ZHU Q Q,et al.,2020. Mineral deposit model of Cu-Fe-Au skarn system in the Edongnan region,Eastern China[J]. Acta Geologica Sinica-English Edition,94 (6):1797-1807.

XIE G Q,MAO J W,LI X W,et al.,2011. Late Mesozoic bimodal volcanic rocks in the Jinniu basin,Middle-Lower Yangtze River Belt (YRB),East China:Age,petrogenesis and tectonic implications[J]. Lithos,127(1-2):144-164.

XIE G Q,MAO J W,ZHAO H J,2011. Zircon U-Pb geochronological and Hf isotopic constraints on petrogenesis of Late Mesozoic intrusions in the southeast Hubei Province, Middle-Lower Yangtze River Belt (MLYRB),East China[J]. Lithos,125(1-2):693-710.

XIE G Q,MAO J W,ZHAO H J,et al.,2011. Timing of skarn deposit formation of the Tonglushan ore district,southeastern Hubei Province,Middle-Lower Yangtze River Valley metallogenic belt and its implications[J]. Ore Geology Reviews,43(1):62-77.

XIE G Q,MAO J W,ZHAO H J,et al.,2012. Zircon U-Pb and phlogopite ^{40}Ar-^{39}Ar age of the Chengchao and Jinshandian skarn Fe deposits,southeast Hubei Province,Middle-Lower Yangtze River Valley metallogenic belt,China[J]. Mineralium Deposita,47:633-652.

XING K,SHU Q H,LENTZ D R,et al.,2020. Zircon and apatite geochemical constraints on the formation of the Huojihe porphyry Mo deposit in the Lesser Xing'an Range,NE China[J]. American Mineralogist,105(3):382-396.

XU B,HOU Z Q,GRIFFIN W L,et al.,2021. Recycled volatiles determine fertility of porphyry deposits in collisional settings[J]. American Mineralogist,106(4):656-661.

YAO L,XIE G Q,MaO J W,et al.,2015. Geological,geochronological,and mineralogical constraints on the genesis of the Chengchao skarn Fe deposit,E'dong ore district,Middle-Lower Yangtze River Valley metallogenic belt,Eastern China[J]. Journal of Asian Earth Sciences,101:68-82.

ZENG L P,ZHAO X F,HAMMERLI J,et al.,2020. Tracking fluid sources for skarn formation using scapolite geochemistry:An example from the Jinshandian iron skarn deposit, Eastern China[J]. Mineralium Deposita,55(5):1029-1046.

主要参考文献

ZHANG C,HOLTZ F,KOEPKE J,et al. ,2013. Constraints from experimental melting of amphibolite on the depth of formation of garnet-rich restites,and implications for models of Early Archean crustal growth[J]. Precambrian Research,231:206-217.

ZHANG D H, AUDÉTAT A, 2017. Chemistry, mineralogy and crystallization conditions of porphyry Mo-forming magmas at urad-henderson and silver creek,Colorado, USA[J]. Journal of Petrology,58(2):277-295.

ZHANG S B,ZHENG Y F,WU Y B,et al. ,2006. Zircon isotope evidence for ≥3. 5Ga continental crust in the Yangtze craton of China[J]. Precambrian Research,146(1-2):16-34.

ZHANG X B,GUO F,ZHANG B, et al. ,2020. Magmatic evolution and post-crystallization hydrothermal activity in the early Cretaceous Pingtan intrusive complex,SE China:Records from apatite geochemistry[J]. Contributions to Mineralogy and Petrology,175(4):18-26.

ZHANG Y,SHAO Y J,CHEN H Y,et al. ,2017. A hydrothermal origin for the large Xinqiao Cu-S-Fe deposit, Eastern China:Evidence from sulfide geochemistry and sulfur isotopes[J]. Ore Geology Reviews,88:534-549.

ZHONG S, SELTMANN R, QU H, et al. , 2019. Characterization of the zircon Ce anomaly for estimation of oxidation state of magmas:A revised Ce/Ce* method[J]. Mineralogy and Petrology,113(6):755-763.

ZHU J J,RICHARDS J P,REES C,et al. ,2018. Elevated magmatic sulfur and chlorine contents in ore-forming magmas at the red chris porphyry Cu-Au deposit,Northern British Columbia,Canada[J]. Economic Geology,113(5):1047-1075.

ZOU X Y,QIN K Z,HAN X L,et al. ,2019. Insight into zircon REE oxy-barometers:A lattice strain model perspective[J]. Earth and Planetary Science Letters,506:87-96.